진짜 나를 만나는
# 뇌 과학 시간

# 진짜 나를 만나는
# 뇌 과학 시간

김수용 지음

우리같이

# 왜 뇌 과학인가?

"어떻게 하면 지능이 더 좋아질 수 있나요?"

처음 이런 질문을 받았을 때, 저는 질문한 중학생을 기특해하면서 이렇게 대답했습니다.

"지능을 연구하는 과학자들은 오래전부터 단순히 지능을 측정하는 것을 넘어서 지능을 더 좋게 만드는 쪽에 관심을 두었다. 이때 지능과 함께 거론되는 게 기억력이다. 지능과 기억력을 높이는 방법은 연구 분야마다 특징과 차이점이 있지만, 뇌 기능의 효율을 높이고 타고난 뇌의 용량을 최대화하는 방향으로 진행되고 있다. 현재 과학계의 중론은, 모든 세포의 원형인 줄기세포를 이용한 약물요법이나 유전자 조작, 전자기 스캐너 같은 특수 장비를 이용하면 뇌 속 신경 세포의 기능을 강화하거나 뇌의 잠재력을 일깨워서 지능을 높일 수 있다는 것이다. 문제는 이러한 기술이 실현되려면 아직 한참 더 기다려야 하며, 그 기술이 인간의 지능과 기억력을 어느 수준까지 높일지도 알 수 없다는 것이다.

인간의 지능에는 한계가 있다. 과학자들은 우리 몸의 형태와 지능에 변화를 가져올 만한 생물학적인 진화가 거의 끝난 것으로 보고 있다. 유전자와 분자 단위의 진화는 계속되고 있지만, 진화론의 관점으로 볼 때 지금의 진화는 똑똑한 개체를 골라내는 쪽으로 나아가지 않으리라는 뜻이다. 그래서 지금보다 지능을 더 높이려면 인위적인 방법을 쓰는 수밖에 없다. 신경 과학을 연구하는 물리학자들은 인간의 지능을 인공적으로 더 높이려면 그에 따른 대가를 치러야 하는데, 바로 그 대가 때문에 인위적인 지능 개선에 한계가 있다고 입을 모은다. 지금보다 뇌의 용량을 더 늘리거나 뇌의 밀도를 더 높이거나 뇌 구조를 더 복잡하게 만들려면 반드시 심각한 부작용이 따를 것이기 때문이다."

질문한 학생의 또랑또랑한 눈빛이 흐려지는 것을 보았지만, 내 대답이 뭔가 성에 차지 않은가 보다 하고 말았습니다. 그런데 그 뒤로 중고등 학생들을 더 자주 만나게 되면서 그 질문의 '본뜻'을 알게 되었습니다.

좀 더 구체적으로 말하면, 특수한 목적을 가지고 설립된 과학 계열 학교들이 그 본연의 모습을 잃어 가는 것을 보면서, 과학 올림피아드나 R&EResearch and Education 활동을 통해 어렵게 획득한 창의적인 아이디어들이 단지 진학을 위한 '스펙 채우기'용으로 변질되는 것을 보면서 처음의 질문은 이렇게 다시 이해되었습니다.

"어떻게 하면 지능이 좋아져서 시험을 더 잘 볼 수 있나요?"

지난 30여 년간 물리학을 연구하고 가르치면서 소년기에 접하는 과학 경험이 이후의 기나긴 인생에도 큰 영향을 끼치는 것을 보아 온 저는 처음의 대답을 이렇게 보충했습니다.

"우리 모두는 유전자와 뇌로 결정되는 능력을 갖고 태어난다. 다시 말해 지능은 우리의 의지와 상관없이 결정된다. 운이 좋으면 좀 똑똑하게 태어나고 운이 없으면 덜 똑똑하게 태어나는 식이다. 그런데 정말 다행인 건, 우리 뇌가 다 완성되지 않은 상태로 태어난다는 것이다. 선천적으로 물려받은 능력이 전부가 아니라는 뜻이다. 한때 과학자들은 뇌세포는 다른 신체 세포들과 달리 거의 자라지 않으며, 10~12세가 되면 지능이 어느 정도 결정된다고 믿었다. 그런데 뇌 연구가 발전하면서 중요한 사실이 확인되었다. 우리 뇌는 무언가를 새로 배울 때마다 변한다는 것이다.

어린 뇌일수록 더 잘 변할뿐더러 몸이 성장하는 시기가 끝나도 뇌는 끊임없이 변한다. 무언가를 새로 배울 때마다 신경 세포들 사이의 연결 상태가 달라지기 때문이다. 그래서 노년에도 새로운 지식을 배울 때마다 머릿속이 변한다. 그뿐만이 아니다. 뇌에서 기억을 담당하는 해마의 신경 세포 나이가 제각각이라는 연구가 최근에 나왔다. 이 연구에 따르면, 뇌 속 세포는 한번 죽으면 끝이라는 속설과 달리, 날마다 1,400개가량의 신경 세포가 새로 태어난다. 우리가 무언가를 새로 배우고 익힐수록 학습 능력이나 기억력은 물론 지능이 얼마든지 더 좋아질 수 있다는 뜻이다.

컴퓨터는 아무리 성능이 좋아도 어제와 오늘이 똑같은 기계에 불과하지만, 우리 뇌는 무언가를 배우면 배울수록 새로 태어나는 신경 세포의 연결이 강화되면서 스스로 바뀌고 진화한다. 이것이 컴퓨터와 뇌의 근본적인 차이점이자 우리 뇌의 엄청난 잠재력이다. 진화론의 시조인 찰스 다윈은 일찍이 이렇게 말했다. 아주 심한 바보가 아니라면 사람의 지성에는 개인차가 거의 없다. 단지 열정과 성실이라는 차이만 있을 뿐이다.”

생각해 보면 학생들에게 지능의 진짜 모습을 알려 주고 싶은 마음이 그때처럼 컸던 적도 없었을 듯합니다. 어린 학생들이 저마다 안고 있는 학업 성적에 대한 중압감이 너무 무거워 보인 시점에서는 제 대답이 질문으로 바뀌었습니다.

“왜 공부를 잘하고 싶어요?”

“명문 대학에 가야 하니까요.”

“왜 명문 대학에 가야 하는데요?”

“그래야 성공하잖아요!”

“성공이 뭔데요?”

학생들이 답하는 ‘성공’의 모양새는 어찌도 그리 비슷한지요. 남들이 말하는 그 성공을 이루기 위해 달달 외운 정답을 골라내는 ‘공부 작업’에 길들여진 뇌가 굳어 가고 있던 겁니다. 한창 유연하게 열려 있어도 모자랄 머릿속이 딱딱한 틀에 갇힌 채로.

무언가를 새로 배울 때마다 신경 세포 연결이 강화되는 우리 뇌의 엄청난 잠재력을 알려 주어야 하는 이유가 분명해졌습니다. 몇 개의 보기 중에서 정답을 고르는 무의미한 작업은 어제도 오늘도 변함없는 컴퓨터에게 던져두고 우리는 우리만이 할 수 있는 '공부'를 해 보지 않겠느냐고 묻고 싶었습니다. 계몽사상가 볼테르가 잘 말한 대로 '우리를 판단하는 것은 어떤 답을 하느냐가 아니라 어떤 질문을 하느냐'니까요.

제대로 된 질문을 해 보자는 뜻에서 이 책을 써 나가던 2016년 3월, 이세돌 9단이 알파고Alphago와의 바둑 대결에서 1승 4패로 지는 일이 벌어졌습니다. 그 이벤트에서 가장 놀라운 점은 '대부분의 예상을 깨고' 인공지능이 이겼다는 사실입니다.

알파고는 영국의 딥마인드사가 개발한 인공지능 바둑 프로그램으로, 구글이 2014년에 딥마인드사를 약 4,000억 원에 사들인 걸로 알려져 있습니다. 그 이유는 알파고가 '딥러닝'이라는 기계 학습 기능을 가지고 있었기 때문이고요. 기계 학습이란 기계가 스스로 알아서 학습을 한다는 뜻입니다. 즉, 알파고 이전의 프로그램은 사람이 정해 준 규칙과 기법을 따랐지만 알파고는 그 한계에서 벗어나 스스로 '정책망'을 펴고 알아서 '가중치'를 판단해서 문제를 해결해 나가는 식이지요. 한마디로, 알파고가 우리 뇌를 모방하는 데 성공했다는 겁니다. 게다가 진화가 거의 끝난 우리 뇌와 달리, 알파고는 앞으로 얼마나 어떤 식으로 더 진화해 나갈지 알 수 없습니다.

구글이 야심 차게 준비한 한국에서의 대국은 현재 뇌 과학 분야에서 가장 앞선 국가들이 벌이고 있는 경쟁과 무관하지 않습니다.

2013년 1월에 미국 정부는 'BRAINBrain Research through Advancing Innovative Neurotechnologies, 혁신적 신경 기술 발전을 통한 두뇌 연구 계획'에 10년 동안 약 3조 4천억 원의 지원을 선언했고, 거의 동시에 유럽연합은 '인간 두뇌 계획Human Brain Project'에 약 1조 8천억 원의 지원 계획을 발표했습니다.

BRAIN 계획을 한마디로 하면 '살아 있는 뇌 신경망 지도'를 만들겠다는 얘깁니다. 수많은 과학자들이 인간 뇌의 신경 세포 연결망은 너무 복잡해서 현대 과학으로는 규명할 수 없다고 한 것을 해내겠다는 뜻이지요. 뇌 연구에 일생을 바쳐 온 과학자들은 수십 년은 지나야 결과가 나올 거라고 입을 모읍니다. 또 그 결과를 가지고 인간의 의식을 이해하려면 100년도 더 걸릴 거라고 합니다. 그러면서도 BRAIN의 의의를 이렇게 강조합니다. 최종 목적지에 도달하기까지 100년이 넘게 걸린다 해도, 그 과정에서 오랫동안 인류를 괴롭혀 온 각종 뇌 질환과 정신 질환의 비밀을 하나하나 풀 수 있지 않겠느냐고 말이지요.

실제로 신경 세포 연결망 지도가 어느 정도 완성되면 뇌 질환이나 정신 질환의 원인이 밝혀질 가능성이 아주 높아집니다. 예를 들어 정상 뇌와 질환에 걸린 뇌의 지도를 서로 비교해 보면 신경망 회로의 이상을 보다 쉽게 찾을 수 있겠지요. 그렇게 되면 신경 과학이 새로운 산업 경제 영역으로 도약하는 시대, 즉 뇌 연구의 강대국들이 꿈꾸는 새로운 황금시대가 현실화될 수 있다고 보면서 '두뇌 프로젝트'에 대대적인 투자를 하고 있다는 뜻입니다.

이세돌 9단과의 대국 이후 알파고가 세계 최고의 인공지능으로 등극한 사실도 같은 선상에서 이해해야 합니다. 즉, 알파고로 대표되는 인공지능이 21세기 산업 경제의 원천 자원이 될 거라는 얘깁니다. 19세기의 석탄이나 20세기의 석유가 했던 역할을 21세기에는 알파고가 하게 되는 '4차 산업혁명'의 길을 인류가 이미 걸어가고 있는 현실을 직시해야 하는 이유는 분명합니다. 알파고를 소유한 구글이 경쟁사들을 따돌리고 주식 시장에서 엄청난 이익을 거둔 것은 시작에 불과하기 때문입니다. 그에 따라 이런 질문이 나올 수밖에 없고요. 세계 저편에서 추진 중인 두뇌 프로젝트의 성공이 우리에게도 마냥 긍정적인 걸까? 일본은 물론 중국까지 뇌 연구에 막대한 투자를 하고 있는 지금 한국의 현실은 어떠한가?

뇌 과학에 대한 책을 쓰는 제 머릿속이 복잡해질 수밖에 없었겠지요? 혼란스런 가운데도 점차 분명해지는 한 가지는 정확한 질문을 던져야 한다는 것이었습니다.

뇌 과학이란 무엇일까요? 왜 뇌 과학이야말로 진정한 융합과학이라고 할까요? 또 왜 뇌 과학을 알아야 알파고의 핵심인 딥러닝을 제대로 이해할 수 있다고 하는 걸까요?

뇌 과학은 그 정의부터가 간단치 않습니다. 이를테면 '수학·물리학·화학·생물학 등의 기초 과학 분야는 물론 의학·공학·인지 과학 등을 적용해 뇌의 신비를 밝히는 가운데 물리적인 뇌가 수행하는 정신적 기능 전반을 심층적으로 탐구하는 응용 학문'이라고 하니까요. 무엇보다 뇌 자체가 복잡하기 때문에 뇌 과학의 정의도 복잡합니다. 우리 뇌가 얼마나 복잡하냐고요? 인류가 아는 것은 뇌의 1퍼센트밖에 안 된다고 할 정도입니다.

뇌 과학은 1990년대 초부터 미국과 유럽, 일본을 중심으로 본격적인 연구가 이루어져 왔지요. 오늘날의 뇌 과학은 뇌 기능의 작동 원리를 밝히는 데서 더 나아가 뇌를 총체적으로 규명해 보자는 인식에서 출발하고 있습니다. 뇌 기능이 작동하는 원리를 파악해서 인간의 정체성을 알아낸다는 뇌 과학의 목표는 이렇게 해서 마련된 거라고 할 수 있고요. 다시 말해 '인간이란 무엇인가?' '나는 누구인가?' 하는 근원적인 물음에 다름 아닌 뇌 연구가 그 답을 줄 거라고 수많은 과학자들이 믿어 왔다는 뜻입니다.

이러한 목표는 자기 자신과 관련된 것을 찾아보는 데서 큰 즐거움을 느끼는 우리 뇌의 특성과도 잘 어울립니다. 복잡하고 어려운 과제를 하나하나 풀어 가는 데서 더없는 성취감을 느끼는 것 또한 우리 뇌의 특성입니다. 끊임없이 새로운 무언가를 추구하는 우리 뇌의 특성에 딱 맞는 공부를 찾으라고 하면 사실 뇌 과학만 한 것도 없다고나 할까요.

그런 한편, 새로운 무언가를 찾는 뇌의 특성은 위험을 동반하기도 합니다. 채 성숙하지 않은 뇌는 말할 것도 없이 그렇겠지요? 정서적으로나 육체적으로 미숙한 때의 흡연이나 약물 중독, 그로 인한 청소년 범죄나 자살 같은 문제도 이와 무관하지 않습니다. 그리고 바로 이런 이유 때문에 청소년들과 뇌 과학 공부를 함께하고자

하는 것이지요. 『진짜 나를 만나는 뇌 과학 시간』을 통해 스스로의 내면세계를 좀 더 잘 들여다보게 되고, 그리하여 '나'를 찾게 되는 것이야말로 이 책을 쓰는 진짜 목적입니다.

새로운 것으로 가득 찬 뇌에 대해 이야기하려면 생소한 전문 용어를 써야 합니다. 복잡하고 전문적인 내용과 낯선 용어에 보다 쉽게 다가갈 수 있는 방법의 하나로 청소년 또래를 각 장에 등장시켰습니다. '나의 머릿속은 유일무이하며 모든 것일 수 있다'는 뜻에서 하늘과 바다로 이름 지은 두 친구의 자유로운 대화가 여러분의 흥미와 관심을 불러일으켰으면 좋겠습니다.

각 단원에 마련한 '팁'은 여러 각도에서 다시 한 번 짚어 보았으면 하는 내용을 정리한 것이고, 'R&E'에서는 앞으로 더 연구해 볼 만한 과제를 제시했으니 더 넓고 깊게 공부하려는 독자들에게 실질적인 도움이 되었으면 합니다.

이 책에서 새롭게 시도한 모든 것을 청소년 눈높이에 맞춰 기본에 충실하면서도 깊이 있게 풀어 쓰고자 한 노력으로 보아 주길 바랄 뿐입니다.

모쪼록 이 책이 과학의 길에 나서려는 청소년들에게 진짜 영감이 되기를 기원합니다. 뇌 기능이 작동하는 원리와 그것이 만들어 내는 모든 것에 대해 관심 있는 분들도 『진짜 나를 만나는 뇌 과학 시간』을 통해 재미와 의미를 두루 얻길 바랍니다.

고맙습니다.

# 3부 뇌 과학에서 나를 찾다

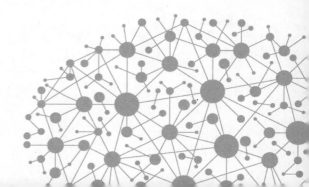

# 1부

# 내 안의 소우주를 찾아서

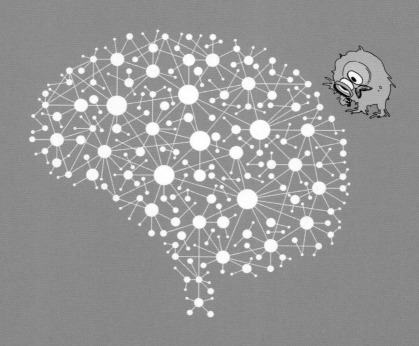

# 1.
# 나는 왜
# 나일까?

바다 오늘 시험 어땠냐?

하늘 수업 시간에 중요하다고 강조한 내용이 그대로 나와서 좋았어.

바다 어라? 넌 선생님이 수업 때 강조한 걸 다 기억해?

하늘 그럴 리가! 그럼 시험 공부 할 필요도 없게?

바다 그럼 그걸 어떻게 알았어? 다 두세 달 전에 배운 거고 수업마다 강조하는 게 한두 개도 아닌데, '그대로 나왔다'니?

하늘 비밀인데…… 나에겐 메모리카드라는 비장의 무기가 있거든.

바다 메모리카드? 커닝이라도 했다는 거야, 스마트폰으로?

하늘 강바다 발상을 누가 말릴까? 자, 봐. 내 메모리카드니까.

바다 이건 그냥 단어장인데. 이게 메모리카드라고?

하늘 그래 맞아. 기억할 내용을 적어서 저장해 놓은 거니까.

바다 머리가 나쁘면 손발이 고생이라더니, 딱 그렇네. 차라리 시험

전날 날밤을 새우고 말지 어떻게 이런 걸 일일이 적고 있냐?

하늘 똑똑한 머리보다 얼떨떨한 문서가 백번 낫다는 말도 있어. 아무리 기억력이 좋아도 그때그때 적어 둔 것을 다시 보는 것만 못하다는 소리야. 오늘 시험만 해도 이 카드 덕을 꽤 본걸!

바다 그래, 이런 카드까지 써서 유하늘 기억 용량의 한계를 극복했다는 건 인정! 근데 이런 원시적인 방법 말고 다른 수는 없나? 머리가 좋아지는 주사도 있다는데, 그게 낫지 않겠어?

하늘 그게 '집중력 강화'니 '두뇌 활성'이니 하는 주사인데 이름만 그럴듯하고 별 효과는 없을 거야. 그보단 네 머릿속에 메모리칩을 심는 게 더 확실할걸!

바다 아, 영화에 나오는 메모리칩 이식 같은 거 말이지? 그래, 그런 방법이라면 좀 솔깃하네. 문제는 내가 귀찮은 것보다 아픈 걸 더 못참는다는 거지만.

하늘 그럼 먹기만 하면 머리가 좋아지는 알약은 어때?

바다 그런 약이 진짜 있다면야…….

하늘 너라면 그런 약을 만들 수 있지 않을까? 언젠가는!

바다 어, 뭐냐? 이 난데없고 돌발적인 심각 모드는?

하늘 실은…… 우리 할머니가 치매를 앓고 계셔. 나를 갓난아이 때부터 길러 준 할머니가 날 전혀 못 알아보셔. 그게 알츠하이머라는 병 때문이라는데, 난 이해가 잘 안 돼. 어떻게 우리 할머니가 그렇게 변할 수 있는지. 할머니 병을 고칠 방법을 알고 싶어서 이것저것 찾아봤는데 알면 알수록 더 모르겠어.

**바다** 아, 그랬구나. 두뇌 활성 주사나 머리 좋아지는 약도 그래서 관심이 있었던 거고. 너의 할머니처럼 심각하진 않지만 우리 할머니하고 할아버지도 건망증이 꽤 심해서 나도 기억이나 기억 장애에 대해 생각해 본 적 있어. 게다가 이번에 알파고를 보면서 더 그랬지. 네가 뭘 좀 아는 것 같으니 물어보자. 왜 사람은 기억한 걸 자꾸만 잊어버리는 걸까?

**하늘** 네가 지난번에 그랬지? 네 머릿속이 의지와는 다르게 자꾸 뒤죽박죽이 된다고? 네 머릿속에 카오스가 일어난 것 같다고?

**바다** 카오스야 내 친구 녀석들 증세고, 난 거기까지는 아닐걸!

**하늘** 이번 기회에 나랑 같이 뇌에 대해 공부해 보지 않을래? 우리 기억이 왜 그렇게 되는지 직접 찾아보고, 또 너랑 네 친구들 머릿속에 카오스 같은 게 왜 생겨나는지도 알아보자. 그러다 보면 알파고도 더 잘 알게 되고 또 원시적인 내 메모리카드보다 더 좋은 방법을 찾게 될지도 모르잖아?

**바다** 뇌 공부 하나로 그렇게 많은 걸 해결할 수 있다고? 그렇다면 일단 시작해 보는 것도 나쁘진 않겠다. 그런 뜻에서 말인데…… 기억이 좋아지는 파란 알약하고 기억이 더 나빠지지 않는 빨간 알약 중 어떤 걸 먼저 개발하는 게 좋을까? 내 맘 변하기 전에 얼른 하나 골라 봐!(파란 알약과 빨간 알약에 대해 알고 싶다면 285쪽 이하를 참고하기 바람.)

하늘이는 어떤 알약을 골랐을까? 자신만의 메모리카드를 갖고 있는 하늘이라면 어느 쪽도 선택하지 않았을 가능성이 크지만 결과는 모를 일이다.

분명한 건 이제부터 하늘이와 바다가 아주 많은 이야기를 나누게 될 거라는 것이다. 다름 아닌 우리 뇌에 대해서 말이다. 초반에는 주로 기억력과 지능에 집중해서, 어떻게 해야 기억력이 나빠지지 않을까, 무엇을 먹으면 머리가 좋아질까, 알파고 같은 인공지능이 맹활약하는 세상에서 왜 치매 같은 병은 고치지 못하는 걸까, 등등의 물음을 주고받다가 인터넷 검색으로 자신들이 궁금해하는 정보를 얻을 수도 있을 것이다. 예를 들면 다음과 같다.

뇌의 무게는 1.2~1.4킬로그램이다. 어른 몸무게가 60~70킬로그램이라고 가정하면 전체 몸무게의 약 2퍼센트밖에 되지 않는다. 그런데 뇌의 에너지 소비량은 그야말로 엄청나서 하루 섭취 열량의 20퍼센트 이상을 소모한다. 뇌의 에너지원은 포도당이다. 배가 고프면 집중력이 떨어지고 단맛이 당기는 것은 대개 포도당이 부족해서다. 뇌가 원활히 활동하게 하려면 혈액 속의 포도당 농도를 적당히 유지해 줘야 한다. 배 속이 비면 그만큼 뇌 기능이 떨어질 수 있고, 가능한 한 아침밥은 거르지 말라는 말은 그래서 나온다. 아침밥으로는 포도당의 원천인 탄수화물로 구성된 식단이 좋고, 포만감이 뇌까지 잘 전달되도록 천천히 꼭꼭 씹어 먹으라는 말도 그래서 되풀이되는 것이다.

오늘날 뇌 과학은 불과 20~30년 전엔 상상조차 할 수 없었을 정도로 발전했다. 특히 fMRI functional Magnetic Resonance Imaging, 기능성 자기 공명 영상를 비롯한 각종 두뇌 스캔 장비가 개발되면서 우리 머릿속에 맴도는 생각까지 추적하고 읽어 낼 수 있게 되었다. 덕분에 과거에는 과학적으로 접근할 엄두조차 못 낸 우리의 정신세계가 신경 과학의 주된 연구 분야로 떠오르게 된 것이다.

또한 뇌와 컴퓨터를 연결해서 단지 생각만으로도 물건을 움직일 수 있게 되었다. 팔다리가 마비된 환자 뇌에 칩을 이식하여 컴퓨터와 연결하면 환자가 생각하는 대로 웹서핑을 하거나 이메일을 쓸 수도 있고, 몸에 붙인 인공 팔까지 움직일 수 있다. 그뿐만이 아니다. 현재 연구 중인 외골격exoskeleton을 직접 뇌와 연결하면 마비된 팔과 다리를 움직일 수 있게 된다. 몸이 마비된 환자가 보통 사람과 다르지 않은 삶을 누리게 될 거라는 장밋빛 예견이 점점 현실에 가까워지고 있다.

이렇듯 뇌 과학의 발전이 우리의 삶을 완전히 바꿔 놓으리라는 낙관적인 전망이 이어지고 있는 한편, 뇌 질환이나 정신 질환으로 고통 받고 있는 사람들을 주변에서 흔히 볼 수 있는 것도 우리의 현실이다. 이제까지 수많은 과학자와 의학자 들이 우울증이나 치매, 알츠하이머병이나 파킨슨병 등의 원인을 알아냈고, 그에 따른 치료 방법이나 치료 기술을 끊임없이 찾고 있지만, 지금으로선 그 분야의 뇌 과학이 더 발전하기를 바랄 수밖에 없는 상황이다. 장밋빛 전망을 실현한다는 게 결코 간단치 않다는 뜻이다.

바다와 하늘이는 처음엔 인터넷으로 접한 단편적인 정보도 어려워했다. 그러다가 자신들이 원하는 답을 얻으려면 단순한 정보가 아니라 맥락에 따른 체계적인 지식이 필요하다는 것을 깨닫게 되었다. 그래서 뇌에 관한 책을 찾아보게 되었지만, 갈수록 태산이라는 말을 실감했다.

이론물리학자인 미치오 카쿠Michio Kaku는 『마음의 미래The Future of the Mind』 서문에서 이렇게 밝히고 있다. "자연에 존재하는 가장 큰 미스터리 두 가지를 꼽으라고 한다면 나는 주저 없이 '우주'와 '인간의 정신'을 꼽을 것이다."

단순함을 무릅쓰고 반복하면, 우리 마음은 세상에서 가장 신비롭다. 그리고 세상에서 가장 신비로운 우리 마음을 낳는 우리 뇌는 어마어마하게 복잡하다.

1.4킬로그램밖에 안 되는 뇌 속에 무려 1,000억 개나 되는 신경 세포가 자리 잡고 있다. 1,000억 개에 달하는 신경 세포 하나하나는 인접한 다른 신경 세포 1,000여 개와 시냅스synapse라는 연결 구조를 형성하며 복잡하게 얽혀 있다. 어른 뇌에 있는 시냅스의 수는 100조 개에 달한다!

이것만 해도 아찔한 숫자인데 더 엄청난 숫자가 우리를 기다리고 있다. 하나하나의 신경 세포 안에서도 시냅스마다 서로 다른 정보를 주고받기 때문이다. 그에 따라 우리 뇌 속에서 일어나는 신경 세포와 시냅스의 무궁무진한 활동을 모두 합하면 저 우주에 떠 있는 별들의 숫자보다도 더 많아진다.

고작 1.4킬로그램밖에 안 되는 뇌가 태양계 안에서 가장 복잡한 구조물이라는 말이 여기에서 나온다. 우리 뇌가 저 불가사의한 우주와 대비되어 '소우주'라고 불리는 것 또한 마찬가지다. 그래서 더 궁금하고 더 알고 싶어지는지도 모르겠다.

　어쩌자고 신경 세포는 그렇게나 많은 걸까? 상상을 불허하는 엄청난 수의 신경 세포들은 왜 그토록 복잡하게 연결되어 있는 걸까? 무엇보다 신경 세포들이 서로 복잡다단하게 얽히고설킨 물리적인 기관인 뇌가 어떻게 우리의 기억이며 마음이나 의식 같은 작용을 만들어 내는 걸까?

　지금까지 나온 답은 그리 희망적이지 않다. 아니, 오히려 꽤 부정적이다. 우리 뇌가 너무나 복잡하기 때문에 뇌를 이해하는 건 불가능할지도 모른다는 답이 주를 이룬다. 신경 세포들의 물리적인 집합체이자 연결체인 뇌에서 마음이나 의식이 생겨나는 과정도 대부분 베일에 가려 있다. 저 우주의 신비가 베일에 가려 있는 것처럼 말이다.

　과학자들은 뇌가 왜 그러한 원리로 작동하는지에 대해서는 명확한 답을 내놓지 못하고 있지만, 뇌 기능이 작동하는 원리에 대해서는 많은 것을 밝혀냈다. 그 복잡한 신경 세포와 시냅스, 신경 전달 물질 등에 대해 쓸 만한 정보를 알아냈다는 뜻이다.

　뇌 기능 중에서 가장 많이 연구된 영역은 '시각 시스템'이다. 지각에 대한 분석도 시각과 관련된 감각 분야가 가장 발달했고 또 널리 알려져 있다.

'학습과 기억 시스템' 영역에서도 많은 연구가 이루어졌다. 1960년대부터 신경 과학자들이 인지 과학자들과 손을 잡고 '뇌 속에서 학습과 기억이 어떻게 이루어지는가?' 하는 문제를 끊임없이 탐구해 온 결과다.

시각 시스템과 함께 하나하나 살펴보겠지만, 기억은 우리의 복잡한 심리적 과정들과 연관이 있다. 한마디로 학습과 기억은 '나는 왜 나일까?' 하는 나의 정체성을 말해 주는 데 있어서 핵심적인 부분이다. 내가 배우고 기억하고 있는 그 부분에 내가 누구인지를 결정짓고 알려 주는 부분이 분명히 존재하기 때문이다.

기억과 무의식 연구에 평생을 바쳐 온 에릭 캔들Eric R. Kandel이 힘주어 말한 대로 "우리가 우리인 것은 우리가 학습하고 기억하는 것 때문이다."라고 한다면 더더욱 말이다.

그렇기 때문에 작지만 거대한 이 소우주를 탐사하는 일은 '인간이란 무엇인가?' '나는 누구인가?' 하는 아주 오래된 탐구와 맞물린다. 내가 나인 것은 내가 배우고 기억하는 것 때문이라고 한다면 내가 무엇을, 어떻게, 느끼고 생각하고 배우고 기억하는가를 탐구하는 과정은 내가 누구인가를 알아 나가는 과정과 결코 다르지 않기 때문이다.

요즘 컴퓨터 과학자와 신경 과학자 들은 우주에서 가장 복잡한 뇌를 가능한 한 작게 분해해서 그 작동 원리를 파악하려고 애쓰고 있다. 그뿐만이 아니다. 분해한 뇌를 신경 세포 단위로 재조립해서 원래대로 작동하게 한다는 계획까지 세워 놓고 있다. 이것이 바로

'두뇌 역설계reverse engineering'다. 우리 뇌와 비슷한 기능을 갖춘 인공 신경망을 개발하겠다는 두뇌 역설계의 목적은 이것이다. 인간을, 나를 알아야겠다는 것이다.

예전에는 과학자들 사이에서 실현 불가능한 잡담거리에 불과했던 두뇌 역설계가 BRAIN 계획을 통해 '살아 있는 뇌 신경망 지도 제작'으로 나아가고 있지만, 현재 확실한 사실은 하나밖에 없다. 앞으로 갈 길이 참으로 멀고 험하다는 것이다.

지금까지 가장 큰 성과를 낸 기억 저장의 연구 결과를 두고서도 '이제 겨우 거대한 산악 지대의 가장자리에 도달했을 뿐'이라는 평가가 나온다. 수많은 과학자들의 숱한 시도에도 불구하고 아직 탐사되지 않은 미지의 세계가 거대한 산악 지대를 이루고 있다는 뜻이다. 인류가 아는 뇌는 고작해야 1퍼센트도 되지 않는다는 말을 우리는 앞으로 도처에서 실감하게 될 것이다. 내 안의 소우주를 찾아가자면 말이다.

그런데, 바로 그렇기 때문에 뇌를 공부하는 시간이 진짜 나를 만나는 시간이 되는 것이 아닐까? 그 멀고 험한 길을 더듬어 가면서 내 안의 소우주를 찾아가는 탐사가 그토록 복잡하고 어려울 수밖에 없는 이유를 하나하나 알아 가다 보면, 내 몸을 움직이고, 내 마음을 작동시키고, 내 앞날을 상상하게 만드는 '진짜 나'를 만나게 되지 않을까?

# 2.
# '진짜 나'는
# 어디에 있을까?

하늘 저 우주랑 우리 뇌가 이렇게나 신기하게 연결되어 있는 줄은
몰랐어. 우리 태양계가 속한 은하에 1,000억 개의 별이 있는데 우리
뇌 속의 신경 세포도 1,000억 개라니 정말 놀랍지 않니?

바다 놀랍지! 신경 세포가 영어로 뉴런neuron인데 밧줄이라는 뜻의
그리스어에서 유래되었대. 이런 뉴런을 함께 알아 가는 너와 나의
인연이야말로 진짜 동아줄 같지 않냐?

하늘 그게 동아줄인지 고무줄인지는 잘 모르겠지만 우주랑 뇌는 역
사적으로 봐도 공통점이 많은 건 분명해. 먼 옛날부터 우주랑 뇌가
미신과 주술의 대상이 된 것만 봐도 그렇거든.

바다 인류가 우주의 원리를 궁금해한 만큼이나 뇌 구조와 기능을
밝히려고 한 것도 분명하지. 신석기 시대에도 사람의 머리뼈를 열
어 본 흔적이 나온다고 하잖아. 그렇게 해서 병마를 몰아낼 수 있을

거라고 믿었다고 하고, 실제로 생명을 구하기도 했을 거라고 추론하는 고고학자들도 있던데 그 추론이 맞는 걸까? 또 고대 이집트나 수메르, 잉카 등지에서도 머리뼈에 구멍을 뚫은 흔적이 발견됐다고 하는데 그것도 신석기 시대에 행해진 것과 연관이 있는 건가?

하늘 그건 학자들마다 견해가 다른 것 같아. 고대 이집트인들은 뇌를 필요 없는 장기로 생각해서 파라오의 시체를 미라로 만드는 방부 처리를 할 때 뇌를 아예 제거해 버렸다고 하잖아?

바다 그럼 진짜 분명한 사실은 인류가 아주 오래전부터 뇌에 대해 알고 싶어 했다는 것밖에 없겠는걸. 그 궁금증을 풀기 위해 인류가 할 수 있는 일은 별로 없었다는 거고.

하늘 인류가 본격적으로 뇌를 연구하기 시작한 건 200~300년 전이야. 그 전엔 종교적인 이유 등으로 죽은 사람의 시신을 훼손하는 것조차 금기로 여겨서, 1800년대 전후에야 시신의 머리뼈를 열고 뇌 구조를 관찰하기 시작했어. 그리고 그 당시는 철학자들뿐만 아니라 과학자들조차도 뇌와 정신(영혼)을 별개로 생각하던 때라 뇌의 해부학적인 생김새 정도만 겨우 알아낸 걸로 보여.

바다 메모리카드 애용자답게 메모를 아끼지 않았군. 어디 좀 보자. 벌써 여기까지 찾아본 거야? 안쪽 앞이마엽 겉질? 여기서 '나'라는 인식을 관장한다? 따라서 '진짜 나'는 앞이마엽 겉질 안쪽에 있다? 이게 다 무슨 말이냐?

하늘이의 메모리카드에 적힌 뇌 과학사는 뒤에서 짚기로 하고, 먼저 우리 정신의 근원을 알기 위해 신경 세포 단위에서부터 하나하나 접근하는 '정신의 생물학'이라는 장을 연 에릭 캔들의 말을 들어 보자. 『기억을 찾아서In Search of Memory』에서 그는 이렇게 반복하고 있다. "최근 들어 인간의 정신세계에 대해 아주 많은 사실을 새롭게 알게 되었다. 그런데 이러한 새로운 지식의 원천은 철학이나 심리학, 정신분석학이 아니다. 그 모든 것은 지난 50년 동안에 일어난 생물학의 극적인 발전에 힘입은 두뇌생물학 덕이다."

요즘 쏟아져 나오는 뇌 과학 관련 책들을 보면 에릭 캔들의 주장에 과학계가 의견 일치를 보이는 것 같다. 물리학자 프리먼 다이슨Freeman Dyson이 2009년에 영국 브리스톨에서 열린 아이디어 페스티벌에서 "새로운 경이의 시대가 도래했으며 고성능 컴퓨터를 활용한 두뇌생물학이 이 시대를 주도하고 있다"고 지적한 것을 보아도 말이다.

한편, 미치오 카쿠 같은 물리학자는 두뇌생물학이 이 시대를 주도하는 과정에서 가장 큰 역할을 한 분야가 물리학이라고 강조한다. 무엇보다 물리학자들이 뇌를 연구하기 위해 개발한 각종 두뇌 스캔 장비가 지난 15~20년 사이에 두뇌와 관련하여 새롭게 알게 된 모든 지식을 가능케 했다는 것이다. 특히 fMRI 같은 첨단 장비를 가지고 뇌를 속속들이 촬영할 수 있었기에 뇌라는 물리적인 생명체 안에서 진행되는 기억이나 감정, 생각 등을 추적해 낼 수 있었다고 주장한다.

근거 없는 주장은 아니다. 하버드 대학의 신경 과학자 스티븐 코슬린Stephen Kosslyn이 기억 연구를 놓고 내보인 자신감의 근거를 보아도 그렇다. "요 몇 년 사이에 고성능 컴퓨터와 두뇌 스캔 관련 장비가 비약적으로 발전했다. 그리고 바로 그 덕분에 기억의 구조가 만천하에 드러나게 되었다."

실제로 뇌 연구에서 첨단 과학 장비가 맡은 역할은 결코 작지 않다. BRAIN 계획이 발표되자 뇌 과학자들은 fMRI를 사용해서 뇌의 전체적인 활동을 관찰할 수 있게 되었다며 좋아했고, 신경 과학자들은 뇌의 활동을 신경 세포 단위로 관찰할 수 있는 초정밀 장비를 사용할 수 있게 되었다며 그 계획을 반겼다는 후문으로도 이를 알 수 있다.

생물학자 칼 짐머Carl Zimmer에 따르면, 뇌의 '안쪽 앞이마엽 겉질medial prefrontal cortex'에서 '나'라는 인식을 관장한다. 뇌에서도 대뇌, 그중에서도 대뇌를 전체적으로 감싸고 있는 겉껍질의 특정한 부분이 '나'를 알기 위해 들어가는 입구가 된다. 다시 말해, 앞이마엽 겉질의 안쪽에 해당하는 영역에서 나에 대한 정보를 취합해서 내가 누구인지를 총체적으로 인식한다는 것이다. 지금 단계에서는 이해하기 어려운 얘기다. 뒤에서 살펴겠지만, fMRI로 뇌를 스캔한 결과를 보면 이것이 어느 정도는 사실로 드러난다.

심리학자 토드 헤더튼Todd Heatherton은 우리가 생각에 잠기는 동안에 안쪽 앞이마엽 겉질이 활성화되는 것으로 나타나는 fMRI의 스캔 결과를 믿는다면서 그 이유를 이렇게 밝혔다. "우리는 생각에 잠길 때 대부분의 시간을 자기 자신에게 일어난 일이나 다른 사람을 생각하며 보내게 되는데, 이 과정에서 자연스럽게 자신을 되돌아보게 된다."

장비의 위력은 '인간 커넥톰 프로젝트Human Connectome Project'를 이끌고 있는 과학자 중 하나인 승현준 박사의 고백에서도 엿볼 수 있다. "몇 세대가 지나야 끝날지 모르지만…… 언젠가는 자동 현미경이 사진을 찍어 주고 인공지능이 데이터를 24시간 분석해 줄 날이 올 거라는 희망을 안고 연구를 계속하고 있다."

잠깐 훑었는데도, 우리의 정신이나 의식에 대한 생물학적 이해의 문제가 21세기 과학의 중심적인 과제로 떠오른 건 확실해 보인다. 또한 뇌 과학의 발전을 이끈 일등 공신은 다양한 두뇌 관측 장비를 발명한 과학자들이라고 해도 과언이 아닐 것 같다. 전자동 현미경이나 인공지능 기계가 하루빨리 더 발전했으면 좋겠다고 바라는 한편 이런 생각도 든다.

그보다 더 중요한 건 없을까? 이를테면 오늘의 첨단 과학 장비를 뛰어넘는 그 무언가가 필요하고 또 요구된다면? 지금 과학자들은 뇌 사진을 찍고, 환자를 임상 연구하고, 그에 따른 적절한 질문을 던짐으로써 지난 수천 년간 철학자들이 제기해 온 모든 질문을 체계적으로 연구할 수 있게 되었지만, 수백 년간 열띤 공방을 벌여 왔으면서도 아직까지 아무런 결론도 짓지 못한 '의식이란 무엇인가?' 하는 과제를 풀기 위해서는 다른 무언가가 있어야 하지 않을까?

그 다른 '무언가'는 과연 무엇일까?

이제 바다와 하늘이는 뇌를 알아 가는 여행을 떠날 것이다. 설레는 마음을 한편에 놓고 여행을 떠나기 전에 준비해야 할 일은 얼마나 많은가. 무엇보다 미지의 세계를 탐구하자면 지도가 필요하다.

알고 보면, 두뇌 탐사의 역사는 두뇌 지도를 만들어 가는 역사와 다르지 않다. 최초의 두뇌 모형인 '호문쿨루스 지도'부터 시작해서 현재 두뇌 역설계로 제작 중인 '살아 있는 뇌 신경망 지도'에 이르기까지가 그렇다. 미국과 유럽연합이 야심 차게 추진 중인 뇌 신경망 지도가 완성되려면 100년을 기다려야 한다고 하지만, 어쨌든 우리의 뇌 지도는 새로 만들어지고 있다.

우리를 알기 위한 뇌 지도뿐만이 아니라, 나를 알 수 있는 내 안의 지도는 지금 이 순간에도 새로 만들어지고 있다. 나의 뇌 지도를 강화해 나가면서 인류의 뇌 지도를 하나하나 더듬어 가다 보면, 내가 누구인지를 들여다보게 될 것이다. 그러는 가운데 '진짜 나'를 만나는 시간을 갖게 될 것이다.

모자라면 모자란 대로, 한계를 느끼면 느끼는 대로 하늘이와 바다가 '진짜 나'를 찾아가는 길에서 그 '무언가'를 찾게 되길 바란다면 무리한 기대일까?

# 3.
# 두뇌 탐구
# 지도 만들기

**바다** 이름 하여 '두뇌 탐구 지도'부터 만들어 보자. 두뇌 지도는 그 자체로도 복잡한데 한자어와 영어가 마구 섞여 있어서 더 혼란스럽지 않아?

**하늘** 해부학계에서는 많은 사람들이 뇌를 보다 쉽게 이해할 수 있도록 우리말 용어를 새로 만들어 쓰고 있어. 뇌 전문 용어의 띄어쓰기도 권장하고 있고. 내가 읽는 책도 한글 용어와 띄어쓰기 권장을 따르고 있어서 보기 편한데, 인터넷으로 검색한 자료나 대부분의 책은 아직도 한자어를 더 많이 쓰고 있어서 다시 볼 때마다 헷갈려.

**바다** 그럼 우린 전문 용어가 처음 나올 때만 한자어와 영어를 함께 적고, 가능하면 우리말 이름을 쓰기로 하자. 띄어쓰기도 알아보기 쉬운 쪽을 따르는 게 좋겠지?

## 이리 보고 저리 보는 뇌의 생김새

뇌는 흔히 우리 몸의 사령탑으로 불린다. 사령탑이 그렇듯이 여러 층으로 둘러싸여 단단히 보호받고 있다. 먼저 뇌는 단단한 머리뼈(두개골)에 싸여 있다. 머리뼈 안쪽은 경막(경질막), 거미막(지주막), 액체 층인 뇌척수액과 연막(연질막)으로 이루어져 있다.

세 겹의 막 중 가장 질기고 두꺼운 경막은 머리뼈에 붙어 있고,

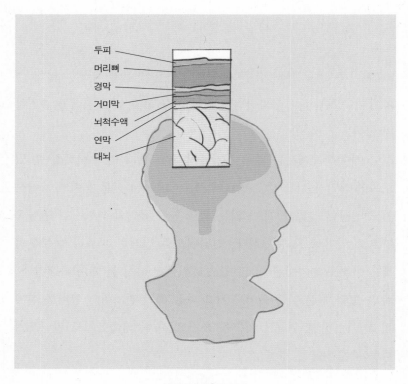

**단단히 보호받는 뇌**

얇은 연막은 대뇌에 붙어 있다. 혈관이 많고 투명한 거미막과 연막 사이에는 150밀리리터 정도의 뇌척수액이 가득 차 있다. 이 수액이 바깥에서 오는 충격을 흡수해 뇌를 보호하는 것을 보고 바다는 계란의 노른자위를 떠올렸다. 하늘이는 두피와 머리카락도 뇌를 보호한다는 것을 새삼 느꼈다. 머리뼈를 덮고 있는 두피가 60일이면 전부 새 세포로 바뀐다는 건 처음 알게 되었다.

두 사람이 처음 본 뇌는 회갈색을 띤 불그스름한 색에 쭈글쭈글하게 주름이 잡힌 모양이다. 그 생김새를 보고 나서 뇌가 흔히 호두 알맹이에 비유되는 이유를 알게 되었다.

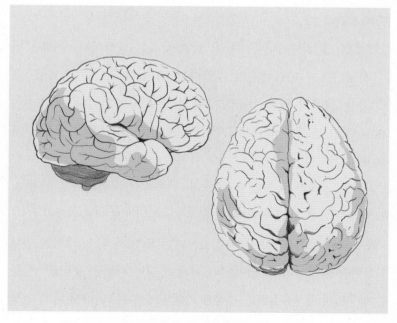

**옆에서 보고 위에서 본 뇌의 생김새**

두 사람은 뇌의 생김새를 보고 나서 해부학적으로 크게 대뇌 cerebrum, 소뇌cerebellum, 뇌줄기brainstem로 나뉘는 뇌의 구조를 살펴보다가 머리가 아팠다. 우리 몸의 근육이나 장기 등은 생김새만 보아도 주요 기능이 드러나고 구조적으로도 통일되어 있는데, 뇌는 이런 유형에서 벗어나는 혼란스러운 구조를 보이기 때문이다.

두 사람은 머리를 맞대고 끙끙대던 끝에 간이나 허파 같은 장기는 하는 일이 정해져 있지만, 뇌는 부위에 따라 그 기능이 달라지기 때문에 구조가 매우 복잡하다는 걸 알게 되었다. 뇌를 알려면 뇌의 구조를 먼저 알아야 하는 것도 깨달았다. 뇌가 만들어지는 과정을 하나하나 살펴보면 뇌 구조를 이해하는 데 도움이 될 거라는 생각도 떠올렸다.

잘못된 생각은 아니다. 아니, 꽤 바람직한 발상이다. 문제는 뇌가 하루아침에 만들어지지 않았다는 데 있다. 그러기는커녕, 우리 뇌는 진화의 박물관이라고 할 정도로 오래되었다. 자그마치 200~300만 년 동안이나 차근차근 진행되어 온 진화의 산물이 바로 우리 뇌다.

인류가 진화하는 동안 우리 뇌는 안쪽에서 바깥쪽으로 커졌고, 또 앞쪽으로 계속 커져 왔다. 그에 따라 뇌 기능도 다양해졌다.

흥미로운 사실은, 갓 태어난 아기의 뇌도 이와 같은 과정을 거쳐 성장한다는 것이다. 갓난아이의 뇌가 자라는 과정은 수백만 년 동안 이루어져 온 뇌의 진화 과정과 거의 비슷하다. 따라서 뇌가 만들어지는 과정을 살핀다는 건 뇌를 진화 과정이나 발생 과정을 통해 살핀다는 뜻이 된다. 또한 뇌의 진화 과정과 발생 과정을 통합해서 살펴봐야 한다는 뜻이다.


## 진화하고 또 진화하는 뇌


**바다** 어라, 진화 과정에서 뇌가 제일 먼저 생겨난 게 아니네! 뇌는 우리 몸의 모든 기관을 조정하는 사령탑인데 왜 그렇지? 뇌가 작동하지 않으면 다른 기관도 제 기능을 못하니까 뇌가 맨 처음에 생겨나야 맞는 거 아닌가?

**하늘** 꼭 그렇진 않아. 졸병들이 다 집합한 다음에 사령관이 짠 하고 등장하기도 하잖아. 근데 나도 책을 보고 알았어. 뇌가 처음 생긴 게 아니라 감각 기관이 생기고 나서 뇌가 생겨난 사실을.

**바다** 무슨 책인데?

**하늘** 『1.4킬로그램의 우주, 뇌』라는 책이야. 우리가 척추동물과 친척이 되는 그때로 거슬러 올라가면, 눈, 코, 귀, 입을 가진 '얼굴'은 생김새가 모두 비슷했대. 언뜻 봐서는 물고기인지 닭인지 사람인지 구분이 안 될 정도로. 그 눈, 코, 귀, 입이 있는 '얼굴'이 척추동물의 공통 요소가 되는 거고 또 그런 감각 기관이 모여서 머리를 만든 요인이 되는 거래. 신기하지?

**바다** 인터넷 검색보단 네가 정리해 놓은 걸 보는 게 빠르겠는걸. 어디 보자……. 몸에서 목으로 이어지는 가장 앞부분에 눈, 코, 귀,

입이 생겨났고, 원래 입은 '소화 기관의 입구'로 있었고 여기에 감각 기관이 더해졌다고 할 수 있다. 몸 앞쪽에 감각 기관이 모이게 되자 중추 신경계 앞쪽 끝부분에 감각 기관의 정보를 받는 곳이 생기게 되고, 감각 자극이 흘러들어 오자 그 정보를 처리하기 위해 중추 신경계 앞쪽이 부풀어 오르기 시작했는데 그게 바로 뇌다. 무슨 말인지 알 듯 말 듯하다.

**하늘** 난 척추동물의 몸 앞쪽에 감각 기관이 모이면서 그곳으로 모여드는 감각 정보를 처리하기 위해 뇌가 생겨난 것으로 이해했어. 그렇게 생겨난 뇌가 자극을 받고 자극에 대응하기 위해 계속해서 더 발달한 것으로 말이야. 실제로 갓난아기들이 다양한 자극을 받아 뇌를 성장시키는 과정을 봐도 그걸 알 수 있대.

**바다** 그러니까 감각 자극을 받을수록 몸 앞쪽 부분이 커져서 뇌가 된 거고, 이것을 뇌가 생긴 유래로 볼 수 있다는 거지? 그런데 감각 기관 말고도 뇌를 만드는 데 중요한 역할을 한 게 또 있는데?

**하늘** 아, 아가미 말이지? 그럼 진화의 초기 단계인 6억 년 전으로 거슬러 올라가야 할걸. 우리의 선조뻘이 물고기 같은 형태로 물속을 헤엄쳐 다녔다는 그때로.

**바다** 우리 조상이 물고기 같았다는 게 믿어져? 아무리 오랜 진화를 거쳤어도 그렇지 어떻게 물고기 지느러미 부분이 우리 손과 발이 되지? 게다가 호흡 기관이었던 아가미가 뇌로 변했다는 게 실감이 나?

**하늘** 우리 선조뻘의 아가미에 신경과 혈관이 뻗어 있었고, 지금은 아가미로 뻗어야 할 신경이 뇌신경의 일부로 사용되고 있다고 하니까 그런가 보다 하는 거지 나도 실감은 잘 안 나. 그런데 초기의 태아를 보면 크기가 5밀리미터 정도인데, 전자 현미경으로 그 태아를 들여다보면 얼굴이랑 목에 해당하는 부분에 동글동글한 게 늘어서 있대. 그런데 그런 모양이 물고기 새끼한테도 있다는 거야. 그 동글동글한 게 물고기의 아가미가 돼.

**바다** 그럼 우리의 먼 선조뻘은 아가미로 사용하던 것을 진화 과정에서 다른 용도로 사용했는데, 아가미에 신경과 혈관이 뻗어 있는 걸 보면 그게 뇌신경의 일부로 사용되었다는 얘기가 되나?

**하늘** 뇌는 원래 단순한 신경 모임이었는데 오랜 진화 과정을 거치면서 지금의 복잡한 모양으로 발전한 정도로 이해하고 앞으로 더 알아보는 게 어떨까? 무엇보다 신경계와 뇌가 발달하는 과정을 살펴보면 뇌의 구조와 기능을 보다 쉽게 이해할 수 있다고 하잖아.

**바다** 그래, 신경계와 뇌의 발달 과정이 각 종의 진화 과정을 보여줘서 뇌의 진화에 대한 단서도 얻을 수 있다고 하니까 나도 좀 더 찾아볼게.

**하늘** 그럼 뇌 구조를 발생 단계로 살펴보기 전에 중추 신경계로 본 뇌 구조를 먼저 살펴보자. 일단 뇌의 기본 구조를 멀리서 전체적으로 한 번 보고 나서 자세히 들여다보는 게 좋을 것 같아.

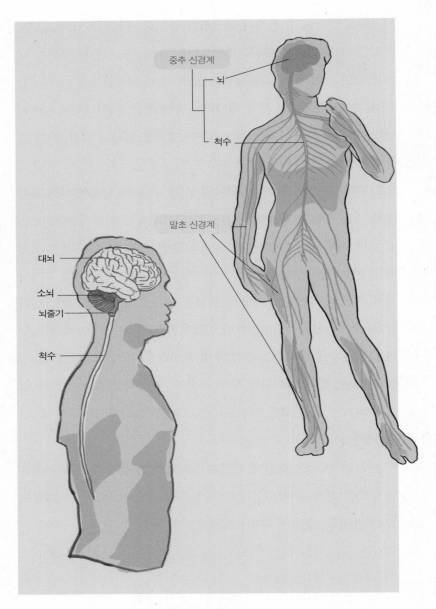

중추 신경계
뇌
척수

말초 신경계

대뇌
소뇌
뇌줄기
척수

신경계로 본 뇌의 구조

그림에서 보듯 우리 몸의 신경계는 위치와 기능에 따라 크게 중추 신경계와 말초 신경계로 나뉜다. 중추 신경계는 좌우 대칭이고, 대뇌와 소뇌, 뇌줄기, 사이뇌(간뇌), 척수로 이루어진다.

척수는 단순한 반사 행동에 필요한 요소를 가지고 있다. 척수를 알면 중추 신경계의 주된 기능을 이해하기 쉽다. 중추 신경계는 말초 신경계로부터 감각 정보를 전달받아 판단하는 동시에 그 판단에 따른 명령을 말초 신경계에 전달한다.(뇌와 신경을 구성하는 가장 작은 단위인 신경 세포로 보면, 뇌는 신경 세포의 축삭 돌기axon를 통해 감각 정보를 전달받는다. 그 정보를 운동 명령으로 변환하여 다른 축삭 돌기를 통해 근육으로 전달한다. 이것이 중추 신경계의 주된 기능이다. 앞으로 계속해서 살필 중요한 부분이라 먼저 말해 둔다.)

말초 신경계는 중추 신경계에서 뻗어 나와 얼굴과 온몸에 나뭇가지 모양으로 뻗어 있고, 눈, 코, 입, 귀, 피부 같은 감각 기관을 통해 전달받은 정보를 중추 신경으로 전달하는 역할을 한다.

얼굴의 말초 신경은 거의 대부분이 뇌줄기에 직접 연결되어 있다. 그래서 뇌신경cranial nerve이라고 한다. 온몸에 퍼져 있는 말초 신경은 척수에서 시작한다. 이 척수 신경은 31쌍이고 뇌신경은 12쌍이다.(12쌍 중 3쌍은 감각 기관인 눈, 코, 입으로 뻗어 있다. 남은 9쌍 중 5쌍은 원래 아가미로 뻗어 갈 신경으로 얼굴 신경, 삼차 신경, 혀 인두 신경, 미주 신경, 미주 신경에 부속된 더부 신경이다. 남은 4쌍 중 3쌍은 눈동자를 움직이는 신경이고, 마지막 1쌍은 혀를 움직이는 신경이다. 이렇게 뇌신경은 머리와 얼굴에 모여 있다.)

## 발생 단계에 따른 뇌 구조와 그 기능

뇌의 발생 단계를 보면, 척수가 뇌 쪽으로 뻗어 올라가 뇌줄기가 된다. 이어 움직임과 운동 기능을 조절하는 소뇌가 발달한다. 가장 크면서 기능도 복잡한 대뇌는 마지막에 발달한다.

뇌줄기는 뇌와 척수를 연결하는 역할을 한다. 모든 감각 정보는 뇌줄기를 지나 뇌로 올라가고, 뇌에서 내린 운동 명령은 뇌줄기를 지나 몸으로 내려간다. 다시 말해 뇌줄기는 감각 정보를 뇌의 상위 영역으로 전달하고, 거기서 나온 운동 명령을 척수로 전달하는 역할을 한다. 뇌줄기는 숨뇌medulla, 다리뇌pons, 중간뇌midbrain로 나뉜다. 숨뇌(연수)는 호흡과 심장 박동, 혈액 순환 등의 기능을 맡고, 하품이나 재채기, 침 분비 같은 무의식적인 작용을 일으켜 몸 상태를 일정하게 유지한다. '숨골'로도 불리는 숨뇌에 탈이 나면 말 그대로 목숨이 위태로워진다. 다리뇌(교뇌)는 이름처럼 숨뇌와 중간뇌를 소뇌와 연결해 주면서 호흡 조절도 하고 몸의 반사 기능도 제어한다. 가운데 있는 중간뇌(중뇌)는 눈의 움직임이나 눈동자의 크기 등을 조절한다.

소뇌는 뇌줄기의 등 쪽에 있다. 한때는 소뇌가 뇌의 중심이었던 적도 있다. 오랜 진화 과정을 거치면서 뇌의 제일 뒤쪽으로 밀려난 소뇌는 150그램 정도로 작고, 표면에 자잘한 주름이 잡혀 있다. 소뇌의 일부는 다리뇌를 통해 뇌줄기와 연결되어 있고, 평형 기관에서 전달된 정보를 바탕으로 몸의 평형을 유지한다. 또 대뇌 겉질에

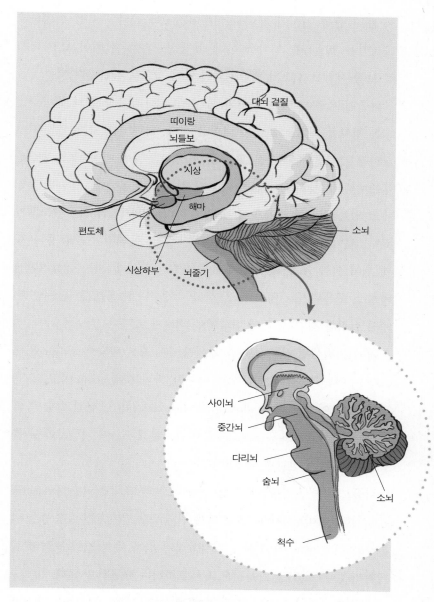

**뇌의 중심부 단면 구조**

서 내린 운동 지시가 제대로 이루어지도록 몸의 근육을 선택하고 움직임을 조절하는 역할을 한다. 운동선수의 뇌를 찍어 보면 대체로 보통 사람보다 소뇌가 발달되어 있는 것으로 나타난다.

뇌줄기 위쪽에 있는 사이뇌diencephalon는 감각 기관이 받아들인 모든 정보를 대뇌로 보내는 역할을 한다. 사이뇌는 크게 시상과 시상하부로 나뉜다. 시상은 모든 감각 신호가 거쳐 가는 매우 중요한 부분이다. 시상하부는 신진대사 및 식욕을 조절한다. 시상을 둘러싸고 있는 길쭉한 구조물이 바로 해마다. 해마 앞쪽에는 편도체가 있다. 해마와 편도체는 시상앞핵(시상전핵), 둘레엽(변연엽) 등과 함께 대뇌 둘레 계통(대뇌변연계)을 이룬다. 이 둘레 계통이 생기면서 비로소 포유류가 기억(해마)을 하고 감정(편도체)을 갖는 단계는 뒤에서 살펴볼 것이다. 해마 바깥쪽엔 대뇌가 있다.

대뇌는 백색질white matter과 회색질gray matter, 바닥핵basal ganglia으로 이루어진다. 백색질의 다른 이름이 대뇌 속질medulla이고, 회색질의 다른 이름이 바로 대뇌 겉질cerebral cortex이다. 겉질로 덮인 좌우 반구는 뇌들보corpus callosum로 연결되어 있고, 이 뇌들보(뇌량)를 통해 좌우 뇌가 정보를 주고받는다.

뇌들보 주변을 둘러싸고 있는 활 모양의 조직은 띠이랑cingulate gyrus이다. 띠이랑(대상회)은 주의를 전환하고 인지적인 융통성을 발휘하는 부분이다. 이 부위가 비정상적일 경우 주의 전환 능력이 떨어져서 한 가지 일만 반복적으로 사고하거나 행동하게 된다.

대뇌 바닥핵(기저핵)은 속질 속에 있는 회색질 덩어리다. 꼬리핵과 조가비핵으로 구성된 바닥핵은 대뇌 겉질과 척수를 연결하며, 의식적인 운동보다 무의식적인 움직임이나 근육의 긴장 등을 조절한다. 바닥핵이 손상되면 팔다리가 떨리고 경직되며 몸을 마음대로 움직일 수 없게 된다.

그림을 보면서 뇌의 발생 과정을 그려 보면, 뇌의 구조를 이해하는 데 도움이 된다. 뇌의 가장 안쪽에 뇌줄기가 있고, 뇌줄기 위쪽엔 사이뇌에 속하는 시상하부와 시상이 있다. 시상 위쪽에는 대뇌 좌우 반구가 있고, 반구의 표면은 대뇌 겉질로 덮여 있다. 겉질 안쪽 깊숙한 곳에는 바닥핵, 해마, 편도체가 들어 있다.

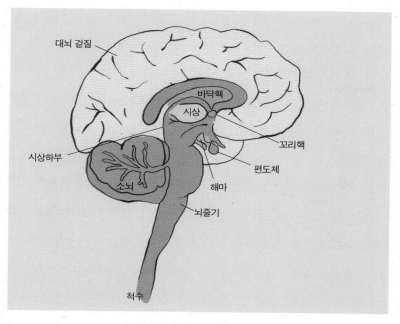

**발생 단계로 본 뇌의 구조**

기억을 담당하고 있는 해마와 감정을 맡고 있는 편도체는 시상앞핵, 둘레엽 등과 함께 둘레 계통을 이루는 중요한 부분이다. 둘레계통을 이루는 중요한 부분을 기능별로 정리하면 다음과 같다.

해마
hippocampus

기억의 세계로 들어가는 입구이자 단기 기억이 장기 기억으로 전환되는 부위로, 바닷물고기 해마와 비슷하게 생겨서 붙은 이름이다.

편도체
amygdala

감정이 최초로 기록되고 생성되는 부위로, 자율 반응과 내분비 반응이 조화롭게 기능한다. 아몬드와 모양이 닮아서 붙은 이름이다.

시상
thalamus

뇌줄기로 들어오는 모든 감각 신호를 전달받아 대뇌 겉질의 각 영역으로 전달하는 통로로, '중요한 안쪽 방'이라는 뜻에서 나온 이름이다.

시상하부
hypothalamus

뇌의 주역이자 중계소 역할을 하는 시상을 도와서 체온과 생체리듬, 신진대사, 식욕 등을 조절하며, 시상 아래쪽에 있어서 붙은 이름이다.

## 주름질수록 놀라운 대뇌 겉질 지도

대뇌 표면을 잘라서 그 속을 들여다보면, 안쪽은 밝고 바깥쪽 부위는 약간 어둡다. 그래서 상대적으로 밝은 안쪽은 백색질, 어두운 바깥층은 회색질이라 부른다. 회색질은 흔히 대뇌 겉질로 불린다. 겉질은 바깥층 껍질이라는 뜻이다.

앞의 대뇌 둘레 계통 중심부 단면 그림을 다시 보면, 해마의 바깥에 대뇌 좌우 반구가 있고 반구의 표면은 전체적으로 쭈글쭈글하게 주름진 겉질로 덮여 있다. 이 겉질의 두께는 2~4밀리미터다. 그런데 대뇌 겉질은 뇌 전체 표면적의 80퍼센트를 차지한다. 대뇌에 그 정도로 주름이 많이 잡혀 있다는 뜻이다.

대뇌 겉질의 주름은 뇌가 머리뼈 안에서 표면적을 최대한 늘리기 위해 진화한 결과다. 사람의 뇌 주름을 모두 펴면 신문지 한 장 정도의 넓이가 나온다. 반면에 원숭이의 뇌 주름을 펴면 엽서 한 장이 되고, 쥐의 경우는 기껏해야 우표 한 장 정도다. 이 단순 비교를 통해서도 대뇌 겉질에 주름이 있는 이유와 그 중요성을 알 수 있다. 이 주름 덕분에 더 많은 신경 세포가 겉질에 자리 잡게 된 것이고, 새겉질neocortex이 새로 생겨나면서 오늘날의 우리 뇌로 진화해 온 것이다.

인간의 수준 높은 정신 활동이 이루어지는 대뇌 겉질은 계속해서 살펴볼 중요한 부분이다. 이 단계에서는 뇌의 고랑을 경계로 나뉘는 네 개의 엽을 그려 보고, 그에 따른 기능을 간단히 짚어 보자.

그림을 보면, 주름진 겉질의 표면 중 튀어나온 부위는 뇌이랑이고 들어간 부위는 뇌고랑이다. 뇌이랑과 뇌고랑에도 규칙이 있다. 발생 단계에서 기능적으로 서로 관련된 세포들끼리 연결된다. 신경 세포들은 서로 관련성이 클수록 많이 연결되고, 정보를 효율적으로 전달하기 위해 짧게 연결된다. 그에 따라 이랑의 양쪽 벽에 자리한 신경 세포들끼리 서로 잡아당기게 되고, 그 결과로 고랑이 생겨난다. 이 고랑은 실제로 기능적인 경계가 된다.(신경외과에서 뇌의 특정 부위를 제거하는 수술을 할 때 고랑을 경계 기준으로 삼는 경우가 많다.)

뇌를 위에서 내려다보면, 좌반구와 우반구를 가르는 커다란 주름이 보이는데 이것이 반구 간 틈새(반구간열)다. 뇌를 옆면에서 보면,

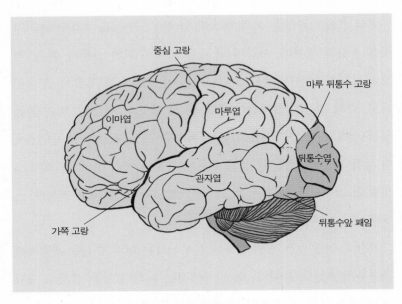

**주요 고랑으로 나뉜 대뇌 겉질 구조**

가로로 이어지는 깊게 파인 고랑이 보인다. 흔히 실비우스 고랑이라 불리는 가쪽 고랑(외측구)이다. 뇌 가운데 세로로 있는 깊은 고랑은 중심 고랑(중심구)이다.

이 중심 고랑을 경계로 앞부분이 이마엽frontal lobe이다. 뇌 뒤쪽에는 마루 뒤통수 고랑(두정 후두구)과 뒤통수엽 앞쪽에 움푹 들어간 뒤통수앞 패임(후두 전절흔)이 있다. 이 둘을 가상의 선으로 이은 뒷부분이 뒤통수엽occipital lobe이다. 이 가상의 선 중간에서 가쪽 고랑 끝으로 선을 이으면 윗부분은 마루엽parietal lobe이 되고 아랫부분은 관자엽temporal lobe이 된다.

이렇게 대뇌 겉질에는 이마엽, 마루엽, 뒤통수엽, 관자엽이라는 네 개의 엽이 있다. 이 중 네 엽은 눈, 코, 혀, 귀, 피부의 다섯 가지 감각 기관을 통해 신호를 전달받아서 전문적으로 처리한다. 이마 바로 뒤에 있는 이마엽은 예외다.

이마엽(전두엽)은 인성, 성격, 자아 의식이나 인식과 연관된 기능을 맡고 있다. 특히 이마엽 대부분을 차지하는 앞이마엽prefrontal cortex에서는 가장 이성적이고 논리적인 생각이나 판단, 분별 등이 진행된다. 그래서 앞이마엽을 다치면 앞일을 계획하거나 미래를 상상하는 게 어려워진다. 이는 앞으로 여러 사례를 통해 계속해서 살펴볼 중요한 부분이다.

마루엽(두정엽)은 뇌 꼭대기에 있다. 꼭대기를 가리키는 순우리말이 마루라서 마루엽으로 이름 지은 것이다. 마루엽의 오른쪽 절반은 감각 통합과 몸에 대한 느낌을 제어하고, 왼쪽 절반은 특정한 기술과 언어의 일부를 조절한다. 그래서 마루엽에 이상이 생기면 손가락으로 특정한 부분을 가리켜 보라는 지시도 따르지 못하는 식으로 문제가 발생한다.

뒤통수엽(후두엽)은 주로 눈을 통해 들어오는 시각 정보를 처리한다. 시각 중추로 연결되어 있는 이 부위를 다치면 시력이 약해지거나 시력을 잃을 수 있다.

관자엽(측두엽)은 귀 주변에 퍼져 있다. 귀와 눈 사이의 맥박이 뛰는 곳이 관자이고 맥박이 뛸 때 관자가 움직인다는 데서 나온 말이 관자놀이라는 걸 생각하면 기억하기 쉽다. 모든 소리는 관자엽에서 처리된다. 청각과 함께 후각, 미각도 맡고 있다. 사람 얼굴을 알아보는 특정한 기억도 처리한다. 그래서 이 부분이 잘못되면 잘 아는 얼굴도 알아보지 못하게 된다.

# 뇌는 보디 무엇을 하려고 생겨났을까?

뇌는 왜 생겨났을까요? 답하기가 쉬울 것 같은데 막상 답하려니 뭔가 좀 애매하고 간단하지가 않죠? 답을 찾으면 찾을수록 어려워지는 것이 마치 나는 왜 태어났을까 하는 질문처럼 느껴지기도 하고요. 자, 질문을 이렇게 바꿔 볼게요. 뇌는 원래 무엇을 하려고 생겨났을까요?

책을 읽은 하늘이라면 이렇게 대답하지 않을까요.

"질문의 핵심이 '원래 무엇을 하려고'에 있다면 전 답을 알아요. 『1.4킬로그램의 우주, 뇌』에서는 '움직이기 위해서' 뇌가 생겨났다고 했어요. 움직임을 위해 뇌가 생겨났다는 답이 제 예상과 달라서 기억에 남았어요. 또 뇌가 원래 무엇을 하려고 생겨났는지를 알려면 뇌가 아예 없는 상태를 생각해 보는 방법도 있다는 글쓴이의 조언도 무척 인상적이었고요."

바다는 하늘이의 대답을 듣고 이렇게 물을지도 모르겠습니다.

"어라? 뇌가 없으면 그냥 죽은 상태 아닌가요? 뇌사를 봐도 그렇고, 뇌가 없으면 그냥 아무것도 아닌 거 아닌가요?"

뇌사는 생리로서는 죽었지만 생명으로서는 죽지 않은 상태를 말하고, 무엇보다 뇌사는 뇌가 없는 상태가 아니라고 하면 다시 이렇게 물을 것 같습니다.

"그럼 뇌가 아예 없는 경우도 있나요? 아예 뇌가 없이 태어나면…… '무뇌아' 맞죠? 진짜 무뇌아가 있나요? 그런 경우가 얼마나 되는데요?"

무뇌아가 만 명에 한 명꼴로 태어난다고 하니까 적지는 않습니다. 무뇌아는 엄마 배 속에서 뇌가 발달하지 않은 채 뇌와 척수를 잇는 뇌줄기만 갖고 태어나지요. 그래서 뇌줄기를 통해 호흡만 간신히 유지하는 상태에서 원시적인 수준의 반사 반응만 보이다가 한두 달 안에 죽음을 맞는다고 합니다. 뇌가 없기 때문에 보지도 못하고 듣지도 못하지만 뇌가 없어도 살 수는 있는 사례지요.

뇌가 있어도 없는 것이나 다름없는 뇌사 상태를 보면 무뇌아와 공통점이 있습니다. 호흡만 겨우 유지하는 상태에 '움직임이 거의 혹은 전혀 없다'는 겁니다.

뇌와 움직임의 관계를 잘 보여 주는 예로 학자들은 우렁쉥이(멍겟과의 원삭동물이며 흔히 멍게로 불림.)를 듭니다. 멍게는 태어나서 며칠간은 올챙이 같은 꼴로 물속을 헤엄쳐 다니다가 살 곳을 찾으면 머리를 땅에 박아 버린다고 합니다. 그 상태로 자라면서 자신의 신경절과 근육 조직을 다 소화시켜 버리고요. 멍게의 신경절이 바로 원시 뇌에 해당합니다. 가설이긴 하지만, 살 곳을 찾아 더 움직이지 않아도 된 멍게는 신경절과 근육이 필요하지 않아서 아예 없애 버린다는 얘기고, 그래서 원래 뇌가 생겨난 이유가 '움직임'과 관련이 있다고 보는 거지요.

다시 말하면 생명이 진화하는 과정에서 '움직이기 위해' 신경계가 발달되었고, 더 정교하게 움직이기 위해서 보고 듣고 냄새 맡고 하는 감각계가 생겨났다는 얘기입니다.

여기서 1967년 미국의 신경 과학자 폴 맥린Paul MacLean이 복잡하고 혼란스러운 뇌 구조를 이해하기 위해 뇌에 찰스 다윈의 진화론을 적용한 그림을 살펴봅시다.

폴 맥린이 처음으로 제시한 뇌의 3단계 구조는 개념상으로 가장 안쪽이 '파충류 뇌'이고, 그다음이 '포유류 뇌', 마지막이 '인간의 뇌'에 해당됩니다. 원래는 움직이는 데 필요한 기능만 담당하던 뇌(파충류의 뇌 단계)에 기억과 감정을 관장하는 둘레 계통(포유류의 뇌 단계)이 생기고, 기억과 정보를 바탕으로 미래를 예측하는 새겉질(인간의 뇌 단계)이 덧씌워지는 진화를 거쳐 오늘의 우리 뇌가 되었다는 설명입니다.

우리 뇌가 진화한 그림을 보면, 가장 안쪽에 있는 뇌줄기, 소뇌, 바닥핵은 파충류의 뇌와 구조가 같습니다. 약 5억 년 전에 발생한 것으로 추정되고, 후각, 촉각, 청각, 시각을 비롯해 호흡, 소화, 혈압과 체온 조절 등 생존에 꼭 필요한 본능적인 요소들을 관장하는 것으로 나타납니다.

스스로 움직이면서 중추 신경계를 발달시킨 파충류 뇌는 더 복잡하고 정교한 진화 과정을 거치면서 바깥쪽으로 자라게 됩니다. 그에 따라 부피도 커지고 뇌의 용량도 커지면서 완전히 새로운 구조인 포유류 뇌로 탈바꿈하게 되지요. 이 포유류 뇌의 단계는 대뇌 둘레 계통이라고도 합니다. 이 둘레 계통이 생기면서 해마에서 기억이 이루어지고, 시상에서 감각 정보를 처리하게 되고, 편도체에서 감정을 갖게 됩니다.

다시 말해 어디 가면 먹을거리가 있고 어디 가면 위험하지 않더라 하는 기억이 생기고, 그러한 기억에 의존해 생존을 하고 짝을 찾아 번식하는 데 더 유리한 쪽으로 행동하게 되면서 생존에 꼭 필요한 수준의 감정이 이루어지는 둘레 계통이 생겼다는 이야기니까 잘 기억해 둘 필요가 있습니다.

이 포유류의 뇌를 맨 바깥쪽에서 감싸고 있는 대뇌 겉질 중 가장 최근에 생겨난 게 바로 새겉질입니다. 이 새겉질이 생기면서 비로

**진화하는 뇌**

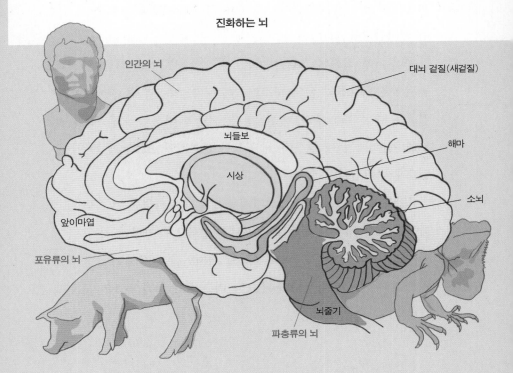

소 '인간의 뇌'를 가지게 되었다고 말합니다. 새겉질의 어떤 기능 때문에 그런 걸까요?

진화론의 선구자인 찰스 다윈은 인간은 영장류 같은 고등 동물과 별다른 차이가 없다고 했습니다. 과연 그럴까요? 언뜻 그렇게 보일 수도 있지만 좀 더 생각하면 엄청난 차이가 있습니다. '인간은 생각 하는 동물'이라는 말도 있듯이, 일단 우리는 의식을 가지고 생각을 하기 때문이지요. 물론 고등동물도 의식이 있고 생각도 하지만 여기서 핵심은 인간이 동물과 다르게 생각을 한다는 겁니다.

우리가 어떻게 동물과 다르게 생각을 하느냐고요?

동물과 달리 우리는 '내일'에 대해 생각합니다. 고등동물 중에서 우리 인간만이 유일하게 '내일'이라는 개념을 이해하고 있고, '미래'를 생각한다는 뜻입니다. 당장 코앞에 닥친 숙제 걱정을 하며 내일을 생각할 뿐만 아니라, 10년 후에 내가 어떻게 살아갈지를 상상하고 예측한다는 뜻이지요. 그래서 현실 세계에 존재하지 않는 사물이나 사건을 상상하는 능력이 우리 뇌의 가장 큰 특징이 됩니다. 또 이러한 특징으로 인해 미래를 예측할 수 있는 거고요. 철학자들이 우리 뇌를 두고 '미래를 예측하는 기계'라고 부를 정도로 말이지요.

이렇듯 우리가 앞날을 예측하면서 모든 일에서 더 나은 결정을 하도록 도와주는 게 바로 새겉질의 기능입니다. 당장은 공부하는 게 힘들어도 지금 하지 않으면 더 힘들어진다는 사실을 그간의 지식과 경험을 통해 알고 있기 때문에 힘겨움을 꾹 참고 공부하도록 만드는 게 새겉질의 역할이라고 할 수 있지요. 좀 피곤하긴 해도 기특한 녀석이라고나 할까요.

새겉질이 생겨나면서 인간의 뇌로 진화하는 과정은 우리가 동물적인 본능에서 벗어나 새로운 장기 기억 능력을 획득하는 과정과도 맥락을 같이합니다. 새겉질이 생겨남으로써 비로소 의식적인 수준의 장기 기억 능력을 갖추게 되었다는 뜻이지요. 이 장기 기억 능력은 미래를 정확하게 시뮬레이션하는 데 꼭 필요합니다. 실제로 과학자들이 뇌를 스캔해서 얻은 결과를 보면, 의식적인 장기 기억을 떠올리는 영역이 미래를 시뮬레이션할 때 활성화되는 영역과 거의 같은 걸로 나타납니다. 특히 앞날을 계획하거나 과거를 기억할 때, 앞이마엽 바깥쪽과 해마를 연결하는 부위가 눈에 띄게 활성화된다고 합니다.

이를 달리 말하면, 이전보다 더 현명해지라는 진화 과정의 '선택 압력'이 대뇌 겉질로 이어져 새겉질이 발생한 것이라고 할 수 있습니다. 진화 과정을 보면 인간의 뇌는 동물과 다르게 진화하는데, 특히 앞이마 부위에 있는 이마엽이 크게 발달하는 것으로 나타납니다. 실제로 인간의 뇌를 스캔해 보면, 이마엽 겉질에 있는 특정 영역(안쪽 과립층 IV)이 원숭이보다 두 배나 크다고 합니다. 이를 근거로 이마엽 겉질의 안쪽 과립층이 우리의 기억과 미래에 대한 계획이 이루어지는 영역이라고 하는 거고요.

앞이마엽을 비롯한 새겉질이 없다면 미래를 생각하지 못하는 아주 단순한 상태가 됩니다. 이는 겉질이 아직 완전하게 발달하지 않아 본능대로만 행하는 갓난아이의 경우를 봐도 알 수 있습니다. 또 겉질이 손상되어 자아를 잃은 채 본능만을 쫓는 치매 환자의 경우를 봐도 알 수 있고요.

이렇게 대뇌 겉질의 기능은 뇌 기능의 작동 원리 아래서, 혹은 뇌 기능의 작동 원리와 더불어 우리가 체계적으로 공부해 나갈 아주 중요한 부분이 됩니다.

## 대뇌 기능을 한눈에 보는 겉질 지도

**바다** 내가 보낸 기사 봤지? 대뇌 기능을 한눈에 볼 수 있는 겉질 지도가 처음으로 완성되었다고 해서 얼른 보냈는데.

**하늘** 응, 잘 봤어. 그 기사를 어떻게 보게 된 거야?

**바다** 겉질에서 중요한 결정이 다 이루어진다고 하는데 왜 그런 건지 궁금하잖아. 누가 그런 걸 다 알아냈는지도 궁금하고. 그래서 이것저것 검색하다가 그 기사를 찾았지. 워싱턴 대학과 옥스퍼드 대학이 함께 연구한 겉질 지도에 대한 결과가 2016년 7월《네이처 Nature》라는 국제학술지에도 실려서 그 표지도 캡쳐했어. MRI와 fMRI로 210명의 겉질을 살펴서 기능별로 180개 영역을 구분해 냈다는 내용을 보면 궁금해지는 게 많지 않냐?

**하늘** 뭐가 궁금한데?

**바다** fMRI로 어떻게 살아 있는 사람들의 뇌를 촬영하지? 건강한 청년들에게 특정한 사진을 보여 주거나, 소리를 들려주거나, 무언가를 만지게 하는 식으로 뇌에 자극을 주면서 그때그때 겉질의 어떤 영역이 반응하는지 파악했다는데, 그게 어떤 원리로 그렇게 되는 건지 궁금하지 않아?

**하늘** fMRI는 뇌가 자극을 받을 때 어떤 부분이 활성화되는지 보여 주는 기계잖아? 그걸로 뇌가 기능할 때마다 활성화되는 영상을 찍은 뒤 뇌가 거의 기능하지 않을 때 찍은 영상이랑 비교 대조해서 그 지도를 완성한 걸로 알고 있어.

**바다** 뇌가 거의 기능하지 않을 때가 언젠데? 그 기사엔 잠잘 때라고 나오는데, 과연 그럴까? 내가 잠잘 때는 뇌가 거의 기능하지 않는 걸까? 또 실험 대상자가 210명이면 충분한 건가?

**하늘** 잠잘 때 뇌가 거의 기능하지 않는지는 확인하면 되고, 피험자가 210명이면 꽤 많은 거 아닌가? 인공지능 프로그램으로 그 영상 자료를 분석했기 때문에 210명이나 되는 데이터를 종합하는 게 가능했다고 하는 걸 보면 말이야.

**바다** fMRI로 찍은 영상 데이터를 인공지능 기계가 알아서 분석하고 스스로 규칙을 찾아내도록 했기 때문에 210명의 뇌 지도를 종합한 정밀한 겉질 지도를 얻을 수 있었다는 건 나도 알아. 내가 궁금한 건 그 원리야. fMRI가 어떻게 해서 그런 영상을 찍을 수 있는 건지, 또 인공지능이 어떤 방법으로 스스로 규칙을 찾아낼 수 있는 건지, 210명의 데이터로 충분한지 난 그런 게 진짜 궁금해.

**하늘** 난 겉질이 뇌의 80퍼센트를 차지한다 해도 어떻게 겉질에서만 180개 영역이 나뉘는지 궁금했고 또 그 하나하나의 영역이 궁금했어. 근데 네 말을 들으니까 fMRI의 원리뿐만 아니라 그 뇌 영상을 어떻게 얻었고 또 얼마나 믿을 만한지 알 필요가 있어 보여.

**바다** 실은 MRI로 살아 있는 뇌의 선명한 사진을 찍을 수 있다고 해서 그 원리를 찾아봤어. 전자파의 일종인 라디오파를 몸에 쏘이면 체내의 수소 원자핵이 전자기장에 공명해 미약한 전자파를 발생시키고 MRI가 이 전자파를 분석해 방대한 데이터로 변환한다는데, 무슨 말인지 잘 모르겠어.

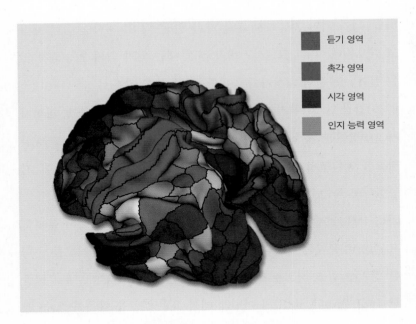

듣기 영역

촉각 영역

시각 영역

인지 능력 영역

대뇌 겉질을 기능에 따라 색으로 구분한 지도

하늘 그 데이터를 컴퓨터로 보내 2차원이나 3차원의 영상으로 재현하고, 그걸 판독하는 문제도 간단치 않으니까 단계적으로 알아가는 게 어떨까?(MRI에 대해 알고 싶으면 309쪽 이하를 참고하기 바람. 또 210명의 겉질을 관찰해서 180개 영역을 구분한 연구 내용에 대해서는 338쪽 이하를 참고하기 바람.)

## 한국형 대뇌 지도의 탄생

바다 뭘 또 그렇게 열심히 보냐? 국내 의료진이 처음으로 한국형 뇌 지도를 개발하는 데 성공했다? 그럼 2016년 7월까지 한국형 뇌 지도가 없었다는 얘기잖아? 뇌 지도를 만드는 게 그만큼 어렵다는 건가? 이제야 만든 뇌 지도는 어떤 건데?

하늘 우리나라 노인들의 표준 뇌 지도야.

바다 그럼 치매와 관련이 있겠구나. 처음으로 만든 게 노인들의 뇌 지도인 만큼 치매가 문제라는 뜻이고.

하늘 그래 맞아. 65세 이상 노인들이 열 명 중 한 명꼴로 치매를 앓고 있어. 80세 노인의 경우는 네 명 중 한 명이 치매에 시달리고 있고. 근데 진짜 시급한 문제는 앞으로야. 2015년의 노인 인구는 660만 명인데 2050년에는 1,700만 명으로 늘어날 거래. 그런데 치매 환자는 노인 인구가 느는 속도의 두 배가량 늘어나서 10명 중 1.5명이 될 걸로 추정된대.

바다 2050년이면 우리는 완전 어른이고, 우리 엄마 아빠 들이 노인이지? 치매는 대체 왜 걸리는 거지?

하늘 치매는 그 자체가 질환을 뜻하는 것은 아니고, 뇌에 손상이 온 상태를 포괄적으로 말해. 치매의 대표적 질환은 알츠하이머병이야. 우리나라 치매 노인의 75퍼센트가 알츠하이머를 앓고 있어. 우리 할머니처럼. 일단 이 병에 걸리면 기억을 처리하는 해마의 기능이 조금씩 퇴화하기 시작해. 이런 뇌를 스캔해서 정상인과 비교하면, 해마가 크게 위축되어 있고 신경 세포 수도 급격히 감소한 게 보인대. 특히 해마와 앞이마엽 겉질을 연결하는 신경이 눈에 띄게 가늘어져서 기억이 자꾸 없어지는 걸로 나타나. 뇌의 손상이 오는 데는 여러 가지 이유가 있지만 가장 큰 요인은 노화야.

바다 노화가 원인이면 사람 힘으로 어쩔 수 없는 거 아닌가? 늙어 가는 걸 막을 수는 없잖아?

하늘 그렇지만 알츠하이머병에 안 걸리는 노인들이 더 많은 것도 사실이잖아? 성인병이나 우울증이 치매 위험을 더 높인다는 걸 보면 발병을 줄일 수도 있다는 얘기고.

바다 우리가 얼마 전에 본 그 연구, 그러니까 2013년에 스페인의 요나스 프리센 Jonas Frisén 박사가 발견한 해마의 신경 세포 나이가 전부 제각각이라는 사실도 치매와 관련이 있는 건가?

하늘 그렇지 않을까? 알츠하이머병의 원인에 대해서는 2012년에 아주 중요한 사실이 밝혀졌어. 뇌 속에 타우 아밀로이드 단백질 tau amyloid proteins이 만들어져서 병이 시작된대. 이 단백질에서 끈끈한 액체인 베타 beta 아밀로이드가 만들어지는데, 이 액체가 신경 세포를 덮으면서 이상 징후가 나타나는 거래.

바다 그럼 정확한 원인을 알았으니 고칠 수도 있겠네?

하늘 원인이 밝혀졌어도 현대 의학으론 완치가 힘들어서 불치병으로 불리는 게 현실이야. 베타 아밀로이드 단백질은 대부분이 기형적인 단백질 분자인 '프리온prion'으로 되어 있는데, 이 프리온은 스스로 복제하는 성질이 있어서 정상 단백질이 프리온하고 접촉하면 모두 프리온으로 변질된대. 이런 연쇄 반응으로 수십억 개의 단백질 분자가 변종 프리온으로 변해서 뇌를 점령해 버리는 거고.

**바다** 그럼 변종 단백질인 프리온만 골라서 없애 버리는 항체나 백신을 만들면 될 것 같은데?

**하늘** 지금의 과학 기술로는 그게 안 돼서 '21세기 최악의 질병'이라는 말이 나오는 것 같아.

**바다** 이번에 뇌 지도를 만든 게 치매 치료에 어떤 도움이 돼?

**하늘** 치매 치료가 어려웠던 이유 중 하나는 뇌의 모양과 크기가 우리와는 다른 서양인의 뇌 지도를 적용해서 진단해 온 탓도 있대. 서양 노인들의 표준 뇌와 비교하면 한국 노인의 뇌는 앞뒤 길이는 1.3 센티미터가 짧고 좌우 폭은 0.2센티미터가 넓대.

**바다** 서양인은 앞뒤 짱구이고 한국인은 좌우 짱구인데, 모양과 크기가 다른 서양 지도를 적용해 뇌 질환을 진단해 왔으니 정확성이 떨어질 수밖에 없었겠다.

**하늘** 맞아. 실제로 우리나라 치매 노인에게 서양의 표준 뇌를 적용하면 기억을 담당하는 해마의 크기가 정상처럼 보이기도 한대.

**바다** 해마의 크기가 제대로 측정되지 않았을 정도라고? 근데 어째서 이제야 뇌 지도를 만든 거지?

**하늘** 늦긴 했지만 이번에 만든 표준 뇌 지도로 의료진이 할 수 있는 게 아주 많아진 건 사실이야. 뇌 질환에 따른 연구에서 뇌의 형태 변화와 원인을 찾는 데 표준 뇌 지도를 사용하면 훨씬 정확할 거라고 하니까 기대해 봐야겠지?

# 알면 알수록 특별한 신경 세포와 시냅스

생명의 기본 단위는 무엇일까요? 네, 세포입니다. 그중 뇌와 신경을 구성하는 단위는 신경 세포이지요. 신경 세포는 뇌가 어떻게 작동하는지 이해할 수 있는 열쇠라고 할 수 있습니다. 실제로 뇌 과학의 역사와 연구 방법을 보면, 신경 세포가 어떻게 작동하는지를 이해하는 것이 뇌 연구의 기본이자 핵심으로 드러납니다.

일찍이 신경 세포의 중요성과 더불어 뇌 기능이 작동하는 원리를 깨달은 과학자들을 찾아가기 전에 신경 세포와 시냅스를 대략적으로 살펴보는 이유는 분명합니다. 신경 세포의 고유한 기능인 정보 전달 기능을 이해하지 못하면 뇌 기능의 작동 원리를 이해하는 데 한계가 있기 때문입니다.

뇌에 대해 잘 몰라도 MRI 영상을 보면 뇌가 좌우로 나뉘어 있을 뿐만 아니라 좀 더 어두운 부분과 밝은 부분으로 나뉘어 있는 게 보입니다. 어두운 부분은 신경 세포의 세포체soma가 모인 회색질(대뇌 겉질)이고, 밝은 부분은 신경 세포의 축삭 돌기axon가 모인 백색질(대뇌 속질)입니다.

뇌에는 신경 세포 말고 신경 아교 세포neuroglia도 있습니다. 아교 세포(글리아 세포)는 신경 세포가 정보 전달 기능을 잘할 수 있도록 도와주는 역할을 하지요. 신경 세포가 제 기능을 다 하고 나면 그 잔해를 청소하고, 손상된 뇌 조직을 회복하는 데도 큰 역할을 합니다. 그래서 아교 세포가 부족하면 신경 세포의 기능이 떨어집니다. 아교 세포의 크기는 신경 세포의 10분의 1 정도로 작지만 수적으로는 10배가 더 많은 걸로 추정되고, 중추 신경계뿐 아니라 말초 신경계에도 흩어져 있습니다.

신호 전달을 하는 신경 세포도 다른 세포와 마찬가지로 세포체 안에 핵, 미토콘드리아, 골지체 같은 소기관들이 있습니다. 핵은 세포질cytoplasm이라는 세포 내 액으로 싸여 있고, 핵 속에는 DNA로 된 길고 가는 염색체들이 있으며, DNA에는 유전자들이 줄에 꿰인 구슬 모양으로 들어 있지요. 유전자는 세포의 증식을 통제할 뿐만 아니라 세포 활동에 필요한 단백질 생산을 명령합니다. 단백질을 만드는 기관은 세포질에 있고, 신경 세포가 단백질을 만들어 내는 방식도 다른 세포와 다르지 않습니다.

그런데 신경 세포를 현미경으로 들여다보면, 다른 점이 분명히 드러납니다. 그림에서 보듯, 모양부터가 다릅니다. 보통의 세포는 동그랗거나 납작한데, 신경 세포는 세포체 바깥쪽으로 돌기들이 튀어나와 있지요.

이 독특한 모양의 신경 세포는 크게 세 부분으로 나뉩니다. 몸체에 해당하는 세포체, 나뭇가지 모양으로 뻗어 나간 가지 돌기 dendrite, 긴 꼬리 모양의 축삭 돌기가 그것입니다.

이 남다른 모양은 신경 세포의 고유 기능인 정보 전달과 관련이 있습니다. 가지 돌기(수상돌기)는 다른 신경 세포로부터 신호를 받아들이고, 축삭 돌기(축색돌기)는 신호를 내보내는 역할을 합니다. 가지 돌기는 수많은 가지 돌기 가시dendritic로 다른 신경 세포 말단에 접근해 신호를 감지하고, 세포체는 이 신호를 축삭 돌기를 통해 다음 세포로 전달하지요.

이때 가지 돌기 가시(수상돌기극)에서 축삭 돌기 말단까지 전해지는 신호는 전기 신호입니다. 그래서 이를 흔히 전기 회로에 비유하고, 또 그렇게 보면 이해하기가 쉽습니다.(전기 신호 전달에 대해서는 '뇌 과학 연구 방법 따라잡기'에서 체계적으로 살피게 된다. 필요하면 230쪽 이하를 먼저 참조하기 바람.) 신경 세포를 전기 회로에 비유하면, 가지 돌

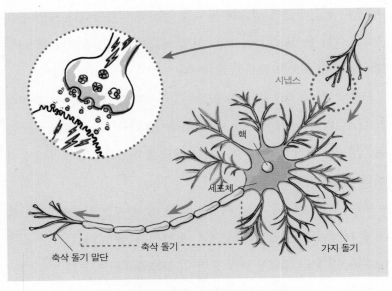

시냅스

핵

세포체

축삭 돌기 말단 ---- 축삭 돌기 ----

가지 돌기

**신경 세포의 구조: 가지 돌기와 축삭 돌기**

기는 다른 세포의 축삭 돌기로부터 시냅스를 통해 정보를 받는 입력 단자가 되고, 세포체는 수많은 시냅스로부터 들어오는 정보를 모아서 계산하는 중앙 처리 장치에 해당됩니다. 축삭 돌기는 계산을 끝낸 정보를 다른 신경 세포에 전달하는 출력 단자가 되고요.

갑자기 시냅스가 나오는 바람에 이해하기가 쉽지 않다고요?

이 부분을 이해하려면 전자 현미경으로 가지 돌기를 들여다볼 필요가 있습니다. 신경 세포를 광학 현미경으로 보면 서로 연결된 것처럼 보이지만, 전자 현미경으로 보면 신경 세포와 인접한 신경 세포 사이에 틈이 보이는데, 이 틈이 바로 시냅스입니다. 크기가 20~40나노미터(1나노미터는 1,000분의 1 마이크로미터)로, 1955년에 전자 현미경으로 시냅스 사진을 찍으면서 그 존재가 입증되었지요.

뇌 과학의 아버지 산티아고 카할Santiago Ramón y Cajal, 1852~1934은 직접 본 적도 없는 이 틈을 '작은 틈'이라고 부른 바 있지요. 1890년대에 신경 세포가 서로 연결되었다고 선언한 과학자다운 일이지만, 알면 알수록 신기할 따름입니다. 시냅스는 영국의 생리학자 찰스 셰링턴Charles Sherrington이 '이음매'라는 뜻의 그리스어 시납테인synaptein에서 따온 이름입니다.

가지 돌기를 다시 들여다보면, 뾰족뾰족하게(그림 모양에 따라 올록볼록한 가시나 보들보들한 수염에 비유되기도 한다.) 튀어나온 각각의 가지 돌기 가시는 다른 신경 세포와 시냅스라는 접합 구조를 형성합니다. 이때 축삭 돌기는 신호를 전달하기 위해 길게는 1미터 이상 늘어납니다. 세포체에서 축삭 말단까지 신호를 전달하기 위해 축삭 돌기가 마치 전깃줄처럼 길게 늘어나는 것입니다. 이러한 특징은 우리가 발끝을 움직이려는 생각을 하자마자 발끝이 생각과 거의 동시에 움직이는 현상을 설명해 줍니다.

무슨 말이냐고요?

세포체 하나의 크기는 50~100마이크로미터(1마이크로미터는 1,000분의 1밀리미터)입니다. 이 크기로만 계산해도 우리가 발가락 하나를 움직이는 데 엄청난 수의 신경 세포가 필요하고 그에 따라 시간도 오래 걸릴 것 같지만, 실제로는 어떤가요? 생각과 동시에(혹은 생각할 사이도 없이 거의 무의식적으로) 움직임이 일어나지 않나요? 어떻게 이것이 가능할까요?

그 답은 50~100마이크로미터 크기의 세포체에서 자기 몸체보다 1만 배가 더 길게 늘어나는 축삭 돌기를 단번에 내보내는 구조에 있습니다. 다시 말해, 세포체에서 이어진 축삭 돌기가 1미터나 되고, 뇌와 발가락을 움직이는 근육이 단 두 개의 신경 세포로 연결되어 있기 때문입니다.(두 개의 신경 세포는 몸감각 겉질에서 허리 척수까지 이어지는 신경 세포와 허리 척수에서 시작되어 말초 신경을 통해 발끝의 근육으로 가는 신경을 말한다. 뇌가 아닌 다른 곳에 있는 신경 세포는 이처럼 1미터나 길게 이어지는 특징을 지니는데, 이는 전기 신호를 그대로 전달하기 위한 것이다. 바로 이 점이 뇌에 있는 신경 세포와 크게 다른 점이다.)

이제 전자 현미경으로 축삭 돌기를 들여다볼까요?

먼저 하얀 세포막이 기다란 축삭 돌기를 감싸고 있는 게 보입니다. 말이집myelin sheath이라는 이 세포막은 세포체에서 축삭 말단까지 신호를 전달하는 과정에서 전기 신호가 새어 나가지 않게 막아 주는 역할을 합니다. 세포막의 주성분이 지방질이라 돼지비계처럼 하얗게 보이지요. 축삭 돌기가 모인 백색질이 세포체가 모인 회색질보다 밝게 보이는 이유가 바로 지방질로 된 이 세포막 때문이라는 걸 알겠지요?

긴 축삭 돌기를 유지하기 위해 세포 뼈대가 발달해 있는 점도 신경 세포의 특징이 됩니다. 세포 뼈대를 이루는 구성 요소 중 하나인 미세 소관microtubule은 세포 안의 물질을 이동시키는 철도 같은 역할을 하지요. 단백질을 만드는 모든 유전 정보는 세포체에 있고, 세포체와 1미터 이상 떨어진 축삭 말단에도 단백질이 필요한데, 이 미세 소관이라는 철도를 따라서 세포체에서 만든 단백질이 축삭 돌기 끝까지 전달됩니다.(앞서 알츠하이머병의 원인으로 타우 단백질이 엉겨 붙고 쌓여서 결국 신경 세포가 죽게 되는 걸 봤다. 이를 자세히 보면, 타우 단백질은 긴 축삭 돌기에서 미세 소관을 고정해 주는 역할을 하는데, 이 타우 단백질이 미세 소관에서 떨어져 나와서 엉켜들면 미세 소관이 제 기능을 못하게 되고, 결국 축삭 돌기가 망가져 신경 세포가 죽게 된다.)

자, 시냅스라는 틈을 사이에 두고 축삭 돌기는 신호를 내보내고, 가지 돌기는 신호를 받아들입니다. 앞서 말했듯이 가지 돌기 가시에서 축삭 돌기 말단까지 전해지는 신호는 전기 신호입니다. 그런데 전기 신호 상태로는 틈이 나 있는 시냅스를 통과하지 못합니다. 전기 신호가 시냅스 틈을 건너뛰는 것도 아니고요. 그런데도 다른 신경 세포로 신호는 전달됩니다. 어떻게 해서 그런 걸까요?

그림에서 보듯, 축삭 말단에는 시냅스 소포vesicle라는 주머니가 있습니다. 이 소포에는 신경 전달 물질이라는 화학 물질이 들어 있는데, 전기 신호가 축삭 말단에 도착하면 소포 안에 있는 신경 전달 물질이 시냅스로 방출됩니다. 가지 돌기 가시 표면 막에는 이 물질을 받아들이는 수용체receptor라는 특별한 분자가 있고요. 그러니까 이 수용체에서 신경 전달 물질을 받아들인 다음 다시 전기 신호를 발생시켜서 세포체에 전달하게 된다는 얘기지요. 이때 신경 세포 하나는 보통 1,000개에서 10,000개 이상의 시냅스를 만들어 내고, 뇌에 있는 시냅스를 다 합치면 100조에서 1,000조가 됩니다.

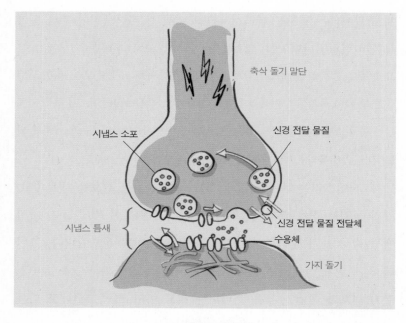

**시냅스에서의 신호 전달**

시냅스 전달에 대한 화학적 이론은 자세히 살펴볼 필요가 있습니다. 하나의 신경 세포가 어떻게 신경 전달 물질이라는 화학적 신호를 방출해서 다른 신경 세포와 소통을 하고, 또한 이 소통 과정에서 어떻게 그다음 세포가 수용체 분자를 통해 그 신호를 인지하는지 탐구하는 과정이 곧 우리의 정신 작용이 어떻게 이루어지는지를 탐구하는 과정과 다르지 않기 때문입니다.

이 중요한 과정은 이 책 전반에 걸쳐 짚어 보는 가운데 뇌 과학 연구 방법을 따라잡는 단계에서 자세히 살피려고 합니다.

## 절묘하게 연결된 좌우 대뇌 반구 지도

수학이나 과학을 잘하면 좌뇌가, 그림을 잘 그리거나 악기를 잘 다루면 우뇌가 더 발달한 것이라는 말을 한 번쯤 들어 봤을 것이다. 좌뇌는 분석적이고 논리적인 반면 우뇌는 예술적이고 직관적이라는 설명과 함께 말이다.

뇌에 대해 몰라도 MRI 영상을 보면 뇌가 좌우 대칭으로 나뉘어 있는 게 보인다. 그런데 완전히 분리되어 있지는 않다. 좌우 대뇌 반구를 뇌들보가 연결해 주고 있다. '좌우 대뇌 반구를 연결하는 신경 섬유 다발이 반구 사이의 세로 틈새 깊은 곳에 활 모양으로 밀집되어 있는 것'이 뇌들보다. 좌우 뇌는 뇌들보의 신경 세포를 통해

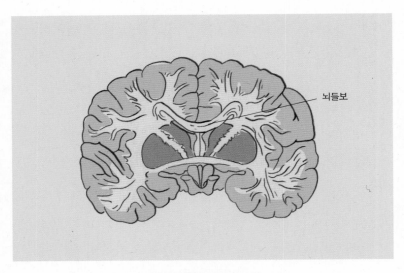

**뇌들보로 연결된 좌뇌와 우뇌**

정보를 교환한다. 이 뇌들보는 외과용 메스로 손쉽게 끊을 수 있을 정도로 가늘다. 그렇다면 뇌는 왜 굳이 양쪽으로 나눠진 걸까?

언뜻 생각하면 이렇게 양분된 구조는 특별해 보이지 않을 수도 있다. 폐나 신장 등 우리 몸의 다른 장기도 좌우 대칭인 부분이 많기 때문이다. 문제는 폐나 신장은 어느 쪽에 있든 똑같은 방식으로 기능하는 데 비해 좌우 반구는 그렇지 않다는 것이다.

뇌 과학사에서 살펴겠지만, 한때는 좌뇌와 우뇌가 똑같은 기능을 한다고 믿었던 적이 있다. 좌우 뇌가 분리되어도 별문제가 없을 거라고 여겨서 뇌들보를 잘라 내는 수술도 쉽게 행해졌다. 그런데 뇌들보가 절단된 환자들은 처음엔 별 이상이 없어 보였지만 시간이 가면서 문제점이 드러났고, 그 사례들이 계기가 되어 좌우 뇌가 하는 일이 서로 다르다는 것이 드러난 것이다.

캘리포니아 공과대학 교수인 로저 스페리Roger W. Sperry는 좌우 뇌가 서로 다른 기능을 한다는 걸 알아낸 공로로 1981년 노벨상까지 받았다. 당시 이 사실은 신경 과학계는 물론 일반인들에게도 큰 충격을 주었다. 뇌 기능에 대한 관심이 높아지면서 뇌의 분리 기능을 설명하는 책도 앞다투어 나왔고, 한국에서도 그런 책이 번역되어 나오기도 했다. 좌우 뇌의 서로 다른 기능을 효율적으로 활용하면 보다 성공적인 삶을 살 수 있다는 식의 '자기계발서'가 대부분이었지만, 이를 통해 뇌 기능이 널리 알려진 게 사실이다.

최근의 연구를 보면, 대뇌 좌우 반구의 기능 차이는 생각만큼 크지 않다. 가장 큰 차이라면 언어 기능을 들 수 있다. 좌뇌는 언어나 논리에 관한 정보 처리를 주로 관장해서 '언어 뇌'라고도 하는데, 최근 결과에서도 좌반구는 언어나 계산 및 도구를 사용할 때 더 활성화된다고 나타난다.

반면에 우뇌는 소리나 빛, 감정 등의 정보를 관장해서 '이미지 뇌'라고도 하고 예술이나 스포츠 활동을 할 때 더 활성화된다고 했는데, 최근 결과는 이와 다르게 나타난다. 일단 뇌 과학자들은 우반구는 길을 찾거나 장난감 블록을 맞추는 걸 더 잘하고 좌반구보다 시공간 기능이 더 발달했다는 데로 합의를 본 듯하다. 물론 이것도 절대적이지는 않다.

분명한 사실은, 뇌들보가 정상적으로 연결되어 있고 별다른 문제가 없는 한 무언가를 생각할 때 좌뇌와 우뇌는 서로 보완하는 관계에 있다는 것이다. 내 의지에 따라 뇌의 어느 한쪽만을 선택해서 사용하는 게 애초에 가능하지 않다는 뜻이다. 자기계발서가 주장하는 '좌뇌와 우뇌 활용법'이 별 소용이 없다는 뜻이기도 하다.

그럼 뇌는 무엇 때문에 이렇게 분리된 구조를 갖게 된 걸까?

뇌가 생겨난 이유를 알기 위해 뇌가 없는 경우를 생각해 본 것처럼 좌우 뇌가 분리되었을 경우를 생각해 보자.

로저 스페리는 뇌전증 환자가 일으키는 대발작을 치료하기 위해 뇌들보를 절단해서 좌우 뇌가 정보를 교환하는 것을 차단하는 방법을 썼다.(뇌전증은 예전에는 간질로 불렸다. 간질에는 환자를 차별하고 비하하는 경향이 있어서 지금은 뇌전증으로 부른다. 뇌전증에 걸리면 뇌에서 일시적으로 너무 많은 비정상적인 전기 신호를 만들어 내서 발작을 일으키게 된다.

유전적인 경우도 있지만 외상이나 뇌종양 등도 원인이며, 전체 인구의 1퍼센트가 앓는 흔한 병이다. 당시 스페리는 대발작이 좌우 반구 사이를 연결하는 피드백 회로에 이상이 생긴 증세라고 보고, 뇌들보를 절단해서 두 반구 사이의 신호를 막아 버리는 방식으로 환자들을 치료했다.)

뇌들보를 절단한 환자들은 예전과 다른 모습을 보였다. 수술 후 달라진 증상엔 신기한 사례가 많은데, 그중 한 남성 환자가 왼팔로는 자기 아내를 안으면서 오른손으로는 아내의 얼굴을 내리쳤다는 사례는 유명하다. 자신의 오른손이 자기 목을 조를까 봐 무서워서 잠을 자지 못했다는 남성 환자의 사례도 잘 알려져 있다.

이런 증상을 관찰한 끝에 스페리는 '하나의 뇌 안에 두 개의 정신이 존재할 수 있다'고 결론지었다. 좌우 뇌는 독립적이며, 그래서 한 대상을 서로 다르게 인식할 수 있고 그 결과 충돌이 생긴다는 것이다. 아내를 안으면서 내리치는 식으로 말이다.

뇌들보가 분리되지 않은 정상적인 경우, 좌우 뇌는 상호 보완 관계에 있다. 좌뇌는 언어를 담당하고 우뇌는 예술적인 기능을 담당하더라도, 최종 결정은 좌뇌에서 내린다. 그 결정은 뇌들보를 통해 우뇌로 전달된다. 따라서 뇌들보라는 연결 고리가 끊어지면, 우뇌는 좌뇌의 결정을 받지 않게 된다. 그 결과 우뇌가 좌뇌와 다른 행동을 할 수 있다는 이론은 실험으로도 검증되었다.

수십 년간 좌우 뇌가 단절된 환자를 연구해 온 신경 과학자 마이클 가자니가Michael Gazzaniga는 '뇌 안에 두 의식이 공존하는 것 같다'면서 좌뇌를 '해석 장치'로 간주한다. 연결 고리가 끊어져 우뇌가 따로 행동하는 상황에서도 좌뇌는 어떻게든 그 연결 고리를 '해석해서' 하나의 맥락으로 이어 놓기 때문이다.

이를 입증하는 실험을 보자. 먼저 피험자의 좌뇌에 '붉은색'이라는 단어를 보여 주고, 우뇌에는 '바나나'라는 단어를 보여 준다.(좌뇌가 모르게 우뇌와 소통하는 방법은 다양하다. 이 경우는 특수하게 제작된 안경을 피험자에게 씌우는 기술을 적용했다. 질문이 안경의 한쪽에만 뜨게 하면, 다른 쪽 뇌가 모르게 소통할 수 있다.) 그리고 피험자에게 우뇌의 지배를 받는 왼손으로 그림을 그리게 했더니, 피험자는 자연스럽게 바나나를 그렸다. 우뇌에는 '바나나'가 입력되어 있지만 좌뇌는 이런 사실을 전혀 모르는 피험자에게 왜 바나나를 그렸느냐고 물었더니, '왼손으로 그리기가 제일 쉬운 게 바나나라서 그려 봤다'는 식의 답이 나왔다. 좌뇌는 바나나에 대해 전혀 모른다. 따라서 '나도 잘 모른다'거나 '그냥 이렇게 그려졌다'는 답이 예상되는 상황이었는데, 피험자는 어떻게든 그 상황에 맞는 이유를 대려고 그런 답을 한 것이다. 실험 결과를 두고 가자니가는 이렇게 결론지었다. "인간은 혼돈 속에서도 질서를 찾고 모든 걸 하나의 이야기로 엮으려는 경향이 있으며 이 모든 건 좌뇌가 한다."

이 결론에 따르면, 의식 속에서 서로 일치하지 않거나 충돌을 일으키는 모순되는 상황에서 좌뇌는 그 틈새를 메워 '나'라고 하는 통일된 의식을 만들어 내려고 한다. 다시 말해, '나'라는 의식을 하나로 통일하기 위해 좌우 뇌가 서로 연결되어 보완하는 관계에 있다는 얘기다. 이 절묘한 균형이 깨지면 '나'라는 의식이 분열되는 특정한 정신 질환에 시달리게 된다.

현재 과학자들은 좌뇌와 우뇌에서 만들어지는 신호를 하나로 결합하여 '나'를 만들어 내는 부위는 앞이마엽 겉질 안쪽에 있을 것으로 추정한다. 칼 짐머의 연구를 다시 보면, 해마가 기억을 관장하는 것처럼 안쪽 앞이마엽 겉질이 '나'라는 인식을 관장한다. '나'와 관련된 정보를 앞이마엽 겉질 안쪽에서 취합하고 계산해서 내가 누구인지를 총체적으로 인식한다는 얘기다. 이러한 추정은 두뇌 스캔으로도 확인된다. 앞서 봤듯이 우리가 생각에 잠기는 과정에서 뇌의 다른 부위들은 잠들어 있어도 안쪽 앞이마엽 겉질은 활발하게 작동한다. 우리가 생각에 잠길 때는 자신에게 일어난 일이나 주변 사람들을 생각하게 되고 이 과정에서 자연스럽게 나 자신을 돌아보기 때문에 여기서 '나'라는 인식이 만들어진다고 보는 것이다.

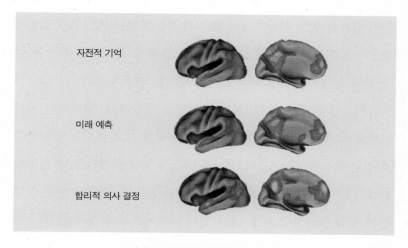

자전적 기억

미래 예측

합리적 의사 결정

**내재 상태 네트워크의 활성화 영역**

뇌가 아무것도 하지 않는 상태를 fMRI를 통해 다시 보자. 대개 fMRI는 피험자에게 특정한 과제를 주고 피험자가 그 과제를 수행하는 동안 뇌의 어떤 영역이 활성화되는지를 본다. 그런데 피험자가 아무것도 하지 않는 멍한 상태에서도 뇌 신경망 구조를 만들 수 있다. 아무것도 하지 않는 그 순간에도 뇌는 계속해서 일을 하고 있기 때문이다. 이때 만들어지는 신경망 구조가 '내재 상태 네트워크default mode network'다.

뇌는 우리 몸에서 에너지를 가장 많이 소모한다. 몸이 쉬고 있을 때에도 뇌는 가만히 있지 않고 신경 세포의 에너지원인 포도당을 쓴다. 그래서 스캔 장비로 이 포도당의 대사 상태를 추적하면(fMRI로는 혈류의 산소 수준을 반복 측정하면) 내재 상태 네트워크를 확인할 수 있다. 그중엔 안쪽 앞이마엽도 있다. 이 내재 상태에 속하는 부위들은 몸이 아무것도 하지 않고 가만히 있을 때는 활성화되다가 몸이 뭔가를 하면 활성화되지 않는 특징을 보인다. 즉, 이 부위들이 평상시에 활성화되는 때를 찾으면 그 부위가 관장하는 기능을 알 수 있다. 연구자들이 열심히 찾아본 결과는 다음과 같다.

자전적인 기억을 하고, 자신의 앞날을 예측하고, 합리적인 의사 결정을 하고, 도덕적인 판단을 내릴 때 내재 상태 네트워크가 활성화된다. 다시 말해, 인간이 자신의 내적인 일들을 처리할 때 활성화된다. 이런 신경망 구조를 어린아이에게서는 볼 수 없고 어른이 되면서 점점 발달하는 것도 내재 상태 네트워크가 설득력을 얻는 요소가 된다.

## 본다는 것의 의미

좌우 뇌의 연결 고리를 좀 더 이해하기 위해 시각 정보의 이동을 살펴보자. 뇌에서 시각 정보를 처리하는 과정은 우리 뇌가 얼마나 복잡하고 긴밀하게 연결되어 있는지 확인할 수 있는 좋은 예다.

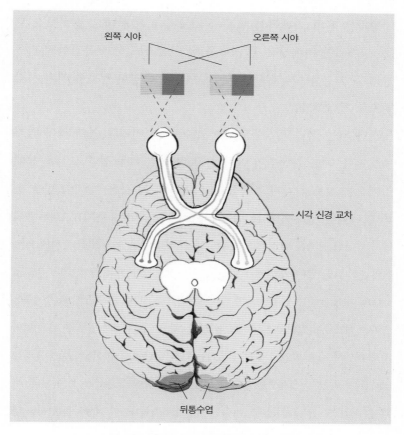

**시각 정보가 시각 신경을 따라 이동하는 경로**

무언가를 볼 때, 왼쪽에 보이는 것은 왼쪽 눈의 오른쪽 망막과 오른쪽 눈의 오른쪽 망막에 상이 맺힌다. 이 정보가 우뇌의 뒤통수엽으로 전달된다. 반대로 오른쪽에 보이는 것은 왼쪽 눈의 왼쪽 망막과 오른쪽 눈의 왼쪽 망막에 상이 맺혔다가 좌뇌의 뒤통수엽으로 전달된다. 즉, 왼쪽에 대한 시각 정보는 우뇌가, 오른쪽에 대한 시각 정보는 좌뇌가 맡고 있다.

망막은 흔히 카메라의 필름에 비교된다. 그런데 그림에서도 보듯, 실제로는 카메라가 엄두도 못 낼 만큼 정교하고 복잡한 과정을 통해 그 기능을 수행한다. 뇌는 왜 이렇게 복잡한 경로를 거쳐 시각 정보를 처리할까?

일단 뇌는 직접 세상을 볼 수 없다. 뇌가 머리뼈 안에 들어 있기 때문이다. 뇌는 눈뿐만이 아니라 코, 입, 귀, 피부 같은 오감을 통해 들어오는 정보를 가지고 세상을 본다. 본다는 것은, 망막이 빛을 통해 받아들인 시각 정보를 뒤통수엽으로 보낸다는 뜻이다.(눈은 물체에서 반사된 광자를 렌즈로 모은 다음에 그 렌즈에서 모은 빛을 망막에 영사시키는 역할을 한다. 망막에는 여러 계층의 세포들이 자리 잡고 있다. 약 1조 3,000억 개에 달하는 원추 세포와 막대 세포가 그것이다. 그 세포들에는 광수용체라는 세포들이 있어서 빛에 반응을 한다. 광수용체 세포들은 빛을 전기 에너지로 바꿔서 뇌에 전기 신호를 전달하는데, 한순간에 무려 1조 비트에 달하는 정보를 처리한다. 이 복잡한 과정을 통해 우리는 비로소 뭔가를 보게 된다. 이 과정은 앞으로 반복해서 살필 것이다. 이를 통해 뇌 기능이 작동하는 원리를 알 수 있기 때문이다.) 그래서 뒤통수엽이 제 기능을 하지 못하면 시각에 이상이 생긴다. 한쪽 시력을 잃어도 남은 한쪽으로 왼쪽과 오른쪽을 다 볼 수 있지만, 뇌종양이나 뇌 질환 등으로 뒤통수엽에 이상이 생기면 양쪽 눈이 멀쩡해도 왼쪽을 볼 수 없게 된다. 뇌들보를 사이에 둔 좌우 뇌의 정보 처리 기능은 이처럼 정교하고 신비롭게 이루어진다는 뜻이고, 무언가를 본다는 것은 최종적으로는 눈이 아니라 뇌에서 이루어지는 행위다.

이해를 돕기 위해 잘 알려진 뮐러-라이어 착시 현상을 보자. 그림

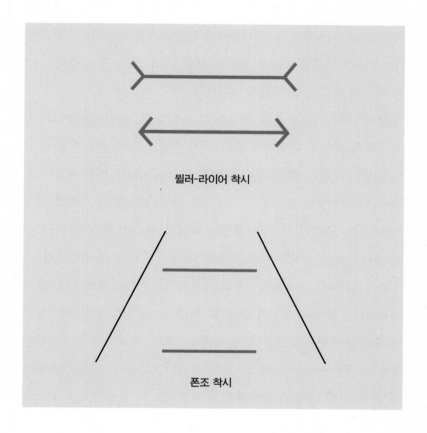

뮐러-라이어 착시

폰조 착시

을 보면, 실제로 두 선분의 길이는 같다. 그런데도 우리 눈에는 두 선분의 길이가 같아 보이지 않는다. 왜 그럴까? 범인은 눈이 아니라 뇌다. 선 양쪽에 달린 화살 표시 방향이 뇌에 영향을 미쳐 뇌에서 잘못된 결론을 내리기 때문이다.

폰조 착시도 마찬가지다. 위쪽 선분이 더 길어 보인다. 이러한 착시 현상은 내가 그렇게 보고 싶어서 생기는 것이 아니다. 내 마음대로 할 수 없는 어떤 원리가 작용하기 때문에 생긴다. 내 마음속에 있는 거리에 대한 지각 경험이 의식하지도 못하는 사이에 적용되어 위의 멀리 있는 선분이 길어 보이게 하는 식이다. 이러한 거리-길이(크기) 지각에 대한 마음의 원리를 통해 알 수 있는 것은 우리의 감각 지각이 별로 믿을 만하지 않다는 것이다.

반복하지만, 뇌는 직접 세상을 보지 않는다. 눈을 통해서 본다. 그런데 우리 눈은 완벽하지 않다. 시각 세포가 없기 때문에 빛에 반응을 보이지 않는 맹점이란 것이 있는가 하면, 아주 많은 세포와 혈관이 있어서 빛이 들어오면 그림자가 생기기도 한다. 그런데 그것을 뇌에서 다 걸러 낸다. 눈뿐만이 아니라 코, 귀, 혀, 피부의 오감을 통해 들어온 정보도 마찬가지다. 그 정보를 뇌가 해석해 준다.

앞서 봤듯이, 그 해석은 절대 객관적이지 않다. 그럼에도 '해석 기계'이자 '해석의 전문가'라고 할 수 있는 뇌가 해석해 주지 않으면 우리는 세상을 알아볼 수 없게 된다. 현대 뇌 과학에서는 오감을 통한 지각뿐만 아니라 생각, 느낌, 기억의 대부분도 착시에 속한다고 본다. 이게 다 무슨 뜻일까?

앞으로 우리가 하나하나 살펴봐야 하는 부분이다. 이제 기억이 형성되는 과정을 통해 이것을 확인해 볼 차례다.


## 기억 형성 과정에서 만나는 나

**하늘** 기억이 뭐라고 생각해?

**바다** 그게 참 이상해. 뇌 공부를 하기 전엔 기억이 뭔지 알았는데 뭘 좀 아니까 오히려 잘 모르겠어. 기억이 복잡하다는 것밖엔.

**하늘** 나도 그래. 아주 간단한 기억을 하나 하는 데도 뇌가 그렇게 복잡하게 작동하는 줄은 몰랐어.

**바다** 기억에 관여하는 뇌 영역이 어찌나 많은지 뇌 구조를 처음 볼 때만큼이나 혼란스러웠다는 거 아니냐.

**하늘** 국어사전에 나오는 기억도 세 가지나 되는 거 알아? 일반적인 뜻은 이전의 인상이나 경험을 의식 속에 간직하거나 도로 생각해 내는 건데, 심리학에선 사물이나 사상에 대한 정보를 마음속에 받아들이고 저장하고 인출하는 정신 기능이라고 나와. 컴퓨터 용어는 또 달라. 계산에 필요한 정보를 필요한 시간만큼 수용해 두는 기능이 기억이래.

**바다** 역시 컴퓨터는 참 단순한 녀석이군. 필요한 정보를 필요한 시간만큼만 지니는 걸 기억이라고 하다니. 하기야 녀석이 우리처럼 새겉질이며 해마를 가져 봤어야 말이 좀 통하겠지?

하늘 그 컴퓨터 녀석을 무척 부러워한 게 엊그제 아니었나?

바다 그거야 내 시상이며 해마의 위력을 몰라봤을 때 얘기지. 내가 보고 듣고 냄새 맡고 느끼는 모든 감각 정보들이 해마를 거쳐 여러 영역으로 분리 저장되는 덕에 내 특별한 기억이 그토록 오랫동안 유지되고 또 복기된다는 거 아니냐! 모든 기억을 한 영역에만 저장하는 컴퓨터 녀석의 저장 방식과는 차원이 다르지. 그래서 컴퓨터 녀석이 자기 저장 방식을 포기하고 우리 뇌를 모방한 분할 저장 방식을 쓸 거라고 하잖아. 우리 뇌는 알면 알수록 진짜 대단하지 않냐?

하늘 그래, 대단해. 그런 분할 저장 방식으로 밖에서 들어온 감각 정보가 일단 분해되고 재구성되어 인지되었다가, 그 인지된 게 또 다시 제각각 흩어져 기억의 세계로 들어가는 방식으로 인해 우리 기억이 그토록 복잡해지는 거라고 하니까.

바다 어휴, 무슨 말이 또 그렇게 어렵냐? 메모리카드에 적어 놓은 대로 읽지 말고 좀 풀어서 말해 주면 안 돼?

하늘 원한다면 메모리카드는 접고 내 머릿속에 저장된 걸 인출할 게. 컴퓨터의 하드 드라이브와는 차원이 다른 분할 저장 원리로 이루어지는 기억 형성 과정을 보면, 일단 모든 감각 정보는 뇌줄기를 통해 들어와. 뇌줄기 위에는 시상하부, 시상, 대뇌 반구가 있지. 대뇌 반구의 표면은 쭈글쭈글하게 주름진 대뇌 겉질로 덮여 있고. 겉질 저 안쪽에는 바닥핵, 해마, 편도체가 있어. 그러니까 뇌줄기에서 들어온 정보는 모든 정보가 지나가는 시상을 거쳐 대뇌 겉질의 다양한 부위로 전달된다는 얘기야. 이렇게 각각의 처리 과정을 거친 정보는 앞이마엽 겉질로 보내져. 이 과정에서 만들어지는 최종 정보는 해마에서 항목별로 나뉜 다음 겉질에 보내져 장기 기억으로 저장돼. 새로운 단어와 특정한 감정은 관자엽에 저장되고 시각과 색상에 대한 기억은 뒤통수엽에 저장되는 식이야. 촉각이나 움직임은 마루엽에 저장되고 감정 부분은 편도체에 저장돼. 그중에서도 공포감을 느낀 기억의 일부는 특히 편도체에 남아. 뇌 구조에서 공부한 대로, 해마 앞쪽에 있는 편도체가 둘레 계통에 있는 핵으로 공포를 기록하는 곳이 된다는 뜻이야. 결론은 우리 뇌의 저장 방식이 정말 대단하다는 얘기고.

**바다** 그 많은 정보를 일사천리로 꺼내 놓으면 컴퓨터 녀석을 내가 다시 부러워하게 되는 악순환에 빠지잖아!

**하늘** 기억에는 반복 학습이 최고라는 건 너도 이제 잘 알잖아. 기본 사항만이라도 메모리카드에 적어서 외우면 좋지 않을까?

**바다** 기억이 정보를 저장하고 있다가 필요할 때 불러내는 기능까지라면 그렇겠지.

**하늘** 그 기능 말고 다른 기능이 뭐가 있다고 또 뒤로 빼는데?

**바다** 그야 망각하는 기능이지! 적당히 저장하고 또 적당히 망각해 줘야 우리 뇌가 원활하게 돌아간다는 말씀 아니냐. 듣기만 해도 골머리가 아픈 걸 누가 어떻게 다 알아낸 걸까?

**하늘** 그래, 어떤 과학자들이 어떠한 시행착오를 겪으면서 지금에 이른 걸까?

기억이 이루어지는 과정은 매우 복잡하다. 이것은 뇌가 수행하는 일이 간단치 않은 원리와 관계있다. 뇌는 자전거 타기나 먹기와 같은 단순한 행동을 수행할 뿐만 아니라, 말하고 생각하는 것을 비롯해 창조적인 예술 활동까지 이루어 낸다. 그리고 이 모든 활동의 밑바탕에는 기억이 작용한다. 일상생활에 필요한 단순한 정보부터 수학 지식처럼 추상적이고 복잡한 정보를 저장하는 능력은 인간 행동의 가장 두드러진 특성 중 하나다. 다시 말하면 우리 인간만이 이런 것을 한다. 기억은 작게는 수학 문제를 푸는 데도 작용하지만 훨씬 더 크게는 우리 삶에 연속성을 제공한다.

뇌가 없는 경우를 가정해 본 것처럼 기억이 없는 경우를 생각해 보자. 삶의 연속성이라는 의의가 더욱 분명해진다. 기억이 없다면 우리의 감각 경험은 우리가 살아가면서 만나는 무수한 순간들이 그러하듯이 산산이 해체될 것이다. 그리하여 나의 개인사를 알지 못하게 될 것이고, 결국엔 내가 누구인지조차 알지 못하게 될 것이다. '내가 나인 것은 내가 배우고 기억하는 것 때문'이라는 말은 그래서 의미심장할 수밖에 없다.

또한 그렇기 때문에 다양해지는 기억은 그 유형에 따라 보존되고 회상되는 방법도 달라진다. 이러한 기억 저장의 원리를 알아보는 과정은 우리 뇌에 대해 알아 가는 과정과 다르지 않다. 이는 뒤에서 자세히 살펴보기로 하고, 지금은 기억이 어떻게 이루어지는지 보자. 우리 뇌에 기억이 저장되는 과정은 비교적 정확하게 알려져 있다. 그림을 보면, 모든 감각 정보 신호는 뇌줄기를 통해 들어와서 시상으로 전달된다. 시상은 모든 신호가 한 번은 거쳐 가는 중요한 역할을 맡고 있어서 뇌의 진정한 주역으로 꼽힌다. 또 다양한 감각 정보를 분류해서 각각의 부위로 전달하기 때문에 중계소로 비유되기도 한다. 시상에서 처리된 정보는 앞이마엽 겉질을 거쳐 단기 기억으로 저장된다.

기억을 오랫동안 유지하기 위해서는 해마에서 여러 개의 조각으로 분리되어야 한다. 해마는 모든 기억이 반드시 거쳐 가는 부위이

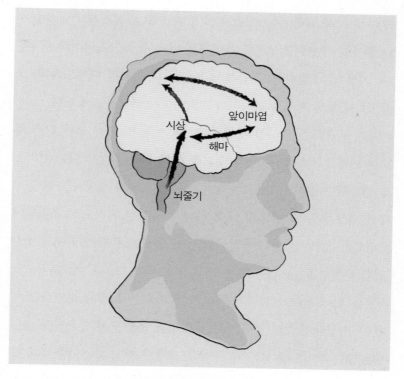

**기억이 이루어지는 과정**

다. 이때 해마는 모든 기억을 한 영역에 저장하지 않는다. 전달받은 감각 정보를 항목별로 분류해 대뇌 겉질의 특정한 영역으로 전달한다. 감정이나 느낌에 관련된 기억은 편도체로 보내 저장하고, 시각과 색상에 관련한 기억은 뒤통수엽에, 촉각과 움직임은 마루엽에, 새로운 단어는 관자엽으로 보내 저장하는 식이다. 이렇게 해서 장기 기억이 이루어진다.

해마에서 장기 기억이 형성되지만, 동시에 해마는 장기적인(영구적인) 기억 저장소가 아니게 된다. 특정한 장기 저장소로 들어간 기억은 더 이상 해마에 남아 있지 않기 때문이다. 복잡한 기억뿐만 아니라 아주 단순한 정보조차도 이렇듯 여러 항목으로 나뉘어 저장된다. 이를 달리 말하면, 단순한 정보를 하나 기억할 때에도 여러 조각으로 분할된 정보가 합쳐져야 기억이 가능해진다는 뜻이다.

여기서 중요한 의문이 생겨난다. 왜, 어떻게 해서 모든 감각 정보는 이렇게 서로 다른 신경 경로를 거쳐 겉질의 각각 다른 영역으로 전달되는 걸까? 그리고 이렇게 전달된 형태와 색깔과 소리 등에 대한 정보들은 또 어떻게 해서 하나의 일관된 지각으로 조직되어 재생되는 걸까? 이것이 어떻게 가능한가 하는 문제가 바로 유명한 '결합 문제binding problem'다.

예를 들어 바다가 자전거를 타고 가고 있는 모습이 보인다고 치자. 지금 우리가 보는 것은 이미지가 없는 운동을 보거나 운동 없이 멈춰 있는 이미지를 보는 게 아니라, 운동을 하고 있고 총천연색 옷을 입고 있는 바다의 모습이다. 소년이고 남자라는 성을 가진 정합적이고 3차원적인 모습이다.

우리는 어떻게 바다를 한 번 보고 이런 것을 다 알아보는 걸까? 결합 문제는 이것이 어떻게 가능한가를 묻는 것이다. 이 질문을 다시 하면 이렇게 된다. 서로 다른 신경 경로로, 그러니까 우리의 감각 기관으로 따로따로 들어온 운동, 이미지, 색상, 형태 등등에 관한 정보가 어떻게 해서 일관되고 통일된 지각으로 결합되는 걸까? 정합적이고 3차원적인 바다의 모습이 우리의 오감을 통해 들어온 정보를 앞이마엽에서 최종적으로 '해석'한 것이라면 어떻게 해서 이것이 가능한 걸까?

과학자들은 서로 다른 기능을 가진 여러 독립적인 신경 경로들이 일시적으로 연합됨으로써 이 결합 문제가 해결된다고 생각했다. 그렇다 해도 문제는 남는다.

그 연합은 어디서 어떻게 일어나는 걸까?

이 숙제를 풀기 위해 '나를 찾아가는 방법'에서 기억 해독의 역사와 그 모형을 살펴볼 것이다. 또한 지금까지 이루어진 기억 연구가 어떻게 과거 과학자들의 이론과 관찰에서 비롯되어 실험 과학에 진입하는지 하나하나 살필 것이다. 그 과정에서 우리의 이해 수준을 넘어서는 인지 과학의 이론을 짚게 될 것이다. 인지 과학은 정신분석학의 과학적 후예로 외부 세계가 우리 뇌 속에서 어떻게 표상되는가를 체계적으로 성찰한 과학이다.

*

**바다** 기억을 연구하는 과학자들의 최종 목적이 분할 저장된 기억의 조각들이 하나의 기억으로 조직되는 과정을 밝혀내는 거라고 했지? 그 문제를 풀면 아직 풀지 못한 기억에 대한 답을 얻을 수 있다고도 했고. 그 문제가 뇌가 작동하는 원리의 핵심 부분과 연관되어 있어서 그렇겠지? 그럼 기억의 조각들이 한데 모여서 하나의 기억으로 재현되는 과정을 밝혀내면 기억과 관련해 풀리지 않은 문제뿐만 아니라 마음이 어떻게 작동하는지에 대해서도 답을 얻을 수 있다는 얘기가 되잖아?

**하늘** 그렇긴 한데 이미 많은 뇌 과학자들이 지금 단계에서는 이 결합 문제를 풀기 어려운 숙제라고 보고 있어. 두뇌 스캔 장비 덕분에 기억의 구조가 만천하에 드러났다고 자신 있게 말한 신경 과학자도 있고, 실제로 스캔 장비를 사용해서 어떤 영역에 어떤 것이 저장되는지 알아낸 부위를 다 합치면 20군데나 돼. 그런데도 기억이 어떻게 이루어지는지를 다 밝히는 건 절대로 쉬운 문제가 아니래. 무엇보다 사람마다 기억이 다 다르기 때문이래. 게다가 기억을 분류하는 항목도 사람마다 다를 수 있어서 더 어렵대. 당장 우리만 봐도 그렇잖아. 너의 기억은 여자애들이랑 게임 같은 거에 완전히 집중되어 있고, 난…… 역사랑 음악에 관심이 있고 그렇잖아.

**바다** 이 자리에서 분명히 밝히는데, 강바다 기억 속의 여자애들은 내 해마에 유하늘이 저장되는 순간 모두 사라져 버렸거든! 그러니까 유하늘의 세계로 들어가는 입구인 너의 안쪽 앞이마엽 겉질에 이 새로운 사실을 꼭 저장해 두길 바란다. 너의 모든 기억이 반드시 지나가는 해마를 통해서.

**하늘** 해마 좀 아무 데나 갖다 붙이지 마.

**바다** 그 이름도 먹음직스러운 버거Theodore Berger 박사님도 그랬어. 해마에서 기억의 실마리를 풀지 못하면 아무 데서도 풀지 못할 거라고. 기억 저장의 원리를 알고 싶다면 해마를 자꾸 불러 주는 게 좋을걸.(오늘의 뇌 과학은 '인공 해마'를 뇌에 삽입하는 수준까지 발전했다. 인공 해마의 관문이 열리기까지, 서던캘리포니아 대학의 시어도어 버거 교수는 35년간 해마 속 세포의 작동 원리를 알기 위해 노력했고, 현대 컴퓨터 기술의 도움으로 마침내 기억 장치로 작동하는 '인공 해마'를 알츠하이머 환자에게 '이식'할 수 있는 가능성을 보여 주었다. 버거 교수팀은 2004년 뇌척수액 속에 담긴 쥐의 뇌로 실험했고, 2007년엔 살아 있는 쥐에게 실험했다. 2011년엔 쥐의 기억을 디지털 데이터로 변환하여 컴퓨터에 저장하는 데 성공함으로써 인간의 뇌에 기억을 다운로드하는 것이 원리적으로 가능하다는 것을 입증했다. 이 분야 연구는 매우 빠르게 발전해서 2013년엔 MIT에서 쥐에게 '가짜 기억'을 주입하는 데 성공했다. 현재 MIT의 과학자들과 버거 교수팀은 보다 정교한 인공 해마를 개발해서 다양한 기억을 원숭이에게 이식할 계획을 세워 놓고 있다.)

**하늘** 해마가 그렇다는 건 누가 어떻게 알아낸 걸까?

**바다** 아이고, 또 시작이냐?

# 4.
# '진짜 나'는
# 어떻게 만날까?

하늘 뇌에 대해 알면 알수록 누가 어떤 방법으로 그 복잡한 걸 밝혀냈는지 더 궁금해지지 않아?

바다 궁금하지. 문제는 그걸 어떻게 다 찾느냐 하는 거고. 우리 둘이서 그 연구 방법을 찾아 나가는 건 뇌 과학자들이 풀리지 않은 뇌의 신비를 밝히는 것만큼이나 어렵지 않을까?

하늘 어려우니까 하나씩 풀어 가려고 두뇌 모형model을 찾아봤어. 과학은 실험에 입각해서 이론과 모형을 발전시켜 가는 학문이라고 하잖아? 두뇌 모형을 알면 뇌가 작동하는 원리를 이해하는 데 도움이 되지 않을까?

바다 메모리카드 발명자답군! 나도 모형에 대해 좀 생각해 본 적이 있어. 물리학자들은 뭔가를 알고 싶을 때 제일 먼저 데이터를 수집하고 분석해서 연구 대상의 기본적 특성을 담은 모형을 만든다는 얘기에 끌렸었거든. 물리학에서 모형은 매개 변수에 따라 결정돼. 그러니까 온도, 에너지, 시간 같은 변수에 따른 모형에 기초해서 물리적 상태를 예측하고, 그 결과가 실제와 잘 맞지 않으면 모형을 수정하거나 좀 더 정교한 변수를 도입해서 그 정확도를 고쳐 나가.

**하늘** 설명을 들으니 조금 본 게 아닌데?

**바다** 모형만으로는 큰 의미가 없다는 것도 알았으니 좀 더 봤나? 암튼 모형의 성공 여부는 기본 변수를 어떻게 도입하고 재현하느냐에 달려 있어. 그래서 더 정확한 변수가 발견되면 기존 모형은 바로 없어져. 아인슈타인이 새 매개 변수를 도입해 만든 '휘어진 시공간의 곡률 모형'이 뉴턴의 '사과와 달에 작용하는 중력 모형'을 제치고 새 모형이 된 것처럼.

**하늘** 두뇌 모형도 마찬가지야. 새로운 과학적 발견이 나올 때마다 새로운 두뇌 모형이 등장해. 근데 두뇌 모형에서는 매개 변수가 뭔지 잘 모르겠어. 뇌 자체가 워낙 복잡하고 방대하니까 두뇌 모형도 방대할 수밖에 없고, 그래서 특별한 변수가 정해지지 않은 걸까? 아니면 두뇌 모형에 관한 설명이 복잡하고 어려워서 내가 이해를 잘 못한 걸까?

**바다** 네가 정리한 두뇌 모형을 하나하나 짚어 보면 매개 변수가 잡히지 않을까? 뇌 기능이 작동하는 원리를 이해하는 데 큰 도움이 될 것 같은데!

## 두뇌 모형 알아보기

뇌 과학의 역사를 보면 새로운 과학적 발전이 이루어질 때마다 새로운 두뇌 모형이 등장한다. 역학적 기계 장치가 처음 발명될 당시에는 뇌를 '바퀴와 기어로 이루어진 시계 같은 장치'로 여겼다. 르네상스 시대의 천재적인 미술가이자 과학자인 레오나르도 다빈치Leonardo da Vinci, 1452~1519가 설계한 '역학적 장치로 작동하는 인조인간'을 참고한 것으로 보인다.

1800년대 말에는 증기 기관 시대의 도래와 연관 있는 '증기 기관 모형'이 등장한다. 어떤 역사학자들은 이 두뇌 모형이 프로이트Sigmund Freud, 1856~1939 이론에 영향을 받은 것으로 본다. 당시 유명한 정신분석학자인 프로이트가 제기한 이론은 새롭고도 독보적이었는데, 이 이론이 '수력학 모형'이다. 인간의 내면에는 이성적 자아인 에고ego, 억눌린 욕망인 이드id, 양심을 관장하는 초자아인 슈퍼에고superego라는 세 가지 힘이 있으며, 이 세 힘이 서로 경쟁하고 충돌하는 가운데 심리적 압박이 쌓이게 되는데, 그 압박을 적절한 통로를 통해 내보내지 않으면 뇌 기능이 떨어지거나 망가질 수 있다는 게 이 이론의 핵심이다.

수력학 모형은 오늘의 관점에서 보면 많이 뒤떨어진 가설이지만, 당시엔 큰 설득력을 지닌 것으로 보인다. 그래서 수력학 모형 이론과 비슷한 시기에 등장한 증기 기관 모형이 어떤 식으로든(억압된 심리적 욕망이 부글부글 끓으며 에고와 충돌하는 뇌 기능 시스템이 증기 기관 시스템과 닮았다는 것이다. 즉 뇌 기능을 보일러에서 보낸 증기의 들끓는 팽창과 응축을 이용하여 피스톤을 왕복 운동시킴으로써 동력을 얻는 원리에 비유하는 식이다.) 프로이트 이론의 영향을 받았을 거라는 추측이다.

1900년대 초기에는 전화가 보급되면서 전화 교환대와 비슷한 모형이 등장한다. 이 두뇌 모형은 뇌의 신경을 거대한 네트워크에 연결된 전화망으로 본다. 또 사람의 의식을 전화 교환대에 일렬로 앉아 전화선을 연결해 주거나 차단해 주는 교환원들의 집합체로 가정한다. 전화 교환대 모형은 매우 단순하긴 하지만, 뇌의 기본적인 특성을 이해하는 데 도움을 주었다는 장점이 있다. 일단 뇌의 신경과 척수 기능을 알게 해 주었기 때문이다.

그 뒤를 이어 컴퓨터에 기초한 두뇌 모형이 관심을 받기 시작한다. 특히 트랜지스터(transistor, 반도체 물질을 이용해 전기 신호를 증폭하여 발진시키는 반도체 소자로, 전극이 세 개 이상이라 결정 삼극관이라고도 한다.)가 최신 발명품으로 등장하면서 크게 주목을 받게 된다. 지금까지도 이 컴퓨터 모형은 두루 쓰이고 있다. 일단 머리가 좋은 사람을 보면 '컴퓨터 두뇌'가 떠오르는 식으로 일정한 등식도 성립한다.

그러나 최근 들어서는 컴퓨터 모형의 한계를 지적하는 견해도 적지 않다. 그 이유는 간단하다. 우리 뇌의 구조가 컴퓨터와는 차원이 다르다는 것이다. 뇌와 컴퓨터의 차이에 대해서는 수학자인 존 폰 노이만John von Neumann, 1903~1957이 『컴퓨터와 뇌 The Computer and the Brain』에서 잘 정리한 바 있다.

뇌를 알기 위해 그 구조를 살핀 것처럼 컴퓨터의 구조를 보면, 중앙 처리 장치인 CPU와 메모리가 분리되어 있다.(CPU는 컴퓨터 시스템 전체의 작동을 통제하고 모든 프로그램의 연산을 수행하는 핵심 장치다. 한마디로 '계산하는 방'이다. 메모리는 뇌가 기억을 저장하는 것처럼 정보를 저장해 두는 '기억하는 방'이다.) '계산'을 하고 '기억'을 하는 영역이 따로 분리되어 있는 게 컴퓨터의 기본 구조이자, 뇌의 구조와 크게 다른 점이다.

지금 우리가 쓰는 컴퓨터는 폰 노이만이 설계한 구조를 따른 것이다. 그런데 폰 노이만이 원래 알고 싶어 한 것은 뇌였다. 복잡한 뇌 구조를 쉽게 이해하려고 컴퓨터 구조를 설계했고, 그에 따라 컴퓨터를 만들 때 뇌 구조를 모방했다고 생각했는데, 알고 보니 상반되는 구조를 만들어 낸 것이다. 아이러니한 일이 아닐 수 없다. 그만큼 뇌가 간단치 않다는 뜻이다.

구조가 다른 만큼 뇌와 컴퓨터는 정보를 획득하는 방법도 완전히 다르다. 일단 뇌는 머리뼈 안에 들어 있다. 모든 정보가 매개 없이 바로바로 입력되는 컴퓨터와 달리, 뇌는 오감을 통해 들어온 정보를 전달받아 저장했다가 그것을 다시 해석한다.(착시 현상이나 좌뇌의 해석 기능을 떠올리면 이해하는 데 도움이 될 것이다.)

이때 컴퓨터의 메모리에 해당하는 뇌의 메모리, 곧 기억은 컴퓨터처럼 저장해 둔 정보를 그대로 가져오지 않는다. 그대로 가져올 수도 없다. 우리가 아침에 눈을 뜬 순간부터 지금까지 보고 들은 것을 가지고 신경 세포들이 서로 정보를 주고받은 정보량을 따지면 얼마나 될까? 또 컴퓨터처럼 모든 정보가 100퍼센트 다 입력되면 어떻게 될까? 뇌가 꽉 차서 아무것도 하지 못하게 될 것이다.(《루시 Lucy》(2014)라는 영화에 비추어 보면, 정보 신호의 과부하로 뇌 신경망이 터져 버리지 않으면 다행이다.)

그래서 뇌는 각각의 상황에서 저장할 만한 정보만 따로 구별한다. 그렇게 구별한 정보도 다시 압축을 해서 중요한 핵심 줄기만 남겨 놓는다. 따라서 기억을 한다는 것은, 남겨 둔 핵심 줄기에 '해석'을 보태서 새로운 정보를 다시 만들어 내는 거나 다름없다. 극히 단순한 하나의 기억도 다양한 부위에 분할 저장되고 또 그렇게 나뉜 기억 조각이 합쳐져야 기억이 재생되는 뇌의 기억 저장 원리는 이렇게 시작된다.

또한 서로 다른 구조에서 서로 다른 계산 논리가 나온다. CPU와 메모리가 분리된 컴퓨터가 계산하는 걸 보면, 아무리 복잡한 계산도 한 줄씩 계산해 나간다. 한 줄에서 그다음 줄로 이어지는 계산이 수천에서 수만 줄로 이어져 내려가도 워낙 속도가 빠르고 정확해서 문제를 해결하는 방식이다.(이를 두고 폰 노이만은 컴퓨터에는 '논리의 깊이'가 있다고 표현했다. 폰 노이만 식으로 하면 4,000만 줄의 윈도7 시스템은 4,000만 층의 논리적 깊이를 가진 셈이다.)

뇌는 기계처럼 한 줄씩 계산하지 않는다. 폰 노이만이 처음 그 아이디어를 제시한 대로, 뇌는 병렬적으로 폭넓게 계산을 한다. 신경 세포들이 서로 연결되어 정보를 주고받는 과정이 넓은 폭으로 이루어진다는 뜻이다. 이때 각각의 신경 세포가 활성화되는 속도는 컴퓨터의 CPU 속도에 비하면 상대적으로 느릴 수밖에 없다.

펜티엄칩이 장착된 PC는 연산 속도가 매우 빠르긴 하지만, 모든 연산이 하나의 프로세서를 통해 이루어지기 때문에 병목 현상을 피할 수 없다. 뇌는 상대적으로 느리지만 신경 세포들이 동시에 작동해서 병렬 연산 처리가 가능하고, 그에 따라 컴퓨터가 흉내조차 낼 수 없을 계산을 거뜬히 해낸다.(병렬 처리 프로세서가 속도가 훨씬 빠른 직렬 처리 프로세서보다 나을 수 있다. 이는 인공지능 로봇을 만드는 과정에도 적용된다.)

또한 컴퓨터는 일정한 규칙 아래 있는 문제만 계산한다. 규칙이 간단할수록 더 빨리 풀지만, 어느 순간에 문제가 복잡해지면 문제를 풀지 못한다. 문제가 복잡해지는 것을 컴퓨터가 이해하는 식으로 말하면, 문제 자체를 표현하는 알고리즘 순서가 모호해진다는 뜻이다.(알고리즘algorism이란 어떤 문제를 해결하기 위해 입력된 자료를 토대로 원하는 출력을 유도해 내는 규칙의 집합을 말한다. 여러 단계의 유한 집합으로 구성되며, 각 단계는 하나 또는 그 이상의 연산을 필요로 한다.)

뇌는 컴퓨터처럼 빠르지도 않고 정확하지도 않기 때문에 알고리즘으로 표현되는 문제를 느리게 풀지만, 문제가 복잡해져서 알고리즘의 절차가 모호해져도 언젠가는 풀어낸다. 알고리즘이 모호해지면 한순간에 계산 능력이 떨어지고 닫혀 버리는 컴퓨터와 달리 뇌는 그 가능성이 열려 있다는 뜻이다.

이런 차이를 근거로, 최근 들어 컴퓨터 모형의 한계를 지적하는 입장이 두드러지고 있다. 예를 들어 미치오 카쿠는 이렇게 지적한다. "우리 뇌에는 윈도 시스템이나 CPU 같은 운영 체계가 없다. 또

펜티엄칩에서 트랜지스터 하나만 제거해도 컴퓨터는 단번에 다운되지만 뇌는 절반이나 잘라 내도 멀쩡하게 작동한다. 무엇보다 뇌에서 진행되는 모든 연산을 실시간으로 나타내려면 컴퓨터가 뉴욕 시만큼 커야 한다."

한국전자통신의 영상처리연구실 자료에 따르면, 2013년에 구글이 유튜브에 있는 고양이 얼굴을 하나 구분하는 데만 해도 CPU가 무려 16,000개나 필요했다고 한다. 컴퓨터로 인간의 지능을 구현하려면 얼마나 거대한 슈퍼컴퓨터가 있어야 하고, 또 연산 시간이 얼마나 걸릴지 상상하기조차 어려운 게 사실이다.

컴퓨터 구조 모형의 한계를 지적하는 과학자 중 대다수는 뇌가 고도로 복잡한 '신경 네트워크'에 가깝다고 본다. 그 근거는 이렇다. 디지털 컴퓨터는 구조가 고정되어 있지만, 뇌 신경망은 새로운 일을 처리할 때마다 신경 세포의 연결 상태가 달라지면서 수시로 변하기 때문이다. 다시 말해, 뇌에는 고정된 입출력 프로그램이나 CPU 같은 게 없고 신경 회로망이 있다는 것이다. 또 이 신경망은 아주 단순한 일을 하나 처리하는 데도 수백만 개의 신경 세포가 동시에 활성화되는 병렬 처리로 이루어지기 때문에 컴퓨터와 질적으로 다르다고 본다.

컴퓨터 구조 모형의 한계를 극복하기 위해 수십억 개의 컴퓨터를 하나로 연결해 뇌의 '신경 네트워크'에 가깝게 모방한 것이 바로 '인터넷 두뇌 모형'이다. 가장 최근에 등장한 이 모형도 우리 뇌를 설명하기엔 역부족으로 보인다. 애매모호한 혼돈 이론을 도입해서 우리 의식을 수십억 개 신경 세포의 활동이 연결되어 나타나는 '기적 같은 현상'으로만 두루뭉술하게 설명하기 때문이다.

미치오 카쿠는 각각의 두뇌 모형의 한계를 보고 나면 뇌를 주식회사에 비유한 모형이 가장 그럴듯하지 않느냐고 제안한다. 주식회사 모형에 따르면, 뇌에는 거대한 관료 체계와 일련의 지휘 계통이 존재한다. 또 방대한 정보들이 수많은 사무실과 사무실 사이를 오가며 수시로 교환되고 있지만, 중요한 정보는 결정권자인 CEO의 지시에 따라 처리된다.

어떤 이론도 우리 뇌의 복잡한 특징을 완벽하게 설명하지 못한다는 것을 고려하면, 주식회사 모형은 뇌 기능이 작동하는 몇 가지 원리, 곧 모듈성modularity과 계층성hierarchy, 연결성connectivity, 통합성integrity 원리를 잘 설명한다. 이 주식회사 모형은 뇌 기능의 작동 원리를 하나하나 살피는 과정에서 다시 짚을 것이다.


### 뇌는 컴퓨터일까, 아닐까?


뇌와 컴퓨터의 분명한 차이점에도 불구하고 컴퓨터 두뇌 모형을 뛰어넘을 수 있는 다른 모형을 상상하기란 쉽지 않아 보인다. 무엇보다 인공지능 전문가들은 지난 50~60년 동안이나 디지털 컴퓨터에 기초하여 두뇌 모형을 만들어 왔다. 이것이 올바른 접근법이 아니라면, 그러니까 뇌가 컴퓨터와 비슷하다는 가정 자체가 틀린 거라면 어떻게 되는 걸까?

그 답을 찾기 전에 컴퓨터의 개념을 다시 볼 필요가 있다. 현대 컴퓨터의 개념은 1936년에 앨런 튜링Alan Turing, 1912~1954이 처음 제시했다. 그래서 오늘날 앨런 튜링을 '컴퓨터의 아버지' 또는 '인공지능의 아버지'라 부른다. 그런데 컴퓨터라는 단어 자체는 그전에 생겼다.

2차 세계대전 중에 영국에서는 적군의 작전을 알아내려고 사람들을 시켜서 독일의 암호 생성 기계가 만든 암호를 풀게 했다. 암호를 풀거나 암호를 풀기 위한 계산을 통합하는 일은 수학자나 언어학자 같은 전문가들이 했지만, 암호를 푸는 데 필요한 계산 자체는 간단해서 1,000여 명의 여성들이 큰 방에 모여 앉아 일일이 작업을 했다. 이 계산을 한 사람들의 직업이 바로 '컴퓨터'였다.

그때 암호를 풀던 전문가 중 한 사람이 앨런 튜링이다. 영국의 천재 수학자 튜링은 '프로그래밍이 가능한 계산기'에 대해 알고 있었기 때문에 컴퓨터라고 불린 사람들이 기계적으로 반복하면서도 틀리기 일쑤인 계산 작업을 진짜 '계산 기계'가 처리하면 정확한 결과를 얻을 수 있을 거라고 제안한다.

그 제안이 수락된 뒤의 문제는, 그 계산 기계가 어떤 논리 아래 계산을 하도록 만드느냐 하는 것이었다. 튜링은 숱한 시행착오를 겪은 끝에, 일정한 규칙을 정해 주면 논리적으로 참인 것은 기계가 계산해 낼 수 있을 거라고 결론짓는다. 그리고 자신이 만든 '논리 기계'에 몇 가지 기호와 규칙을 심어 준다. 마침내 튜링의 논리 기계는 일정한 규칙에 따라 계산을 해낸다.(튜링 기계가 만들어지기까지의 과정은《이미테이션 게임The Imitation Game》(2014)이라는 영화를 통해서도 확인할 수 있다.)

튜링은 '보편적 튜링 기계'라는 가상 기계도 제시하게 된다. 오늘날 우리가 어떤 컴퓨터를 쓰든지 간에 윈도 운영 체계를 에뮬레이션(emulation, 하나의 컴퓨터가 다른 컴퓨터처럼 똑같이 작동하기 위해 특별한 프로그램 기술이나 기계적 방법을 사용하는 것을 말함)할 수 있는 것은 보편적 튜링 기계로 시뮬레이션하기 때문이다. 이 보편적 튜링 기계의 특정한 한 유형이 폰 노이만 기계이고, 지금 우리가 사용하는 대부분의 컴퓨터가 이것이다. 튜링이 '시대를 넘어서는 가장 뛰어난 과학자 중 한 사람'이라는 찬사를 받는 이유가 여기에 있다.

**튜링의 계산 기계**
1943년에 튜링이 플라워스와 공동 제작한 세계 최초의 연산 컴퓨터 콜로서스

인공지능도 튜링 기계에서 나온 것이다. 튜링 기계의 빠른 계산 능력을 다른 데도 적용해 볼 생각을 하던 과학자들이 1956년에 미국의 다트머스 대학에 모여서 인공지능Artificial Intelligence이라는 말을 처음 쓰게 된다. 컴퓨터로 인간의 지능을 만들 수 있을 거라고 생각한 이때의 인공지능은 기호symbolic 위주의 인공지능으로 '전통적인 인공지능'이라 불린다.

수학자들이 중심인 그 학회에서는 자신들의 주요 관심사인 대수학 문제를 풀게 했고, 결과는 대만족이었다. 버트런드 러셀Bertrand Russell, 1872~1970이나 화이트헤드Alfred Whitehead, 1861~1947 같은 쟁쟁한 수학자들이 6년이나 걸려서 1,994쪽의 책으로 증명한 『수학원리』를 증명해 냈기 때문이다. 프로그래밍만 잘해 주면 기계가 사람보다 훨씬 잘해 내는 것을 보고 체스를 비롯한 보드 게임도 시켜 본다. 계산 기계가 맹활약하는 초현실적인 미래가 곧 현실이 될 거라는 인공지능의 파란만장한 역사는 이렇게 시작된다.

1950년대 당시 스탠퍼드 대학에서 만든 로봇이 장애물을 피해 가며 목적지에 가 닿는 묘기를 보여 준 것도 사람들이 인공지능의 가능성을 믿는 데 한몫을 한 것으로 보인다. '샤키Shakey'라는 이름까지 얻은 그 로봇은 컴퓨터에 카메라와 바퀴를 달아 놓은 것에 불과했다. 그런데도 대중매체에서 샤키가 곧 각 가정집의 현관문을 열어 주게 될 거라며 분위기를 띄웠다는 걸 보면, 인공지능을 놓고 벌어지는 홍보전이 그때 벌써 시작된 셈이다.('움직임의 달인'이라는 뜻에서 샤키라 이름 지은 그 로봇의 후예들은 아직도 현관문을 열어 주지 못하고 있다. 샤키의 후예들이 뒤뚱뒤뚱 발걸음을 내딛는 것을 보면 안쓰러울 정도다. 그런데 잘 걷지 못하는 문제보다 더 근본적인 문제가 있다. 샤키의 후예들이 현관문을 열어 주려면 일단 사람 얼굴을 알아봐야 하고, 또 처음 보는 사람이라도 방문객인지 도둑인지 파악해야 하는데 그것이 전혀 안 되고 있기 때문이다. 다시 말해 인공지능이 '형태를 인식하는 문제'와 '상식을 갖는 문제'에 근본적인 제동이 걸렸다는 뜻이다. 이 문제는 뒤에서 다시 다룬다.)

1970년대에 시작된 인간하고 비슷한 '강한 인공지능'을 만들겠다는 계획이 무참히 무너지면서 인공지능의 암흑기를 맞게 된다. 앞선 실패를 교훈 삼아 실현 가능한 목표를 세우고 컴퓨터에서 많이 쓰는 '분할 정복 알고리즘' 방법으로 인공지능에 접근하지만, 1980년대 후반에 찾아든 2차 암흑기도 피해 가지 못한다.

인공지능 전문가들에 따르면, 우리는 지금 인공지능 역사에 있어서 세 번째 가능성에 도전하고 있다. 전에 비해 접근법 자체는 크게 달라진 게 없지만, 그동안 엄청나게 발전한 컴퓨터 하드웨어와 '기계 학습'에 필요한 방대한 디지털 데이터 덕분에 아이디어로만 머물렀던 계획이 실현 가능해진 것이다.

그 가능성은 2011년 2월에 IBM에서 만든 '왓슨Watson'이 미국의 TV 퀴즈쇼에서 쟁쟁한 인간 두뇌들을 물리치고 100만 달러의 상금을 거머쥐는 것으로 구현된다.(〈제퍼디Jeopardy〉라는 퀴즈쇼에서 진행한 이 퀴즈 게임은 메모리 용량이 크고 탐색 속도가 빠를수록 유리하기 때문에 1초당 500기가바이트의 데이터를 처리하는 왓슨의 우승이 당연했다는 평가는 뒤늦게 나왔다. 500기가바이트는 100만 권의 책에 해당하는 양이다. 왓슨의 RAM

용량은 16조 바이트로, 온라인 백과사전 '위키피디아'의 전체 내용을 한 번에 탐색할 수 있는 양이다.)

왓슨이 우승한 직후에 IBM은 왓슨을 '의대에 보낼' 거라고 공표했다. 왓슨에게 각종 의료 서적은 물론 엄청난 양의 진단서와 처방전이 포함된 환자의 기록을 일일이 학습시키겠다는 뜻이었다. 그동안 왓슨이 얼마나 학습을 잘 수행했는지는 최근 들어 IBM이 계속 발표하는 보도 자료로도 알 수 있다.

IBM은 최근에 방대한 의료 영상 정보를 보유한 회사와 빅데이터 회사 들을 잇달아 인수하며 왓슨의 무한한 가능성을 과시하고 있다. 그런 가운데 왓슨 플랫폼을 API(Application Programming Interface, 운영 체제와 응용 프로그램 사이의 통신에 사용되는 언어나 메시지 형식) 형태로 개발자들에게 공개하기도 했다.

우리의 상상을 뛰어넘는 의학 지식으로 무장한 왓슨이 전 세계의 병원과 연구소로 파견 근무를 나간다는 뜻이다. 의료계뿐만이 아니다. 은행이나 주식 시장 같은 금융계에서도 왓슨의 후예들을 볼 수 있는 날이 머지않았다.(API 형태로 공개된 왓슨들 중 하나는 지금 한국의 어딘가에서 한국말부터 부지런히 학습하고 있을 것이다. 반복하지만, 그 모든 것이 가능해진 것은 엄청나게 발전한 컴퓨터 하드웨어와 기계 학습에 필요한 빅데이터 때문이다. 현재 빅데이터 시스템을 준비 중인 한국의 어느 기업체에서 왓슨은 우리가 상상하는 것 이상을 학습 중일지도 모른다.)

IBM이 개발한 '트루노스true north'도 보자. 트루노스는 뇌와 같은 원리로 작동하는 컴퓨터용 마이크로프로세서다. 트루노스에 대한 성과는 《사이언스science》(2014.8)에도 실려서 대대적으로 주목받은 바 있다. 무엇보다 우리의 신경 세포와 시냅스 구조를 어느 정도 모방하는 데 성공했고, 그 결과 움직이는 사람과 자동차 등의 물체를 실시간으로 식별하는 성과를 보였으니 대단한 진보임에 틀림없다. 그럼에도 우리 뇌가 그와 비슷한 전력량으로 처리하는 정보량에 비하면 트로노스가 이룬 성과는 턱없이 작다.(한국전자통신의 음성처리연구실 자료에 따르면, 사람은 초당 1.8페타바이트를 계산한다. 현존하는 슈퍼컴퓨터로도 이 정도 계산은 전혀 불가능하다. 참고로 1테라바이트(TB)짜리 외장하드를 1,024개 합쳐야 1페타바이트(PB) 용량이 나온다.)

세계에서 가장 뛰어난 컴퓨터 중 하나도 IBM이 만든 블루진Blue Gene이다. 블루진은 147,456개의 프로세서와 15만 기가바이트의 메모리 탑재를 자랑하고 있다. IBM의 과학자들은 블루진으로 우리 뇌의 신경 세포와 시냅스를 시뮬레이션하고 있다. 부분적으로나마 우리 뇌를 시뮬레이션하려면 88만 개의 프로세서가 더 필요하다고 한다. 그것이 완료되는 시점은 2020년에야 가능할 것으로 보인다. (2017년 현재의 슈퍼컴퓨터 실상과 뇌 연구 가능성에 대해 알고 싶다면 331쪽 이하를 참고하기 바람.)

이 블루진도 차세대 컴퓨터인 세쿼이아Sequoia에게 자리를 내주었다. 세쿼이아는 2012년 1월에 1초당 20조하고도 1,000억 번의 연산을 찍어서 이미 가장 빠른 컴퓨터로 등극했다. 세쿼이아의 면적은 280제곱미터다. 도시 하나에 전력을 공급할 수 있는 7.9메가와트(1메가와트는 1와트의 100만 배)의 전기에너지를 먹어 치울 덩치다.

1.4킬로그램의 무게에 하루 20와트의 에너지면 충분한 우리 뇌에 비하면 그야말로 괴물이 따로 없다.

이런 괴물 컴퓨터라면 우리 뇌와 맞먹을 수 있을까?

그 답을 찾아 멀리 갈 필요는 없다. 당장 알파고만 해도 이번 대국에서 컴퓨터 1,202대의 전력을 별 소리도 없이 먹어 치웠기 때문이다. 이세돌 9단이 한두 끼만 먹고 대결에 임한 걸 고려하면 비효율도 그런 비효율이 없다. 게다가 전력을 그렇게 집어삼키면서도 알파고의 딥러닝은 실시간 학습을 하지 못했다. 그래서 다섯 번의 대국이 진행되는 동안 이미 수천 번의 학습을 통해 저장해 놓은 데이터를 뒤지고 또 뒤졌을 뿐, 그 데이터에서 단 한 발자국도 더 나아가지 못했다. 그 엄청난 에너지를 쓰면서도 한 번도 업그레이드 되지 못했다는 뜻이다.(그 한계에도 불구하고 엄청난 가능성을 보이고 있는 알파고의 학습 능력과 그 방법은 뒤에서 짚을 것이다.)

이세돌 9단이 단 한 번의 대국으로도 그 정황을 파악하기 시작해, 세 번째 대국에서는 알파고의 기법에 적용하기 시작했고, 마침내 4국에서 알파고를 이긴 사실은 우리 뇌의 능력을 단적으로 보여 주기에 모자람이 없다. 융통성 있고 맥락 있는 실시간 학습 능력, 인공지능이 모방하려 해도 모방할 수 없는 '진짜 지능'은 우리에게만 있는 것이다. 단, 아직은 말이다.

## 마음은 어떻게 작동할까?

여기서 컴퓨터 모형의 한계를 지적하는 입장을 다시 반박하는 의견을 들어 볼 필요가 있다. 하버드 대학에서 진화심리학을 가르치는 스티븐 핑커Steven Pinker가 대표 주자다.

핑커는 몸의 심장과 혈관이 펌프와 파이프를 떠올리면 더 잘 이해되는 것처럼 마음이 어떻게 작동하는지를 이해하는 데 필요한 핵심적인 원리를 컴퓨터가 제공한다고 강조한다. 마음은 수많은 점에서 컴퓨터와 분명히 다르지만, 컴퓨터식 연산의 배후에 놓인 원리가 마음의 배후에 놓인 원리와 같다는 논리다.

그렇기 때문에 뇌를 일종의 컴퓨터라고 본다는 그의 표현을 빌리면, '복잡하기 짝이 없는 이질적인 구조인 마음은 컴퓨터식 연산 기관들로 구성된 하나의 체계'다. 즉, 시각 같은 오감을 비롯해 손과 발을 통제하고, 추론을 하고, 언어를 사용하고, 사회적 상호 작용을 하고, 사회적 정서에 반응하는 마음은 저마다 다른 일을 하는 마음 기관들인 '모듈module'로 이루어진다. 몸이 신체 기관으로 나뉘듯이 마음도 마음 기관인 모듈로 낱낱이 나뉜다는 뜻이다.

연산 기관들의 체계인 마음이 작동하는 원리를 규명하기 위해 핑커는 『마음은 어떻게 작동하는가How the Mind Works』에서 '계산주의 마음 이론'과 '복제자의 자연선택설'이라는 이론을 내세운다. 이 두 추론은 역설계를 통해 이루어진다.(이때의 역설계란 마음의 역공학에 가까우며, 기존의 시스템으로부터 설계 기법의 데이터를 역으로 얻어 내는 것을 말한다. 이에 따르면 자연선택이 마음의 구조를 설명하는 열쇠가 된다.)

우리 마음이 왜 지금과 같은 구조를 이루고 있는가라는 질문의 답을 얻을 수 있는 역공학적인 열쇠를 사용한 결과는 이렇다. 우리가 진화해 온 환경에서, 특히 우리 조상들이 식량을 채집하거나 사냥을 하는 과정에서 사물이나 동식물, 사람들을 이해하고 정복하도록 만들어 준 '연산 기관들의 체계'가 바로 마음이다.

그래서 우리 마음을 알기 위해 우리가 눈여겨볼 점은 모차르트나 아인슈타인이 이룬 비범한 성취가 아니라, 우리가 당연하게 여기는 일상적인 성취에 있다고 강조한다. 네 살배기 아이가 냉장고에서 우유 곽을 꺼내 좌우로 흔들어 보고 우유가 얼마나 남았는지 가늠하는 일련의 행동이야말로 '위대한 성취'라면서 말이다.

그 일이 왜 그토록 위대한 성취일까? 네 살배기가 당연하게 해내는 그 일을 인공지능 로봇이 아직도 못 하는 걸 보면, 그 말뜻을 이해할 수 있다. 로봇이 네 살배기가 하는 일 중 하나라도 해내도록 설계하는 것이야말로 사람을 달에 보내거나 인간 유전자 서열을 알아내는 것보다 훨씬 더 어렵다는 단언도 이해된다.

핑커의 이런 주장을 좀 더 이해하기 위해서는 인지심리학의 근본적인 전제를 잠깐이라도 볼 필요가 있다.(인지심리학은 정신분석학의 과학적 후예로, 우리가 보고 듣고 느끼는 외부 세계가 우리 뇌 속에서 어떻게 표상되는가를 체계적으로 성찰하는 학문이다. 특히 1960년대에는 심리철학, 실험동물의 단순한 행동을 연구하는 행동주의 심리학, 사람의 정신 현상에 대해 연구하는 인지심리학이 융합하여 현대적인 인지심리학이 탄생한다. 이 새로운 학문은 감각 자극에 의해 촉발된 운동 반응을 기술하는 것에서 더 나아가 자극과 반응 사이에 개입하는 뇌 속의 메커니즘, 즉 감각 자극을 행동으로 변환하는 메커니즘을 탐구하는 데 관심을 기울인다. 그에 따라 눈과 귀에서 온 감각 정보가 어떻게 뇌 속에서 이미지나 단어나 행동으로 변환되는가를 추론할 수 있는 행동학적 실험들을 고안한다. 이는 뇌 과학사를 통해 체계적으로 살펴보게 된다. 필요하면 198쪽 이하를 참조하기 바람.)

인지심리학의 전제는, 뇌가 선험적인 지식(경험하지 않아도 알게 되는 독립적인 지식)을 가지고 태어난다는 칸트의 사상에서 시작된다. 형태심리학파는 이 선험주의를 이렇게 발전시킨 바 있다. 눈의 망막에 맺힌 2차원 형태(패턴)를 논리적으로 일관된(정합적인) 3차원의 세계로 변환시키는 것은 뇌의 신경 회로에 내장된 '복잡한 추측 규칙'이다. 그러니까 우리가 태어나면서 갖게 되는 뇌의 해부학적인 구조에 따른 '기능적인 규칙'이 각각의 신경 세포들이 입력한 신호 패턴으로부터 의미 있는 형태 정보를 추출하여 '정합적인 이미지'로 만들어 낸다는 것이다. 뒤에서 살필 형태심리학의 결론을 먼저 따르면, 우리 뇌는 매우 뛰어난 '애매모호함 해소 기계ambiguity-resolving machine'다.

인지심리학은 형태심리학이 파악한 뇌의 해석 능력을 착시 현상을 통해 예증한다. 앞서 본 뮐러-라이어 착시를 예로 들면, 실제로는 길이가 서로 같은 두 선분이 뇌가 특정한 이미지의 형성을 기대하기 때문에 서로 다르게 보인다는 것이다. 그리고 이러한 뇌의 기대는 시각 경로의 기능적인(해부학적) 구조 안에 내장되어 있다고 본다. 그 기대는 경험에서 비롯되기도 하지만, 대부분은 선천적인 시각 신경의 배선에서 비롯된다는 게 그 핵심이다.

지나가는 사람들을 볼 때 우리는 최소한의 단서만으로도 남자와 여자 혹은 아는 얼굴과 낯선 얼굴을 구별한다. 우리가 지각 대상을 알아보는 것은 누워서 떡 먹기다. 그런데 인공지능 로봇을 만드는 과정에서 깨달았듯이, 이 간단한 지각 구별은 그 어떤 슈퍼컴퓨터도 따라 할 수 없는 계산을 필요로 한다. 인지심리학에 따르면 우리의 모든 지각은 '분석적 위업'이다.

이 위대한 분석적 능력은, 핑커 식으로 말하면 우리 마음이 절묘하게 가공된 장치이기 때문에 가능하다. 진짜로 가공되었다는 게 아니라, 자연선택이 오랜 진화 과정을 통해 우리 마음을 그렇게 하나하나 설계했다는 뜻이다.

그런 이유로 핑커는 마음이 어떻게 작동하는가를 외면하는 한 컴퓨터 기술은 결코 세계를 바꾸지 못할 거라고 지적한다. 우리가 당연히 여기는 마음의 기본 능력이 로봇의 관점에서는 엄청난 도전 과제인 것을 보면 유용한 지적이다.(언어심리학자이기도 한 핑커의 논지를 따르면, 인터넷 세상은 전혀 새로운 과정이 아니다. 인터넷은 세상의 모든 사람들이 빠르고 편리하게 정보를 교환할 수 있는 초인 지능을 만들어 냈지만, 그것은 뇌가 서로 다른 영역끼리 정보를 교환하는 방식과 비슷할 뿐이다. 오직 언어만이 인류의 생물학적 진화에서 일어난 진정한 혁신이다. 글쓰기, 인쇄술, 인터넷 같은 혁명은 언어를 멀리 전달하거나 오래 남게 했을 뿐이다.)

또 그런 이유로 해서 뇌를 직접 들여다보는 것만으로는 우리 마음을 이해할 수 없다고 단언한다. 마음은 단순한 고깃덩어리인 '스 팸'으로 이루어지지 않았기 때문이다. 신경 세포나 신경 전달 물질 같은 하드웨어적인 특징이 동물계 전체에 널리 보존되어 온 건 사 실이지만, 생명체가 종마다 인지적으로나 감정적으로나 서로 전혀 다른 삶을 살기 때문에, 하등동물의 신경 세포를 하나하나 분석해 봤자 우리 마음을 알 길이 없다는 주장이다.

핑커에 따르면, 종의 차이는 수억 개의 신경 세포들이 정보를 처 리하기 위해 함께 배선되는 방식에서 비롯된다. 그래서 신경망 모 형 연구자들과도 견해를 달리한다. 뇌 신경망 모형은 단 하나의 신 경망을 적절히 훈련시키면 그것으로 마음의 모든 분석적 위업을 달 성할 거라고 기대하지만, 찰스 다윈의 말대로 우리 마음은 극도로 완벽한 복잡한 기관이기 때문에 하나의 신경망 분석으로 해결될 문 제가 아니라는 것이다.

마음이 어떻게 작동하는지를 알기 위해 제리 포더Jerry Fodor의 『마 음은 그렇게 작동하지 않는다The Mind Doesn't Work That Way』를 살펴 볼 필요가 있다. 제목에서 보듯, 2001년(번역판, 2013)에 나온 이 책 은 1997년(번역판, 2007)에 나온 『마음은 어떻게 작동하는가』에 대한 반론서다.

포더는 인지 과학 분야에서 중요한 방향을 제시한 철학자다. 또 한 인지 과학자로서 기능주의를 발전시키는 데도 핵심적인 역할을 했다. 기능주의에 따르면, 컴퓨터의 많은 측면이 하드웨어만이 아 닌 소프트웨어에 의해 이해되어야 하듯이 마음도 신경생리학적 속성만이 아닌 계산적 속성에 의해 이해되어야 한다고 본다. 그에 따라 인지 과학의 중요한 패러다임인 계산주의 입장을 지지한다. 이 계산주의에서는 컴퓨터나 튜링 기계가 마음을 이해하는 데 중요한 모형을 이룬다.

포더는 이 계산주의를 발전시킨 장본인이자 인지 과정의 '모듈성'에 주목하게 한 철학자다. 모듈에 대한 이해를 돕기 위해 뮐러-라이어의 착시를 다시 보자. 실제로 길이가 같은 두 선분이 우리 눈에 다르게 보이는 착시 현상을 모듈성으로 설명하면 이렇다.

어떤 수준의 정보 처리 모듈의 결과가 지각적 수준의 정보 처리 모듈에 영향을 미치지 못하기 때문에 착시 현상이 나타난다. 다시 말해 여러 모듈들은 서로를 알지 못하고 서로로부터 밀봉된 채 자기 할 일만 한다.(뇌 기능이 작동하는 원리 중 하나인 '모듈성'을 '계층성' 원리와 함께 풀어 놓은 설명을 보면 이 내용을 이해하는 데 도움이 될 것이다. 필요하면 144쪽 이하를 참고하기 바람.) 이런 식으로 우리의 수많은 인지 과정이 모듈적이라는 포더의 가설은 인지 과학에 큰 영향을 끼친 바 있다. 그렇다면 포더는 왜 자신이 제안한 계산주의를 부정하는 걸까? 다시 말해 우리 마음의 모든 심리적 과정이 모듈이라는 가설을 진화론의 적응주의를 통해 뒷받침하려는 핑커의 계산주의 이론을 왜 그토록 철저히 비판하는 걸까?

포더가 인지 과학에 내리고 있는 진단을 보면 그 답이 나온다. '인지 과학의 계산주의를 통해 우리 마음에 대해 알아낸 거라고는 마음이 어떻게 작동하는지를 모른다는 것뿐'이기 때문이다. 포더가 보기에 심리적 과정의 여러 부분이 모듈적인 것은 사실이지만 심리적 과정 자체가 다 모듈적인 것은 아니다.

다시 말해, 마음은 어떤 현상이 주어졌을 때 일어나는 모든 경우의 수를 '국소적 모듈로 낱낱이 계산하는 국소적 모듈 기계'가 아니다. 그보다는 어떤 현상을 가장 잘 설명할 수 있는 단순한 가설을 전체적인 맥락에 따라 이끌어 내는 식으로 이루어진다.

이러한 포더의 비판이 긍정을 위한 강한 부정이라는 건 다음 말에서 드러난다. "현재 우리에겐 인지에 관한 근본적인 이해가 없다. 누군가가 이 존재하지 않는 근본적인 이해에 도달할 때까지는 큰 진보를 이룰 가능성이 전혀 없다는 뜻이다. 그렇다고 비탄에 젖을 필요는 없다. 분명 누군가가 조만간 그런 이해에 도달할 거고 진보는 계속될 테니까."

새로운 대안을 찾기 위해 가장 필요한 것은 기존의 잘못된 입장에 대한 반성일지도 모른다. 그러고 보면 포더의 철저한 비판은 새로운 인지 과학을 향한 절실한 바람이다. 그 바람의 꼭짓점은 우리 마음이 어떻게 작동하는지를 아는 데 있을 것이다.

## 나를 모방하는 인공지능

하늘 포더 교수의 진단이 있고 나서 15년이 지난 지금도 마음이 어떻게 작동하는지를 알지 못하는 걸 보면 뇌가 작동하는 원리를 알기 위해 얼마나 많은 걸 알아야 하는 건지 걱정돼. 인지 과학까지 알아야 하나 했는데…… 알아야 할 것 같고.

**바다** 900쪽이 넘는 『마음은 어떻게 작동하는가』에 대해 포더 아저씨께서 한 말씀으로 정리해 주셨잖냐. "인지 과학의 현 상황은 모듈에 대해서만 많이 알 뿐이며 만족할 만한 수준에서 몇 광년이나 떨어져 있다!" 너무 깊이 알려고 하지 말자. 관심 가는 부분만 슬슬 찾아보기도 벅차니까.

**하늘** 우리 마음이 어떻게 작동하는지 잘 모르는데도, 네가 관심 두는 인공지능은 우리를 모방하려 애쓰고 있다고 하잖아. 우리를 모방한다는 게 정확히 무슨 뜻이야?

**바다** 음, 샤키가 현관문을 열어 줄 거라는 말을 듣고 사람들은 로봇을 하인처럼 부리는 날이 곧 올 거라고 생각했다잖아. 그로부터 60년이 지난 지금은 어때? 샤키의 후예들은 아직도 현관문을 못 열어 주고 있지? 그게 왜 그런 것 같냐?

**하늘** 일단 잘 걷지를 못하잖아. 그런 로봇 걸음으로 현관까지 가자면 방문객이 다 떠난 뒤가 아닐까?

**바다** 그럼 원래 샤키 것보다 훨씬 좋은 전자동 바퀴를 달아 주고 층계 같은 데는 얼씬거리지 말라고 한다면?

**하늘** 로봇이 우리처럼 물체를 알아보지 못하고 우리처럼 상식이 없어서 문제라는 말을 하고 싶은 거지? 근데 로봇도 보기는 보잖아?

**바다** 보기는 보지. 세계에서 가장 성능이 뛰어난 로봇이 이제 겨우 공이나 컵을 인식하는 수준으로. 2013년에 구글이 유튜브에 있는 고양이 얼굴을 하나 구분하는 데 CPU만 16,000개가 들어가는 수준으로. 2014년에 IBM이 만방에 떠벌린 트루노스가 움직이는 사람과 자동차를 간신히 식별하기 위해 상상도 못할 전력을 먹어 치우는 수준으로. 그러니 별 노력도 없이 오만 가지 물체를 알아보는 우리 능력을 다시 볼 수밖에 없었겠지.

**하늘** 인공지능 전문가들이 인지 과학자들의 의견에 귀 기울일 수밖에 없었다는 거지? 진짜 우리 같은 로봇을 만들려면?

**바다** 그럴걸! 대수학 원리를 증명하고 체스를 두는 컴퓨터가 못 하는 것을 네 살배기들이 아무렇지도 않게 해내는 것이야말로 위대한 성취라는 핑커 아저씨의 말이 나한테도 팍팍 와 닿았으니까. 같은 이유로 '우리 마음속에는 본유의 사고 언어가 있다'고 한 포더 아저씨의 그 어려운 말까지 생각해 봤어. 그건 바로 우리가 상식을 갖고 있다는 뜻이잖아?

**하늘** '본유의 사고 언어'는 우리가 선험적인 지식을 가지고 태어난다는 칸트의 사상과도 연관이 있어.

**바다** 아이코, 이 시점에서 칸트 할아버지의 사상까지는 진짜 모르고 싶다. 네 살배기 녀석이 냉장고에서 우유 곽을 꺼내 흔들어 보면서 우유가 얼마나 남았는지 가늠하는 행동만 봐도 우리의 사고가 체계적이기 때문에 생산적이기도 하다는 걸 충분히 알 수 있고. 문제는 이거잖냐. 그렇다면 네 살배기 녀석은 어떻게 그런 사고를 하게 되는 거지?

**하늘** 선천적으로 알게 되는 것도 있지만, 주로 다른 사람이 하는 것을 보고 듣고 느끼고 배워서 알게 되는 거 아닌가?

**바다** 그래, 우리는 보고 듣고 느끼는 경험과 학습을 통해서 그걸 알게 되는 거잖아. 그러니까 우리가 상식적으로 뭔가를 알아볼 때는 누가 우리한테 그것을 하나하나 설명을 해 줘서 아는 게 아니고 그냥 보고 들으면서 저절로 알게 되는 게 훨씬 더 많잖냐? 고양이를 한두 번쯤 보고 나면 나중에 다른 고양이도 바로 알아보는 식으로. 그런데 인공지능 녀석들에게 고양이를 알려 주려면 고양이에 대한 모든 정보를 '부호'라는 설명을 통해 일일이 다 입력해 줘야 했으니 그게 잘 됐을 리가 있어? 그러니까 우리가 하는 방식을 모방해서 그냥 보여 주는 방식을 택한 거지. 우리가 보고 배우는 것처럼 인공지능 녀석들도 보고 배우라고.

**하늘** 전통적인 인공지능에게 고양이를 알게 하려면 고양이가 뭔지를 하나하나 부호로 입력해 설명해 줘야 했기 때문에 불가능했지만, 지금은 고양이와 관련된 데이터를 입력해 집어넣어 주면 된다는 건 나도 알아. 우리가 고양이를 보고 알듯이, 인공지능도 고양이에 대한 데이터를 보면서 고양이가 뭔지 학습한다는 것도. 내가 궁금한 건 인공지능이 어떤 방법으로 고양이 데이터를 보면서 그게 고양인지를 알아보느냐는 거야.

**바다** 컨볼루션 신경망Convolutional Neural Network이라고 알지? 요즘엔 흔히 CNN이라고 하는데?

**하늘** 잘 몰라. CNN이 형태 인식 분야에서 놀라운 성과를 거두고 있는 심층 인공 신경망이라는 것밖엔.

**바다** 그게 핵심이야. 인공 신경망이 심층이라는 것! 사진 속 고양이를 구별하려면 현재 모양을 간략화해서 특징을 찾아내는 게 중요한데 그러기 위해선 심층 신경망이 있어야 하거든. 음, 네가 지난번에 우리 뇌의 시각 시스템 단계에 대해 말해 준 적이 있지? V1에서 V8까지 나뉜다고 했나? 다시 말해 줄래?

**하늘** 시각 겉질은 V1부터 V8까지 8단계로 나뉘어. 뇌줄기를 통해 입력된 정보가 뇌의 1차 영역인 V1으로 들어와서 한 가지 유형의 정보만 처리하는 V2, V3 영역 등으로 전달돼. 그런 뒤에 시각, 청각, 후각, 미각, 촉각 등의 특성을 모아서 처리하는 연합 영역으로 전달되고, 그 정보들이 최종적으로 앞이마엽으로 넘어가고 나면 우리가 그에 따른 행동을 하게 되는 걸로 알고 있어.

**바다** 핵심은 시각 정보가 8단계로 분할된 뒤에 최종적으로 합쳐진다는 거지? 인공지능이 바로 그걸 모방했다고 보면 돼. 시각 정보를 처리하는 신경 세포들을 단계별로 나누다 보니 뇌가 계층적인 구조를 가지고 있다는 걸 알게 된 거고, 그래서 그걸 따라 한 거니까. 뇌 신경망이 단계별로 이루어지는 것처럼 인공 신경망도 층수를 가지고 있어. 층수가 깊을수록 사물 인식을 더 잘할 수 있는데, 현재의 딥러닝은 층수가 꽤 깊어. 우리 뇌가 10층에서 15층 정도 되는 구조라면, 최신 딥러닝은 150층이 넘어.

**하늘** 아, 알파고가 이번 바둑 대결에서 48층 높이의 인공 신경망을 썼다는 얘기가 그거구나! 그럼 그 원리도 같아?

**바다** 시각 정보가 V1부터 V8까지 분할된 뒤에 재구성되고, 재구성된 최종 결과만 알 수 있을 뿐, 단계별로 이루어지는 모든 과정은 우리가 전혀 알지 못하는 가운데 일어난다고 했지? 딥러닝의 심층 인공 신경망도 마찬가지야. 아래층 신경망에서는 입력된 데이터 전체를 보지 않아. 아니, 전체를 볼 수도 없고 보지도 못해. 입력된 데이터에서 가장 짧은 공간적 단위나 시간적 단위만 분석할 수 있기 때문에 그래. 그림으로 예를 들면 가장 짧은 공간적 단위는 픽셀에 해당돼. 음성 데이터라면 0.1초 정도의 짧은 시간적 단위가 되고. 아래층 인공 신경망에선 주변에서 무슨 일이 일어나는지는 잘 모르고 자신이 맡고 있는 픽셀만 계속 보기 때문에 비슷한 사진을 1,000만 장 봤다고 하면 픽셀만 1,000만 개 본 게 돼.

**하늘** 인지 심리학에서 말하는, 우리 뇌의 맨 아래층에 있는 신경 세포 모듈들은 서로를 알지 못하고 서로로부터 밀봉된 채 자기 할 일만 한다는 거랑 같은 얘기네?

**바다** 그럴 거야. 그래서 사실 뇌 기능이 작동하는 원리를 알고 난 뒤에야 더 잘 이해할 수 있는 부분이 있어. 계층성 원리가 바로 그 거야. 사진 속에서 고양이를 인식하기 위해 아래층 픽셀 값에서 가장 특징적인 선이나 색 분포를 추출한 다음에 위층으로 올라갈수록 정보들이 종합되어 최종적으로 고양이인지 개인지를 판단한다는 그 원리 자체가, 뇌의 시각 정보를 프로세싱하는 신경 세포망들을 논리적으로 나누다 보니 뇌가 계층적인 구조를 가지고 있다는 걸 알게 된 데서 시작된 거니까.

**하늘** 심층 신경망 아이디어는 수십 년 전에도 있었잖아? 근데 왜 지금에서야 이 방식을 획기적이라고 하는 거지?

**바다** 그때는 아이디어만 있었고 구현할 방법이 없었으니까. 컴퓨터 하드웨어가 엄청나게 발전하고 디지털 데이터가 축적되면서 비로소 가능해진 거고. 획기적이라고 하는 건 홍보 효과를 노린 점이 크지 않을까? 컨볼루션 신경망을 사용하는 딥러닝 기법을 바둑에 적용할 생각을 한 것부터가 그래 보이거든. 결과적으로 이제 우리 주변에서 알파고를 모르는 사람이 거의 없잖냐. 갈수록 거대해지는 빅데이터 때문에 딥러닝도 점점 더 잘되는 것 같고.

**하늘** 구글이나 페이스북 같은 글로벌 대기업들이 앞으로도 인공지능을 주도할 거라는 얘기지? 무엇보다 빅데이터가 있으니까!

**바다** 맞아. 얼마 전에 구글이 사진을 무한정 저장할 수 있는 서비스를 열었잖아? 공짜라고 좋아들 하지만, 그게 알파고를 학습시키기 위한 전략인 거지. 우리가 올리는 사진이나 그림을 가지고 알파고가 학습 능력을 키워 가는 거니까.

**하늘** 알파고가 빅데이터를 가지고 배운다는 건 이제 알겠어. 근데 구체적인 방법은 아직도 잘 모르겠어. 알파고의 심층 인공 신경망이 어떤 식으로 학습하는 건지는.

**바다** 내가 이해한 딥러닝 기법의 본질은 이거야. 그전에 컴퓨터가 못하거나 취약했던 고도의 인지 문제를 컴퓨터가 가장 잘할 수 있는 계산 문제로 치환해 냈다는 거야. 빅데이터에 들어 있는 통계 정보를 점점 더 압축해 들어가서 알파고 녀석이 잘 풀 수 있는 계산 문제로 치환하는 과정이 딥러닝이고, 바로 그걸 알파고 녀석은 학습이라고 한다는 뜻이야. 좀 더 쉽게 이해하려면 알파고가 어떻게 바둑을 두는지 보는 게 좋아. 일단 바둑은 경우의 수가 엄청나게 많아. $10^{170}$가지나 돼. 우주의 원자보다도 많은 수라서 아무리 막강한 계산 능력을 자랑하는 컴퓨터도 이 경우의 수를 다 탐색할 수는 없어. 특히 '1분 초읽기'처럼 시간이 제한되기 때문에 전체 탐색 공간의 일부만 탐색하는 수밖에 없어. 알파고가 이 문제를 해결하기 위해 쓴 게 몬테카를로 트리 탐색Monte Carlo tree search이라는 기법이야. 몬테카를로법은 잘 알지?

**하늘** 랜덤으로 근삿값이나 표본을 추출하는 거잖아. 몬테카를로의 카지노에서 행해진 도박의 승패 확률 계산에서 유래한 거고.

**바다** 맞아. 랜덤으로 표본을 추출해서 그 부분만 수읽기를 하는 게 핵심이야. 이 몬테카를로 탐색 엔진에 더 많은 프로세서를 붙이면 수읽기에 걸리는 시간을 더 줄일 수도 있어. 근데 바둑 초반에는 몬테카를로 탐색으로 풀기에도 경우의 수가 너무 많아서 프로 기사들은 수읽기보다 감각으로 두는 경우가 많대. 안 될 법한 수는 빨리 접고 될 법한 수만 골라서 집중적으로 수읽기를 하는데 이때 프로 기사들은 감각 위주로 그 수를 결정한대.

**하늘** 알파고가 그런 감각을 따라 한다는 거지?

**바다** 맞아. '정책망policy network'이라는 걸 펴서, 인간 고수라면 다음 수를 어디에 둘지를 예측한다는 거야.

**하늘** 그런 정책망을 알파고가 어떻게 펴? 그러니까, 인간 고수 못지않은 감각이 어떻게 해서 나오는데?

**바다** 그건 나도 몰라. 내가 잘 몰라서 모르는 것도 있지만, 알파고의 인공 신경망에서 각각의 입력 노드node와 가중치가 바둑에서 어떤 의미를 갖는지는 프로그래머가 알 필요도 없고 또 알아내기도 어려워서 그래. 아까 봤듯이, 뇌의 신경망처럼 컨볼루션 신경망 작동이 계층적으로 단계를 밟아 가면서 진행되는데 그 단계를 하나하나 다 알 수 없어서 모른다는 뜻이야. 그리고 기계 학습 과정에서는 그런 게 전혀 중요하지 않아. 말했다시피 딥러닝 기법의 본질은 컴퓨터가 인지해야 할 문제를 컴퓨터가 제일 잘할 수 있는 계산 문제로 치환하는 데 있어서 그래.

**하늘** 뇌 기능이 어떻게 작동하는지를 우리가 하나하나 다 알 수 없는 것처럼 딥러닝 기법도 그 과정을 다 알 수는 없다는 거구나. 그럼에도 딥러닝이 우리처럼 감각을 가지고 작동을 한다는 건 분명하고. 그런 바둑 기술로서의 감각이 바둑판의 모양을 이해하는 능력에서 나오는 거지?

**바다** 맞아. 바둑은 19x19개의 픽셀로 이루어진 아주 정형화된 모양이야. 각 픽셀마다 내 돌이 놓여 있든지, 상대방 돌이 있든지, 비어 있든지 하는 세 가지 경우를 비롯해 가능한 모든 경우를 따져서 계산하면 알파고의 정책망은 19x19x48층의 입력 노드를 갖고 있는 게 돼. 그러니 그 정책망을 다 알 수가 없다는 거고, 또 정책망으로 수읽기 과정에서 안 될 것 같은 수를 일찌감치 제외해서 탐색 공간의 폭이 크게 줄어들었어도 탐색 공간의 깊이 때문에 여전히 경우의 수가 많다는 뜻이기도 해. 그래서 알파고는 정책망 말고 가치망

valuable network이라는 또 하나의 신경망을 채택하게 돼. 그 가치망으로 인간 고수들이 하는 것처럼 현재의 바둑 장면에서 앞으로 몇 수만 진행시켜 보는 식으로 형세를 판단했다는 거고, 그 최종 결과는 우리가 아는 대로야.

**하늘** 퀴즈쇼에서 우승한 왓슨은 의대에 갔잖아. 수읽기는 기본이고 인간 고수 못지않은 감각과 형세 판단 능력까지 갖춘 알파고는 어디로 갈까? 왓슨보다 갈 데가 더 많겠지?

**바다** 딥러닝이 걸어온 길을 보면 알파고는 자동차 산업에 뛰어들 가능성이 가장 커. 자율주행차가 그거야! 작년에 전 세계 최고 IT 업체들과 자동차 업체들이 협업하는 상태에서 알파고가 보란 듯이 바둑을 둔 걸 보면, 구글의 목표가 검색 엔진을 업그레이드하는 것을 넘어서 로봇에 있는 게 분명해. 인공지능의 '어려운 문제'나 '강한 인공지능' 같은 걸 좀 더 알고 싶어서 자료를 찾다 보면 구글이 자동차 산업에 도움이 될 포트폴리오를 갖추고 있는 게 보여. 딥러닝이 이대로 진행되면 너와 내가 운전면허증을 딸 필요 자체가 없어질지도 몰라. 지금과 전혀 다른 운전면허증을 따거나.

**하늘** 딥러닝이 잘 안 될 수도 있나?

**바다** 그건 알파고의 약점을 보면 좀 알 수 있어. 알파고는 이번에 사람이 16만 번 둔 기보를 가지고 학습했잖아. 그걸 기반으로 스스로 시뮬레이션을 해서 데이터를 얻었기 때문에 원천 데이터에 문제가 있으면 그게 계속 확장돼서 버그가 된다는 문제가 있어. 또 학습을 한 번 하려면 수천만 개의 데이터가 필요하기 때문에 실시간으로 업그레이드를 할 수도 없어. 일단 엄청난 전력을 먹어 치우는 빅데이터 기반을 더 보강해야 한다는 뜻이야. 그래서 이 세상에서 학습을 가장 잘하는 지능은 인간밖에 없다는 소리가 나오는 거지. '아직'이라는 단서가 붙지만! 알파고가 이 단서를 떼 내기 위해 필요한 것 중 하나가 우리처럼 한 번 보고 바로 익히는 원숏one-shot 학습법이라는 건데, 이 문제는 해결이 쉽지 않아 보여. 결국은 컴퓨터 기술 발전에 달렸지만.

**하늘** 그럼 빅데이터가 더 효율적으로 축적되고, 그것을 실시간으로 탐색할 수 있는 정책망 같은 인공 신경망 층이 더 정교하게 깊어지는 식으로 컴퓨터 기술이 더 발전하면, 지금은 암기왕이나 계산왕 정도인 알파고가 진짜 천재도 될 수 있고, 그러다 보면 언젠가는 《터미네이터 제니시스Terminator Genisys》(2015) 영화에 나오는 '스카이넷Skynet'도 될 수 있는 건가?

**바다** 그럴 수도 있고, 아닐 수도 있지 않겠어?

**하늘** 그렇겠지? 일단 내 질문이 정확하지가 않지?

**바다** 네가 진짜 알고 싶은 게 따로 있는 것 같은데?

**하늘** 지능이 뭘까? 인공지능을 알게 될수록 지능이 뭔지 잘 모르겠어. 융통성 있고 맥락 있는 실시간 학습 능력이 진짜 중요하고, 그래서 인공지능이 모방하려 해도 모방할 수 없는 지능은 우리에게만 있다고 하는데…… 진짜 지능이 뭐지?

**바다** 실은 나도 인공지능을 알아 가면서 뭔가 좀 헷갈려서 지능에 대해 생각해 봤어. 음, 지능 지수 측정법을 보면 어떨까? 지능을 수

치로 나타내려면 일단 지능이 뭔지를 종합해 봐야 하잖아?

하늘 지능 지수를 총괄하는 기준을 가지고 지능이 뭔지를 알아보자는 말이지? 그래서 찾아봤는데, 가장 널리 알려진 지능 측정법이 바로 'IQ intelligence quotient 테스트'야. 루이스 터먼Lewis Terman이라는 심리학자가 1916년에 그 측정법을 제안해서 수십 년 넘게 통용되었다고 나와.

바다 우리도 어릴 때 IQ 테스트를 받은 적이 있을걸. 네가 나보다 지수가 높게 나와서 잠깐 절망했던 기억이 쓱 스치는 걸 보면.

하늘 잠깐 절망했길 다행이다. IQ 테스트 방법을 절대적이라 믿고 '지능은 타고난 능력이고 성공 여부를 좌우하는 중요한 요인'이라고 했던 터먼의 이론은 신뢰하기 어려운 가설로 판명됐거든.

바다 IQ가 믿을 만하지 않다는 거지? 그걸 어떻게 알았는데?

하늘 터먼 박사는 1921년에 '천재의 유전학적 연구'를 수행할 목적으로 실험에 참여한 아이들을 중년이 될 때까지 하나하나 추적하고 관찰했대. 이 실험은 대상 범위나 시간 소요에서 시대를 크게 앞서간 방법으로도 세계적인 주목을 받았지만, 시간이 가면서 예상과 다른 결과가 나타났대. 일단 IQ가 높거나 낮은 학생들의 사회적 성공도에 별 차이가 없었고, IQ가 높은 사람들의 상당수가 일자리를 찾지 못하거나 범죄에 연루되기도 해서 결국 터먼의 이론은 믿을 수 없는 가설로 판명 났대. 그 후 IQ 테스트에 다른 방법이 추가되었지만 특정한 종류의 지능밖에는 측정할 수 없는 것으로 나타나.

바다 특정한 종류의 지능이면 기억력이나 계산 능력 같은 건가?

**하늘** 정확히는 모르겠어. 1970년부터 지능과 관련된 새로운 연구 결과가 계속 나오면서 새로운 지능 측정법의 필요성이 제기되었는데도 오랫동안 IQ 테스트가 사용된 것을 보면, 기억력이나 계산 능력이 지능을 판단하는 기준이 된 건 분명해. 그래서 계산을 잘하는 컴퓨터 기계에 인공지능이라는 이름도 붙인 것 같고.

**바다** 생각해 보니까, IQ에 문제가 있다고 해서 우리가 EQemotional quotient 검사도 받지 않았냐? EQ가 지능 지수와는 질이 다른 '감성 지능Emotional Intelligence 지수'라고 한 것 같은데, 검사 방법도 그렇고 결과도 그렇고 뭔가 좀 애매모호하지 않았냐?

**하늘** EQ는 IQ처럼 정형화된 검사 방법이 없어서 그럴 거야. EQ가 뭔지 찾아보니까, 주로 감정을 통제할 줄 아는 능력이라고 나와. EQ가 높은 사람은 자신의 감정을 통제할 뿐만 아니라 다른 사람의 감정도 잘 이해해서 갈등 상황에 처했을 때 대처 능력이 뛰어나대. 우리 경험으로 보면, 우리가 어렸을 때 유행한 '마시멜로 실험'이 EQ와 관련이 있는 것 같아.

**바다** 아, 마시멜로 실험! 내가 그 실험을 아는 것도 모르고 우리 엄마가 마시멜로를 하나 주면서 "이 마시멜로를 지금 먹고 싶으면 먹어도 좋아. 하지만 참았다가 20분 후에 먹는다면 마시멜로를 두 개 줄게." 해서 얼마나 웃었다고.

**하늘** 내 기억으론 네가 더 웃겼던 것 같은데. 100분 후에 먹을 테니 2의 5제곱을 내놓으라고 했다며?

**바다** 100분 뒤면 20분의 5배니까 마시멜로를 2의 5제곱은 먹어야 셈이 되지 않냐? 내 참을성을 실험하려면 그 정도는 해 줘야 한다고 했다가 나보다 참을성 없던 엄마에게 혼난 걸 생각하니…… 정형화된 테스트의 문제점이 바로 보이는데! EQ 경우도 그렇지만, 마시멜로를 가지고 '통제력'이나 '절제력'을 측정하는 실험이 얼마나 객관적인지 알 수 없잖냐?

하늘 그럴 수도 있지만, 심리학자인 월터 미셸Walter Mischel 박사 팀이 1966년부터 1972년 사이에 650명 넘는 다섯 살 안팎의 아이들을 만나서 '만족 지연 능력delay of gratification 실험'을 했고, 그로부터 16년이 지난 뒤에 그 아이들의 현황을 철저히 분석했기 때문에 큰 신뢰를 얻은 것 같아. 마시멜로를 20분 후에 먹겠다는 식으로 당장의 만족감을 뒤로 미룬 아이들의 시험 성적이 더 좋고, 최종 학력도 더 높고, 약물 중독자나 사회 부적응자도 거의 없었대. 그 결과가 발표된 뒤에, 그와 비슷한 실험 결과가 계속 나와서 마시멜로 이론을 뒷받침해 줬고. 1990년에 시행된 실험에서는 만족 지연 능력과 미국의 대학수능시험인 SAT 사이의 연관이 밝혀졌고, 2011년에는 그런 성향이 평생 유지된다는 연구 결과가 나왔어. 그뿐만이 아니라, 마시멜로를 당장 먹지 않은 사람들의 뇌를 스캔한 사진에도 뚜렷한 패턴이 보였대. 특히 앞이마엽 겉질과 배쪽 줄무늬체(배측 선상체ventral striatum, 각종 중독에 관여하는 부분으로 쾌락의 중추로 알려진 측위 신경핵nucleus accumbens이 자리 잡고 있다.) 사이의 연결 방식이 눈에 띄게 다른 것으로 나타났고, 인종이나 민족에 따른 차이도 보이지 않았대. 그래서 마시멜로 실험을 지능 지수보다 더 신뢰하는 학자들도 많고, 심리학자들에게 삶의 성공과 가장 밀접한 심리적 특성을 하나만 꼽으라고 하면 만족감을 통제하는 참을성으로 나온대.

**바다** 그 결과가 주로 성적하고 관련된 거네? 그렇다면 그건 성공하고 싶으면 당장의 욕망을 꾹 참고 공부만 하라는 소리 아닌가?

**하늘** 문제를 단순화시킨 점은 있지만, 당장의 만족을 뒤로 미루는 게 모든 욕망을 참고 공부만 하라는 소리는 아니야. 만족감의 내용이 사람마다 다른 걸 감안하고 그 핵심을 보면, 당장의 쾌락이나 이익보다는 나중을 생각하면서 모든 상황을 고려하고 배려할 줄 아는 능력으로 나타나거든. 위스콘신 대학의 리처드 데이비슨Richard Davidson 박사가 그간의 연구를 종합한 내용을 보면 좀 더 이해가 될 거야. '만족감 지연 능력'에 대해 이렇게 결론지었거든. "학교 성적과 수능 성적은 사회적 성공 여부를 크게 좌우하지 않는다. 사회에서 성공하려면 남들과 협동하고 감정을 통제하는 능력이 필요하다. 당장의 쾌락을 뒤로 미루고 한 가지 일에 집중하는 능력도 뛰어나야 한다. 이런 요소들이 IQ나 학교 성적보다 훨씬 중요하다. 학교 성적이 좋지 않은 학생들을 위로하려고 하는 말이 아니다. 지금까지 연구하고 조사한 자료를 분석해서 내린 결론이다."

**바다** 언뜻 들으면 솔깃한데, 좀 더 생각하니 알쏭달쏭하네! 당장의 만족감을 뒤로 미루고 한 가지 일에 집중하는 능력의 결과가 지금의 우리에겐 주로 시험과 성적으로 연결되지 않느냐는 의문도 여전히 남고. 그냥 지능이든 마음의 지능이든 간에 지능을 표준화해서 측정할 수 없는 게 아닌가 하는 생각이 들면서 지능에 대해 더 모르겠다는 결론이 내려지니 어쩌냐? 지능을 연구하는 과학자들의 관심은 지능 측정을 넘어서 지능을 개선하는 데 있다고 하던데, 지능이 뭔지 다 알고 하는 걸까?

**하늘** '인지 과학의 현 상황은 모듈만 많이 알 뿐이며 만족할 수준에서 몇 광년이나 떨어져 있다.'는 언급을 보면, 과학자들도 자신들이 연구하는 특정한 분야만 잘 아는 게 아닐까? 그래서 우리가 그 결과를 공부하면서 뭔가를 좀 알게 될수록 더 모르게 되는 게 아닐까 하는 생각이 들어. 뭔가를 좀 알기 때문에 그와 관련된 또 다른 무언가는 모른다는 게 분명해지는 식이니까. 또 부분을 다 합친다고 전체가 되는 건 아니지만, 지금의 너랑 나랑은 그 부분조차도 잘 모르기 때문에 전체를 알 수 없는 게 당연한 거라는 생각도 들어.

**바다** 인공지능을 이해하기 위해 우리 뇌를 아는 게 필요했듯이 지능이나 마음을 알기 위해서는 결국 뇌 기능이 작동하는 원리를 하나하나 알아 갈 수밖에 없다는 말이지?

**하늘** 그러자면 모듈성부터 알아보는 게 좋겠지?

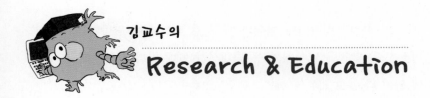

김교수의

# Research & Education

1. 2004년 1월의 어느 날 카이스트에서 뇌를 연구하는 연구원들이 대구에 있는 효성병원에 모두 모인 적이 있습니다. 신생아들의 뇌파와 심전도를 측정하는 실험이 있었기 때문인데, 그날 확인하려는 실험의 가설은 '갓난아이들이 태아 때 경험한 사실을 과연 얼마나 기억할까' 하는 것이었습니다.

그 실험에 앞서 임신부들에게 각자 선호하는 음악을 들려주는 실험이 이루어졌었고, 당시 실험은 엄마 품에 안겨 잠든 신생아들에게 태아 때 들었던 것과 같은 음악을 같은 조건으로 들려주면서 뇌파와 심전도를 측정하는 단계였습니다.

마침내 실험을 시작하자마자 놀라운 일이 벌어졌습니다. 잠들어 있던 한 아기의 눈이 살며시 떠지는가 싶더니 이어 자기 엄마와 눈을 맞추고는 그대로 바라보는 게 아닙니까? 그런 한편, 태아 때 음악을 들려주지 않은 신생아들의 경우는 전혀 달랐습니다. 앞의 아기들과 같은 조건에서 같은 음악을 들려줬는데도 아무런 반응도 보이지 않았지요.

여러 차례의 실험 결과를 가지고 데이터 분석을 한 결과는 더 놀라웠습니다. 태아 때부터 음악을 들은 아기들은 음악이 들려오자

부교감신경의 활동이 활발해지면서 자신이 보호받고 있다는 행복감을 느낀 것으로 나타난 반면, 음악을 듣지 않은 아기들에게는 그런 반응이 전혀 일어나지 않았기 때문입니다.

우리 연구원들은 여러모로 주목할 만한 실험 결과를 놓고 다음과 같은 의문을 갖지 않을 수 없었습니다. 신생아들이 태아 때의 경험을 어느 정도 기억하는 것이 아닐까?

미국의 데이비드 체임벌린David Chamberlain 박사는 겨우 두세 살 된 아기들이 자신들이 태어나던 때의 광경을 기억해서 자기 어머니에게 말한 사례를 모아서 발표한 적이 있습니다. 『젊은 베르테르의 슬픔』, 『파우스트』 같은 역작을 남긴 독일의 세계적인 문학가 괴테 Johann Wolfgang von Goethe, 1749~1832도 사적인 자리에서 자신의 출생 전 기억을 고백한 적이 있다고 합니다. 또한 일본 작가 미시마 유키오三島由紀夫, 1925~1970도 자신의 어린 시절 이야기를 담은 고백 소설인 『가면의 고백』에서 자신이 태어나던 때의 기억을 털어놓고 있지요.

그러나 대부분의 사람들은 자신이 태어났을 때를 전혀 기억하지 못합니다. 영유아기에 겪은 경험이나 현상에 대해서도 마찬가지입니다. 그 당시를 거의 기억조차 못 하고, 또 그렇기 때문에 그에 대해 어떤 이야기도 할 수 없는 게 자연스런 일이기도 하지요. 그렇다면 왜 그럴까요? 또한 위와 같은 예외적인 사례를 들지 않더라도, 사람들마다 다른 기억의 차이는 왜, 무엇 때문에 생기는 걸까요?

이러한 질문은 이제부터 우리가 하나하나 풀어 가야 하는 숙제이기도 합니다. 기억이 무엇이고 또 기억이 어떻게 이루어지는가를 통해 뇌 기능이 작동하는 원리를 알아내고, 더 나아가 나를 알기 위해서지요. 그럼 그 답을 얻기 위해 어떻게 접근해야 할까요?

뇌 과학자들은 먼저 이렇게 조언합니다. 기나긴 생명의 진화 역사에서 우리 인간이 어느 날 갑자기 등장한 게 아니기에, 진화 과정에서 뇌가 어떻게 생겨났고 왜 지금과 같은 구조로 발달해 왔는지를 추적 탐구해 보면 그 답을 얻을 수 있다고 말입니다.

뇌 기능이 작동하는 원리 중엔 뇌가 진화해 온 과정을 시간의 흐름에 따라 통시적으로 설명하는 모형도 있고, 마음의 근원을 진화론적 관점으로 설명할 수 있다는 것도 많은 과학자들이 받아들이고 있습니다. 그중 우리가 진화한 환경에서 자연 선택이 무엇을 이루기 위해 마음을 설계했는지를 알아내는 것이 마음을 이해하는 열쇠라고 보는 접근법은 잠깐 짚어 본 바 있고요.

지능의 근원은 무엇이며, 왜 인간은 다른 동물보다 우월한 지능을 갖게 되었는가를 설명하는 이론은 많지만, 결국엔 거의 모든 지능 기원설이 진화론의 원조인 찰스 다윈으로 귀결되는 것을 봐도 이를 알 수 있습니다. 이때 모든 이론의 공통점은 지능이 발달할수록 미래를 예측하고 대비하는 시뮬레이션 능력이 뛰어나다는 점이고, 그렇기 때문에 미래에 대한 시뮬레이션이 인간의 지능을 향상시킨 원동력이라는 것은 앞서 본 바 있지요.

이 모든 것을 가능하게 한 진화에 따른 뇌 구조의 발생은 태아의 뇌가 발달하는 과정과 무관하지 않습니다. 따라서 태아의 뇌가 발달하는 단계를 살펴보면, 뇌에 관한 보다 많은 정보를 얻을 수 있습니다. 뇌의 구조와 기능을 알 수 있을 뿐만 아니라 뇌의 진화 과정에 대한 단서도 얻을 수 있다는 뜻입니다.

★ 뇌의 발생은 신경관이 형성되는 것에서 시작됩니다. 난자와 정자가 만나 하나의 세포가 되면서 각자 DNA에 품고 있던 유전 정보가 하나로 합쳐져 만들어진 수정란은 18일쯤 지나면 신경판을 형성합니다. 3~4주 무렵에 띠 모양의 신경판이 안쪽으로 접히면서 신경관이 되는 거고요. 태아의 신경 세포 대부분은 다섯 달 안에 거의 만들어지는 걸로 나타납니다. 1분마다 25만 개에서 50만 개의 신경 세포가 생겨난다는 뜻이지요. 그래서 모두 1,000억 개의 신경 세포가 되는데, 단 하나의 세포로부터 이 모든 게 생겨난다니 놀라울 따름입니다. 신경관의 발달을 시작으로 태아의 뇌가 발달하는 과정을 단계별로 살펴보고, 최종적으로 형성되는 뇌 지도를 그려 봄으로써 복잡한 뇌의 구조와 그 기능에 한 걸음 더 다가서 보기 바랍니다.

2. 2012년 11월 영국의 에든버러 대학 연구팀은 호모 사피엔스에만 있는 유전자 종류를 발견하게 됩니다. 그리고 유전학자들은 RIM-941이라는 그 유전자가 100~600만 년 전에 처음 발생했다는 사실을 알아냅니다. 이 시기는 인간과 침팬지가 '진화나무'에서 갈라져 나온 뒤고, 우리 뇌가 지금의 현대적인 크기에 이른 것은 100만 년 전이라는 추론은 그전에 나온 바 있지요.

호미니드(hominid, 현생 인류를 이루는 직립 보행 영장류)의 뇌는 20~25만 년 전쯤에 지금과 같은 용량(1500cc)과 지적 능력에 이르렀다고 합니다. 그런데 우리 인간만이 가지고 있는 속성은 그보다 훨씬 뒤에 나타납니다. 즉, 정교한 도구나 의복, 미술, 신앙, 언어의 발명 등은 약 4만 년 전에야 급속히 나타나고, 이러한 출현을 '빅뱅 the big bang'이라고 부르지요. 인간의 정신 능력과 문화가 아주 오랜 세월 동안 묵묵히 잠복해 있다가 어느 날 갑자기 폭발적으로 발달했기 때문에 인류 진화의 빅뱅이 된다는 뜻입니다. 그리고 여기서 이런 질문이 나오게 됩니다. 왜 인간의 그런 지적인 능력은 15~20만 년이 지난 뒤에야 갑작스럽게 출현한 걸까요?

대부분의 학자들은 인류의 뇌 구조에 뭔가 알 수 없는 유전적 변화가 일어나서 빅뱅이 일어났다고 확신하는 쪽입니다. 고고학자인 스티븐 미슨Steven Mithen의 가설을 따르면, 5만 년 전쯤에 갑자기 뇌에 어떤 유전적 변화가 일어나서 그동안 따로 분리되어 있던 뇌 기능들이 서로 의사소통을 하게 되었고, 그 결과 인류의 의식 세계에 엄청난 유연성과 융통성이 나타났다고 합니다.

'인간을 인간답게 만드는 유전자'를 찾기 위해 인간과 원숭이의 유전적 차이를 규명 중인 '생물정보학bioformatics'의 전문가 캐서린 폴라드Katherine Pollard는 HAR1Human Accelerated Region1, 인간 유전자 가속 변형 제1 영역에 있는 118개의 염기쌍이 진화를 주도한 주인공이라고 밝힌 바 있습니다.(118개의 염기쌍이 포함된 인간 게놈 영역에서 가장 많은 변이가 일어났고, 그것이 바로 인간을 원숭이와 다르게 만들었다는 내용은 뒤에서 살필 것이다.)

폴라드 박사의 목록에는 이런 식으로 변화가 빠르게 진행된 유전자 영역이 수백 개 있는데, 그중 ASPMabnormal spindle-like microcephaly associated protein이라는 유전자 영역은 뇌의 기능이 폭발적으로 성장하는 데 중요한 역할을 했을 것으로 추정됩니다. ASPM 유전자를 분석한 끝에, 인간과 침팬지가 분리된 600만 년 동안 15차례 정도의 변이가 일어난 것을 알아냈고요. 그중 10만 년 전에 일어난 변이는 현대인과 거의 똑같이 생긴 인류가 아프리카에 출현한 때와 맞물리고, 5,800년 전에 일어난 마지막 변이는 인류가 문자를 발명하고 농사를 지은 시기와 맞물린다고 합니다. 이처럼 유전자에 변이가 일어난 시기와 인류의 지능이 급격하게 향상된 시기가 거의 일치하는 것을 보면, 특정한 유전자가 인간의 지능을 좌우했던 것 같고, 특히 ASPM 같은 유전자 영역은 뇌의 비밀을 밝히는 데 결정적인 실마리를 제공할 것으로 보입니다.

반면에 신경 과학자인 라마찬드란V. S. Ramachandran은 다른 답을 제안합니다. 우리 뇌는 이미 다른 이유 때문에 충분히 커져 있었고,

우리를 인간으로 만들어 주는 문화적 혁신에도 '선적응되어' 있었는데, 어떤 결정적인 계기가 환경적인 도화선이 되어서 빅뱅이 일어났다는 거지요. 이때의 '선적응' 요소 중 하나가 바로 '거울 신경세포'입니다. 라마찬드란은 심리학에서 거울 신경 세포가 하는 역할이 생물학에서 DNA 유전자가 하는 역할과 비슷하다고 하면서, 이 거울 신경 세포가 지금까지 실험으로 확인할 수 없었던 우리의 정신 능력에 대해 많은 부분을 설명해 줄 거라고 강조합니다. 거울 신경 세포가 무엇이기에 그런 걸까요?

이탈리아의 신경심리학자 자코모 리촐라티Giacomo Rizzolatti는 원숭이에게 다양한 동작을 시켜 보면서 뇌 속의 신경 세포가 어떻게 활성화되는가를 관찰하다가 흥미로운 발견을 합니다. 한 원숭이가 다른 원숭이들이 하는 행동을 보기만 하는데도 그 원숭이가 직접 움직일 때처럼 활발하게 반응하는 신경 세포들이 있다는 것이었지요. 그 세포들이 바로 거울 세포이고, 그 뒤에 이루어진 연구를 종합하면 거울 세포는 물리적인 행동만이 아니라 감정에도 반응합니다. 우리가 누군가를 흉내 내거나 누군가의 감정에 공감하는 데도 핵심적인 역할을 한다는 이 거울 신경 세포는 앞이마엽 겉질의 아래쪽과 마루엽 아래쪽, 관자엽에서도 발견됩니다.

우리 뇌가 이 거울 신경 세포를 통해 '모방 학습'을 하게 되고 나아가 다른 사람들의 마음까지 읽어 냈다는 추론을 따르면, 정교한 도구의 이용이나 언어 사용 같은 고등한 능력은 어느 한 곳에서 발명되었다가 우연히 다른 집단으로도 빠르게 퍼져 나갔다는 얘기가 됩니다. 이런 이유를 근거로 라마찬드란은 앞의 질문 자체를 무의미한 질문으로 여깁니다. 기나긴 진화 역사에서 우연성이나 행운이 가져다줄 수 있는 매우 중요한 역할을 무시한 데서 나온 질문이라면서 말이지요.

사실 인류가 지니고 있는 놀라운 모방 학습 능력을 고려하면 거울 신경 세포가 인류의 뇌 진화와 관련이 있다고 볼 여지는 충분합니다. DNA 유전자가 생물학에서 했던 역할을 거울 신경 세포가 심리학에서 할 거라는 예측도 부정할 수 없고요. 다만, 지금까지 수수께끼로 남아 있으면서 실험도 할 수 없었던 진화 현상이나 마음의 수많은 능력을 설명하는 데 있어서 거울 신경 세포가 유일한 답은 아니라는 얘기지요. 우리가 모르는 것을 '문제'와 '신비'로 나누고 있는 언어학자 놈 촘스키Noam Chomsky는 말합니다. 어떤 문제에 직면했을 때 그 해답을 알지 못한다 해도, 찾고 있는 것을 느끼고 통찰하는 가운데 지식을 늘릴 수 있다고요. 그것을 따라 하다 보면 신비한 것도 어느새 '문제'가 되지 않을까요?

★ 그런 뜻에서 무의미한 질문이라도 다시 하면, 우리 뇌는 20만 년 전에 인간으로서의 잠재력을 온전히 갖추고 있었을까요? 그렇다면 왜 15만 년 동안이나 아무런 별일도 일으키지 않고 그저 그렇게 있었던 걸까요?

# 2부

# 나를 찾아가는 방법

# 1.
# 뇌 과학사
# 톺아보기

바다 톺아보다? 무슨 뜻이지?

하늘 샅샅이 더듬어 나가면서 살핀다는 뜻이야.

바다 그럼 '뇌 과학사 샅샅이 살펴보기' 하면 되지 왜 안 쓰던 말을 쓰고 그러냐? 뇌 전문 용어만으로도 머리가 아픈데.

하늘 '톺다'는 가파른 곳을 오르려고 매우 힘들여 더듬는다는 뜻과 틈이 있는 곳마다 모조리 더듬어 뒤지면서 찾는다는 뜻을 다 갖고 있어. 뇌 과학 연구의 역사를 살펴보는 일은 지금까지 밝혀진 뇌 기능이 작동하는 데 따르는 원리를 살펴보는 것과 다르지 않아. 그런데 뇌 기능의 작동 원리들이 그 수많은 가설을 물리치고 지금의 이름을 얻기까지 어떤 연구들이 있었는지, 그러니까 누가, 언제, 어떻게 그것을 발견하고 실험하고 입증했는지를 하나하나 찾다 보니까 국어 시간에 배운 '톺아보다'가 맞을 것 같아 적어 본 거야.

**바다** 국어 시간에 배웠다고? 난 왜 기억이 안 나냐? 내 머릿속에 갑자기 새로운 게 잔뜩 들어가서 뭔가 잘못된 게 아닐까?

**하늘** 뭘 또 그렇게 많이 했다고……?

**바다** 이 모듈성 하나만 봐도 그렇잖냐? 뇌가 어떤 부위는 운동을 담당하고 또 어떤 부위는 몸감각을 담당하고 또 다른 부위는 기억을 담당하는 부위로 구분된다는 것도 복잡한데, 이 모듈성을 알게 되고 그 개념을 입증한 게 오래전 일이 아니라면서 하는 말은 또 얼마나 어렵냐? 우리 정신이 뇌라는 물리적인 기관에서 비롯된다는 것을 처음 알았을 때 사람들이 엄청 놀라고 낯설어했다는데, 지금의 내가 좀 그렇거든. 또 뇌 속에서 엄청난 수의 신경 세포들이 서로 연결되어 상호 작용하는 가운데 뇌의 불가사의한 능력이 이루어진다는 사실이 과학자들에게조차도 쉽게 받아들여지지 않았다는데, 지금의 내 머릿속이 딱 그렇고!

**하늘** 그래서 뇌 과학사를 톺아보자고 하는 거잖아. 우리가 한 번도 가 본 적이 없는 어렵고 가파른 곳을 오르려면 지금으로선 힘들여 더듬을 수밖에 없으니까…….

**바다** 알파고 지능의 역사를 공부할 땐 재밌기만 했는데, 왜 우리 진짜 지능의 역사를 아는 건 어렵게 느껴지는지 모르겠다.

## 뇌는 부위별로 하는 일이 다르다: 모듈성의 선언

바다의 불만이 엄살만은 아닐 것이다. 모듈성이라는 개념 하나만 해도 절대로 간단치 않기 때문이다. 모듈성은 뇌 기능이 작동하는 원리 중 하나이지만, 오늘날 우리가 당연하게 받아들이고 있는 이 모듈을 알게 되고 또 입증하기까지 아주 오랜 시간이 걸렸다.

이는 인간의 정신이 뇌라는 물리적인 기관에서 비롯된다는 주장이 처음 제기되었을 때 거부감을 보인 사람들이 적지 않은 것과도 관련 있다. 일부 과학자들까지 그런 반응을 보인 데에는 뇌와 정신을 이해하려는 시도가 과학 이전의 단계인 철학이나 종교 분야에서 이루어진 탓이 크다고 할 수 있다.

'뇌는 부위별로 맡은 역할이 각자 다르다.' 이것이 모듈성 개념이고, 이것을 최초로 제기한 사람은 독일 출신의 신경해부학자인 요제프 갈Franz Joseph Gall, 1758~1828이다. 갈은 오스트리아의 빈 대학에 재직하면서 뇌 과학사에 오래 남을 두 가지 개념을 제안한다. 인간의 모든 정신 과정은 생물학적 작용이기 때문에 뇌에서 모든 작용이 이루어진다는 것과, 대뇌 겉질이 특수한 기능을 담당하는 여러 영역으로 나뉘어 이루어진다는 것이다.

그중 정신 과정이 생물학적이라는 갈의 이론이 왜 특별했는가를 보면, 당시 널리 알려져 있던 이원론과 정면으로 대립되는 것이었기 때문이다. 알다시피 이원론은 근대 철학의 아버지인 르네 데카르트René Descartes, 1596~1650가 선포한 것이다. 그 핵심은 인간이 물질적인 몸과 비물질적인 정신(영혼)으로 이루어졌다는 것이다. 그에 따라 몸의 반사 작용을 비롯한 물리적 행동은 뇌에서 이루어지지만, 정신 과정은 영혼이 수행한다고 본다. 이를 근거로 과학과 종교의 영역을 따로 분리한다. 당시 성행하기 시작한 해부학으로 인해 종교적 권위를 위협받게 된 로마 가톨릭 교회가 이원론을 지지한 건 당연한 귀결로 보인다.

요제프 갈은 급진적인 유물론적 정신관을 바탕으로 이러한 이원론의 논리가 비과학적이라고 맹공격한다. 그 결과 빈 대학에서 강의하는 것도 금지당하다가 결국은 오스트리아에서 추방당하고 만다. 과학계의 큰 지지와 호응을 받았음에도 말이다.

초보적인 수준이었지만, 갈은 대뇌 겉질 각각의 영역이 어떤 일을 하는지도 가려낸 바 있다. 당시의 심리학이 언급한 27가지 정신 능력을 대뇌 겉질의 27개 영역에 할당하고, 그 각각의 영역이 어디에 자리 잡고 있는지를 표시한 머리뼈의 지형도를 만들기도 했다.

정신 작용이 뇌의 서로 다른 영역에 의해 통제된다는 갈의 가설은 그 원리는 옳았지만 여러 가지 면에서 결함이 있었다. 특히 뇌의 특정한 영역에 기능을 할당하는 방법에 문제가 있었던 것으로 보인다. 이는 뇌와 특정한 행동 사이의 연관성에 대해 갈이 지속적으로 관심을 갖지 않았기 때문에 나타난 결과인데, 갈은 임상 실험 등을 통해 그러한 한계를 극복하는 대신 골상학에 빠지고 만다.

골상학은 머리뼈 모양을 가지고 성격이나 재능을 알아내는 학문이다. 뇌의 어느 부위를 많이 사용하게 되면 그 부분이 근육처럼 커져서 머리뼈를 밀어내기 때문에 그 모양을 보고 사람의 능력을 알 수 있다는 것이다. 골상학은 1820년대 후반에는 대중들 사이에서도 크게 유행하고 학술지까지 나왔지만, 결과적으로는 유사 과학 수준에 머무르고 만다.

한계를 극복하지 못한 요제프 갈의 초보적인 수준의 '국소 기능 이론'은 이후 100년 가까이 이어지는 논쟁을 불러일으키게 된다.


## 우리는 좌뇌로 말한다: 브로카와 베르니케의 뇌 영역

프랑스의 실험신경학자 피에르 플루랑스Pierre Flourens는 갈의 주장을 검증하려고 다양한 동물 실험을 했다. 갈이 언급한 정신 기능과 연결된 대뇌 겉질의 영역을 하나씩 절제하는 실험도 감행했지만, 어떠한 행동 장애도 겉질의 특정 영역과 관련짓지 못하게 되자 결국 갈의 주장을 반대하고 나선다. 플루랑스의 견해가 널리 퍼진 데는 그의 동물 실험이 믿을 만하다는 이유도 있었겠지만, 그보다는 갈의 급진적인 유물론적 정신관에 대한 종교적 탄압이 거세게 작용한 결과로 보인다. 갈을 지지하는 추종자들과 플루랑스로 대표되는 그 반대파들 사이에서 대뇌 겉질이 어떻게 작동하는가를 놓고 팽팽히 맞선 논쟁은 19세기 후반에야 마침표를 찍게 된다.

프랑스의 의사 피에르 폴 브로카Pierre Paul Broca, 1824~1880와 독일의 의사 칼 베르니케Carl Wernicke, 1848~1905가 그 마침표를 찍은 주인공들이다. 이들은 특정한 유형의 실어증을 앓고 있는 환자들을 관찰하는 과정에서 각각 중요한 발견을 하게 된다.

먼저 브로카의 발견을 보자. 브로카는 1861년에 뇌졸중의 후유증으로 말하는 능력을 잃은 환자를 연구한 결과를 발표한다. 그 환자는 탄tan으로 불렸다. 브로카에게 진찰받는 당시에 그가 할 수 있는 말이 탄이라는 단어밖에 없었기 때문이다. 당시 51세였던 탄은 21년 전에 발병한 뇌졸중으로 말하는 능력을 완전히 잃은 상태였다. 초기 증세는 문장을 길게 잇지 못하고 문법이 맞지 않는 정도였지만 막바지에는 '탄'이라는 외마디밖에 하지 못했다. 그리고 공교롭게도 탄은 브로카의 진찰을 받고 나서 일주일 뒤에 사망한다. 탄이 말하는 데 영향을 미칠 만한 입과 혀, 성대에는 별다른 외상이 없었기 때문에 탄이 사망한 후 부검이 이루어졌고, 이마엽의 한 부분이 손상된 것이 발견된다.

브로카는 그 병변을 발견한 후에 탄과 유사한 방식으로 말하기 능력을 잃은 환자의 뇌를 8구 이상 부검하게 된다. 그 결과 특정한 부위에서 비슷한 병변을 확인한다. 그 부위가 바로 좌반구의 이마엽에 해당하는 부분으로, 오늘날 '브로카 영역'으로 불린다. 이마엽의 손상으로 인한 언어 장애는 '브로카 실어증Broca's aphasia'으로 불린다. 특수한 언어 장애를 대뇌 겉질의 특정 영역의 손상과 관련짓고, 고도의 정신 기능이 그 영역에서 발생한다는 증거를 성공적으로 제시한 브로카는 뇌 기능이 작동하는 원리 중 가장 중요한 원리 하나를 1864년에 이렇게 선언한다. "우리는 좌뇌로 말한다!"

베르니케도 1874년에 특이 행동을 보이던 사람들이 사망한 뒤에 그 사체를 부검해서 행동 장애와 뇌 손상 사이의 관계를 밝혀낸다. 1879년에는 또 다른 유형의 실어증 연구를 발표하는데, 좌반구 위쪽 뒤편에 있는 '베르니케 영역'에서 발생하는 장애가 그것이다. 이 장애는 오늘날 '베르니케 실어증Wernicke's aphasia'으로 불린다.

베르니케 장애는 말을 못 하는 게 아니라 말이나 글을 잘 이해하지 못하는 특징을 지닌다. 이 증세를 브로카 실어증과 비교하면 이런 차이점이 있다. 브로카 증세는 다른 사람이 하는 말은 이해하면서도 환자 본인은 말을 하지 못하는 반면, 베르니케 실어증 환자는

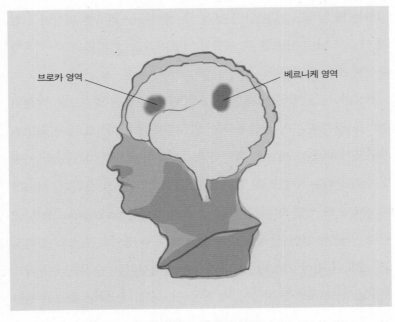

브로카 영역                          베르니케 영역

**브로카와 베르니케의 뇌 영역**

다른 사람이 하는 말을 잘 알아듣지 못하고 말을 일관성 없이 늘어놓는다. 그 이후에 발견되는 다양한 실어증도 모두 좌반구의 병변으로 밝혀진다.

브로카와 베르니케 뇌 영역으로 널리 알려지게 되는 이 발견은 뇌 과학 연구사에서 가장 흥미로운 발견 중 하나로 꼽힌다. 나아가 우리의 복잡한 인지 능력 중 하나인 언어의 생물학적 토대를 알게 해 준 최초의 통찰로 평가받는다.

'뇌의 여러 영역들이 다양한 목적을 위해 특정화되어 있다'는 생각은 현대 뇌 과학의 핵심이다. 이러한 생각을 바탕으로 베르니케는 브로카의 연구와 자신의 연구에 기초해서 대뇌 겉질이 언어 정보와 어떻게 연결되어 있는지를 계속해서 연구해 나간다.

연구 결과를 보면 거칠고 단순하지만, 그 주요 개념이 오늘날 우리가 뇌를 보는 시각과 거의 일치한다는 점은 주목할 만하다. 특히 이때 제시된 '뇌의 특정한 영역들이 서로 연결되어 있다'는 연결성 개념은 뇌 기능이 작동하는 원리 중 하나이자 뇌 연구사 전체에서 매우 중요한 주제다.

언어가 뇌의 특정한 영역에서 산출되고 인지되는 것이 알려지자, 감각을 관장하는 영역들이 각각 확인되기에 이른다. 브로카와 베르니케의 연구가 기틀이 되어 촉각, 시각, 청각의 몸감각 지도를 발견해 가는 과정을 차례차례 짚어 볼 것이다.

한편, 독일의 의사 구스타프 프리치Gustav Fritsch는 1864년에 일어난 프로이센과 덴마크 전쟁에서 머리를 다친 병사들을 치료하다가 뇌의 어느 한쪽을 건드리면 그 반대쪽 팔다리에 경련이 일어난다는 사실을 알아낸다. 프리치는 전쟁 후에도 그 연구를 계속해서 왼쪽 뇌에 전기 충격을 가하면 몸의 오른쪽 부위가 반응을 보이고 그 반대도 마찬가지라는 내용의 보고서를 발표한다.

뇌의 '특정한 영역들이 서로 연결되어 있다'는 연결성 원리는 이렇게 유럽 각지에서 발견된 것으로 나타난다.


## 이마엽의 힘을 입증하다: 게이지의 꿰뚫린 앞이마

1848년 미국의 한 철도 공사장에서 폭발 사고가 발생한다. 그 폭발로 1미터나 되는 쇠막대기가 날아가서 피니어스 게이지Phineas Gage라는 청년의 이마를 꿰뚫어 버린다. 당시 25세인 한 청년의 삶을 꿰뚫었을 뿐만 아니라 뇌 기능의 중요한 원리를 꿰뚫음으로써 뇌 과학계에 커다란 변혁을 가져온 사건은 이렇게 시작된다.

게이지는 쇠막대기가 이마를 뚫어 버린 치명상을 입고도 목숨을 건진다. 그런데 그 엄청난 행운 뒤에 이해할 수 없는 변화가 잇따른다. 가장 큰 변화는 그의 성격이 완전히 딴판으로 변한 것이다. 사고 전에는 온순했던 성질이 별 이유도 없이 포악해지는 것을 시작으로, 매사에 조금의 참을성도 없이 충동적으로 행동해서 주변의 걱정을 산다. 급기야 "그는 우리가 예전에 알던 게이지가 아니다. 사고 후에 완전히 다른 사람이 되었다."는 증언까지 나오게 된다.

피니어스 게이지는 1860년에 사망한다. 치료를 담당한 의사 존 할로John Harlow는 그가 사망한 뒤에 머리뼈를 해부하게 되고, 이마의 뒷부분이 거의 남아 있지 않은 것을 확인한다. 존 할로는 좌뇌와 우뇌의 이마엽에 해당하는 부분이 없는 것을 보고 이런 생각을 하게 된다. '혹시 뇌는 각 부분의 기능이 서로 다른 것이 아닐까?'

이로써 미국에서도 뇌를 보는 패러다임이 흔들리기 시작한다. 앞이마엽이 손상된 사례 연구가 계속해서 제시됨에 따라 그 영역이 이성적인 판단력을 좌우할 뿐만 아니라 미래에 대한 장기 계획을 세울 때도 결정적인 역할을 한다는 것이 차례차례 입증된다.

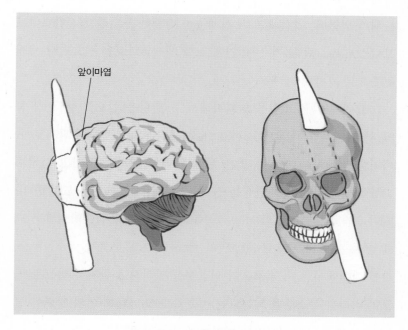

앞이마엽

**피니어스 게이지의 꿰뚫린 앞이마**

## 엽기적인 절제술을 고발하다: 로보토미의 추억

대뇌 겉질의 기능에 대한 발견으로 뇌 과학의 새로운 장을 열게 된 뇌 연구는 새로운 과학 기술의 도움으로 1930년대에 와서 체계적으로 연구된다. 한편에선 부정적인 결과도 낳게 되는데, 정신 질환을 앓는 환자의 뇌에서 이마엽의 일부분을 떼어 내는 로보토미 lobotomy라는 절제술이 그런 경우다.

1935년부터 성행한 이 수술은 미국에서만 20여 년에 걸쳐 약 4만 명에게 행해졌다. 이 절제술은 송곳으로 머리에 구멍을 뚫는 방법 자체부터가 매우 잔인하고 그만큼 환자의 고통도 심해서 처음부터 문제가 되었다. 그런데도 이 절제술을 개발한 포르투갈의 안토니오 모니스Antonio Moniz가 1949년에 노벨 생리의학상을 받으면서 세계 곳곳으로 퍼지게 된다.

1962년에 나온 소설을 영화화해서 큰 반향을 일으킨 《뻐꾸기 둥지 위로 날아간 새One Flew Over The Cuckoo's Nest》(1975)는 강제로 이마엽을 절제하는 수술을 받은 뒤에 인격의 변화가 생기고 감정과 고통에 무감각해진 주인공을 통해 그 수술의 문제점을 고발한 바 있다.(주인공을 맡은 잭 니콜슨은 수술 뒤 '살아 있어도 산 것 같지 않게 된' 맥 머피 역을 연기하기 위해 태어난 배우라는 찬사를 받았다.)

옛 소련에서는 이 절제술이 인간성을 말살하고 환자를 바보로 만들어 버리는 부작용을 낳는다는 이유로 1950년대에 이와 관련된 모든 의료 행위를 금지시켰다는 자료를 뒤늦게 밝혔다.

## 연결과 지형이 뇌 기능을 결정한다: 몸감각 겉질 지도

부위별로 맡은 기능이 서로 다른 뇌의 모듈들은 따로 떨어져서 개별적으로 작동하는 게 아니라 서로 연결되어 일종의 네트워크를 이룬다. 이것이 연결성이고, 이 연결성은 뇌의 기능적 차이에서 생겨난다. 다시 말해 뇌 각각의 역할은 다른 부위와의 연결로 인해 생겨난다. 예를 들어 왜 뒤통수엽에서 시각 기능을 맡고 있는 걸가 하는 답을 보면 이렇다. 눈에서 이어진 신경 섬유가 뒤통수엽까지 연결되어 있기 때문이다.

우리 몸에서 이루어지는 모든 감각을 처리하는 중심에는 시상이 있다. 감각 기관에서 겉질로 전달되는 정보는 반드시 시상을 거치게 된다. 좀 더 자세히 들어가면, 눈의 망막에서 온 정보는 시상의 바깥 무릎핵(외측 슬상핵)으로 들어온 다음에 1차 시각 영역으로 가서 처리되는 식이다. 청각 정보는 시상의 안쪽 무릎핵(내측 슬상핵)으로 들어온 다음에 1차 청각 영역으로 가서 처리된다. 즉, 대뇌 겉질이 시상의 어느 핵과 연결되는가에 따라 겉질의 고유한 기능이 결정된다는 뜻이다. 또 이러한 기능적인 차이에서 구조적인 차이까지 생겨나게 된다.

시각과 청각이 어떻게 대뇌 겉질에 표상되는가 하는 문제를 처음 연구한 사람은 미국의 웨이드 마셜Wade Marshall이다. 마셜이 촉감에 대한 연구를 시작한 때인 1930년대 후반에는 대뇌 겉질에 관해 해부학적으로 많은 것이 알려져 있었다. 대뇌 겉질은 대칭적인 좌우 반구를 덮고 있는 매우 복잡한 구조물이며, 네 개의 엽으로 나뉘고, 사람의 겉질 주름을 모두 펴면 신문지 한 장 정도의 크기라는 걸 이해한 상태에서 마셜은 이런 질문을 던진다.

"손이나 얼굴, 가슴 같은 신체 표면의 촉감 수용체들은 개와 고양이의 뇌 속에서 어떻게 표상되는 걸까?"

그 답을 찾기까지, 마셜은 1936년에 고양이의 촉각 감각 연구에서 출발해서 원숭이를 대상으로 한 연구로 나아간다. 원숭이 실험에서 동료 과학자와 힘을 합친 결과, 몸의 표면 전체는 몸감각somatosensory 겉질과 일대일로 대응한다는 사실을 발견한다. 그리고 촉각과 시각이 겉질의 어느 영역에 위치하는지를 그림으로 나타낸다. 그것이 바로 고양이의 몸감각 겉질 지도다.

마셜은 눈의 망막에 있는 빛을 감지하는 수용체들이 뒤통수엽의 한 영역인 1차 시각 겉질에 질서 있게 표상된다는 것도 발견한다. 또 관자엽이 소리의 진동수에 대한 감각 지도를 가지고 있다는 것도 입증한다. 다양한 음높이의 소리가 관자엽에 체계적으로 표상된다는 그 중요한 사실이 바로 여기서 시작된 것이다.

마셜의 연구는 감각 정보가 뇌에서 어떻게 조직되고 표상되는가에 대한 이해를 혁명적으로 바꿔 놓았다는 데 그 중요성이 있다. 그 혁명적인 발견에 따르면, 우리가 느끼는 모든 감각 정보는 뇌 속에서 지형학적으로 조직된다. 곧 눈의 망막, 귀의 고막, 신체 표면의 피부 같은 감각 수용체들은 대뇌 겉질에 정확한 지도의 형태로 표상된다. 이것이 바로 지형성 개념이다.

서로 다른 감각 시스템은 서로 다른 유형의 정보를 운반하지만 그 시스템 모두는 하나의 조직화된 논리를 공유한다는 연결성 원리가 지형성 원리로 이어지는 지점은 다음의 호문쿨루스 지도에서 분명하게 드러난다.

## 뇌 난쟁이 지도가 거인의 힘을 발휘하다: 호문쿨루스 지도

마셜이 고양이를 대상으로 몸감각 겉질에 일대일로 대응하는 신경 지도를 그리고 나서 몇 년 뒤인 1939년에 캐나다의 와일더 펜필드Wilder Penfield는 사람의 몸감각 겉질을 표상하는 지도를 그린다. 신경외과 의사인 펜필드는 뇌의 특정한 영역에서 발작을 일으키는 국소 뇌전증을 치료하기 위해 외과 수술 방법을 쓰게 된다.(당시 펜필드는 뇌전증의 원인이 되는 조직을 제거하면서도 다른 부위의 손상은 최소화하는 수술법을 개발했는데 그 기술은 지금도 쓰인다.)

뇌에는 통증을 느끼는 수용체가 없어서 국소 마취만 하고 수술이 이루어졌고, 그 덕분에 환자들의 의식이 수술 중에도 깨어 있을 수 있어서 자신들이 느끼는 것을 펜필드에게 알려 주게 된다. 이때 펜필드는 대뇌 겉질의 특정 부위에 전기적 자극을 가하면 부위에 따라 각각 다른 신체 부위가 반응한다는 사실을 알아낸다. 나아가 전기 자극이 환자의 언어 표현 및 이해 능력에 미치는 효과도 관찰한다. 그에 따라 앞서 발견된 브로카와 베르니케 영역을 정확히 확인하게 된 동시에, 뇌전증의 원인이 되는 조직을 제거할 때 그 영역의 손상을 피할 수 있게 된다. 여러 해에 걸쳐 1,000명이 넘는 대뇌 겉질을 탐구하면서 펜필드는 이런 생각을 하게 된다.

'그렇다면 대뇌 겉질의 각 부분과 신체 부위의 대응 관계를 그림으로 나타낼 수 있지 않을까?'

그렇게 해서 완성해 낸 그림은 지금까지도 원형 그대로 사용될 정도로 그 정확성을 자랑한다. 그런데 그림에서 보듯, 감각-운동 지도는 몸의 지형을 그대로 따르지 않고 그 형태를 극적으로 왜곡하고 있다. 우리 몸의 각 부위는 그 크기에 비례해 표상되는 것이 아니라, 감각 지각에서 차지하는 중요성에 비례해 표상되기 때문에 그림에서처럼 왜곡되는 것이다.

우리 몸에서 가장 예민한 부위는 어디일까? 손끝 같은 몸의 말단 부위와 입술이다. 예민하다는 건 그 부위에 가해지는 자극을 그만큼 세밀하게 구분한다는 뜻이다. 또 그만큼 뇌 영역을 많이 쓴다는 뜻이다. 그래서 촉각에서 가장 민감한 손끝과 입술이 상대적으로 덜 민감한 등 쪽 피부보다 훨씬 크게 표상된 것이다.

이 뇌 감각-운동 지도에는 호문쿨루스homunculus라는 이름이 붙는다. 호문쿨루스는 중세 연금술사들이 믿었던 작은 인조인간이다. 몸통은 작고 몸의 말단이나 입술 부위만 유독 크게 표상된 모습이 마치 난쟁이 같아서 그런 이름이 붙은 것이다. 호문쿨루스 지도가 발표되자 과학계는 큰 충격에 휩싸이게 되고, 일반 대중들까지 많은 관심을 보인 것으로 나타난다.

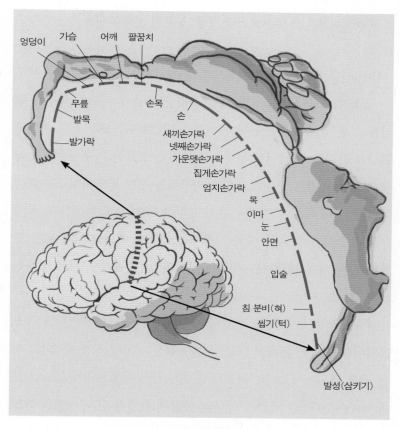

엉덩이　가슴　어깨　팔꿈치

무릎
발목
발가락
손목
손
새끼손가락
넷째손가락
가운뎃손가락
집게손가락
엄지손가락
목
이마
눈
안면
입술
침 분비(혀)
씹기(턱)
발성(삼키기)

**뇌 감각-운동 호문쿨루스 지도**

　뇌의 각 부위는 각각 맡고 있는 몸의 영역을 지배하거나 몸의 각 부위로부터 감각을 전달받으며, 따라서 몸의 모든 부위마다 이를 표상하는 뇌 영역이 따로 있다는 지형성과 연결성과 모듈성을 두루 아우르고 있는 이 호문쿨루스 지도는 최초의 두뇌 모형으로 평가받기도 한다.

## 겉질의 감각 지각 능력을 의심하라: 모듈의 수상한 연결

1950년대 초반에 버넌 마운트캐슬 Vernon Mountcastle은 신경 세포를 측정해서 몸감각 겉질의 개별 신경 세포들이 피부의 특정한 영역에서 온 신호에만 반응한다는 것을 발견한다. 예를 들면 좌반구 몸감각 겉질의 손 영역에 해당하는 세포는 오른손 가운뎃손가락 끝에 가한 자극에만 반응하고 다른 자극에는 전혀 반응하지 않는다는 식이다. 이어 촉감이 여러 단계의 양상을 띠는 것도 발견한다. 촉감은 피부를 강하게 누를 때와 가볍게 쓰다듬을 때의 감각을 모두 포함하는데, 이때 나타나는 각각의 양상이 뇌 속에서도 각각 고유한 신경 경로를 지닌다는 것이다.

뇌줄기와 시상에 정보 전달이 이루어지는 단계에서 만들어지고 유지되는 이러한 분리는 일단 몸감각 겉질 지도에서 볼 수 있다. 신경 세포 단위에서 보면, 몸감각 겉질은 신경 세포의 열column이 모여 이루어진다. 각 열에서 하나의 양상은 겉질의 한 영역에만 해당한다. 어떤 열에 속한 세포들은 검지 끝에서 온 가벼운 건드림 정보만 수용해서 반응하고, 또 다른 열의 세포들은 검지에서 온 강한 누름 정보만 수용하는 식으로 반응이 이루어진다는 뜻이다. 이때 각각의 촉감 양상은 별개로 분석되고 정보 처리의 나중 단계에 가서야 하나의 촉각 지각으로 조합된다.

마운트캐슬은 이 감각 신경 세포들의 열 하나하나가 겉질의 기본적인 정보를 처리하는 '모듈'이라고 생각하게 된다.

1953년에 스티븐 커플러Stephen Kuffler는 망막에 있는 단일 세포들의 신호를 기록하다가 중요한 발견을 한다. 그 세포들이 빛의 절대 수준에 대한 신호를 전달하는 것이 아니라, 빛과 어둠의 대비에 대한 신호를 전달한다는 게 그것이다. 이를 토대로 망막 세포를 가장 효율적으로 흥분시키는 자극은 넓게 퍼진 빛이 아니라 작은 점에 집중된 빛이라는 것도 알아낸다.

뒤이어 데이비드 허블David Hubel은 그와 유사한 원리가 시상에 있는 그다음 단계(V1)에서도 작동한다는 것을 발견한다. 또 신호가 겉질에 도달하고 나면 상황이 달라진다는 것도 알아낸다. 즉 겉질에 있는 대부분의 세포들은 빛의 작은 점에는 잘 반응하지 않고, 어두운 영역과 밝은 영역 사이의 경계선, 곧 대상을 구별 짓는 명암 윤곽선에 더 반응한다는 것이다. 예를 들어 우리 눈앞에 놓인 정육면체가 서서히 회전해서 모서리들의 각도가 천천히 변화하는 것을 볼 때, 어떤 세포들은 모서리가 수직으로 놓일 때 가장 잘 반응하고, 또 어떤 세포들은 수평으로 놓일 때, 또 어떤 세포들은 비스듬히 놓일 때 가장 잘 반응한다는 것이다.

허블은 몸감각 시스템과 마찬가지로 시각 시스템에서도 유사한 속성을 지닌 세포들은 한 열에 모여 있는 것도 발견한다.

마운트캐슬에서 허블로 이어지는 이 연구가 매우 중요한 이유는 이렇다. 마침내 연결 패턴의 기능적 의미를 밝혀냈기 때문이다. 즉, 신경 세포의 연결이 겉질로 이어지면서 겉질 내부에서 전달되는 감각 정보를 걸러 내고 변형시킨다는 것과, 겉질이 기능적으로 각각 나뉘는 모듈로 이루어졌다는 것을 발견한 것이다. 이 중요한 발견은 오늘날 우리가 알고 있는 뇌가 작동하는 원리 그대로다.

이들의 연구는 우리의 감각 지각이 직접적이고 정확하고 객관적이라는 믿음이 '지각적 착각perceptual illusion'에 불과하다는 것을 입증해 보였다는 데도 그 의의가 있다.

기억 형성 과정에서 잠깐 봤지만, 뇌는 오감을 통해 받아들인 '가공되지 않은 데이터'를 그대로 재생산하지 않는다. 그렇기는커녕 각각의 감각 시스템은 '가공되지 않은 상태의 입력 정보'를 분석하고 분할한 다음에 각자 지니고 있는 고유한 연결과 규칙에 따라 그 정보를 재구성해 낸다.

마운트캐슬에 따르면, 우리의 감각은 감각 신경 말단들의 부호화encode 기능에 의해 이루어진다. 정보 전달의 중심 역할을 하는 신경 세포들이 별로 믿을 만한 기록자가 아니라는 뜻이다. 우리의 신경 세포들은 어떤 특정한 자극에는 예민하게 반응하는 반면 다른 특징들은 그냥 무시해 버리는 성향이 있기 때문이다.

그래서 마운트캐슬은 우리가 지각하는 감각은 실재 세계의 '모사'가 아니라 '추상'에 불과하다고 말한다. 즉 우리가 눈을 통해 보는 것은 '환영'에 불과하다는 것이다.

이 알 듯 말 듯 한 가설을 이해하기 위해 시각 경로를 살펴볼 필요가 있다. 먼저 그림을 보면, 시각 겉질은 V1부터 V8까지 나뉜다. 뇌줄기를 통해 입력된 정보는 뇌의 1차 영역인 V1으로 들어온다. 이 정보는 단일형 영역인 V2, V3 영역 등으로 전달된 뒤 다중형인 연합 영역으로 전달된다.(단일형은 한 가지 유형의 정보만 처리하고, 다중형은 시각, 청각, 후각, 미각, 촉각 등의 특성을 모아서 처리한다.) 이 정보들이 최종적으로 앞이마엽으로 넘어가면, 1차 운동 영역의 앞쪽에 위치한 앞운동 영역에서 1차 운동 영역으로 지시를 내려서 우리가 그에 따른 행동을 취하게 된다.

여기서 중요한 점은, 시각 정보가 V1부터 V8까지 8단계로 분할된 뒤에 재구성되고 그 모든 과정은 우리가 전혀 자각하지 못하는 가운데 일어난다는 것이다. 척수와 뇌줄기를 통해 들어오는 '처리되지 않은 데이터'가 어느 정도인지 알면 이 말이 이해된다.

**시각 경로의 계층 구조**

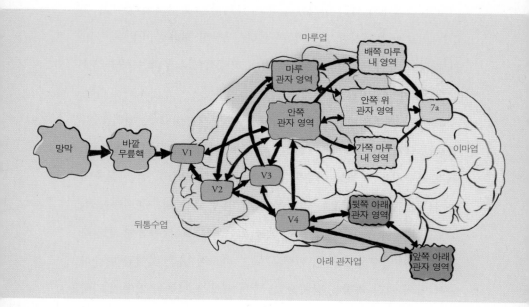

눈은 물체에서 반사된 광자를 렌즈로 모아 망막에 영사시키는 역할을 한다. 망막에는 여러 계층의 세포들이 자리 잡고 있는데, 1조 3,000억 개에 달하는 원뿔 세포와 막대 세포에 있는 광수용체 세포들이 빛을 전기 에너지로 바꿔서 뇌에 전기 신호를 전달한다. 이때 임의의 한순간에 무려 1조 비트에 달하는 정보를 처리한다. 이 방대한 데이터는 시신경을 거쳐 시상으로 1초당 900만 비트씩 전송된다. 이 정보가 시상의 바깥 무릎핵에서 뒤통수엽으로 보내지면 그곳에 있는 시각 겉질이 이 모든 데이터를 세밀하게 분석한다. V1부터 V8까지 8단계로 나뉘는 시각 겉질이 각각 고유한 작업을 수행한다는 뜻이다.(시각과 관련된 부위에만 30종이 넘는 신경 세포가 분포되어 있다. 시각 시스템에 대한 연구가 진행될수록 이 종류는 더 많아질 것이다.)

시각 겉질에서 각각 처리된 정보가 앞이마엽 겉질로 전송되면 우리는 비로소 무언가를 보고 알게 된다. 각각의 고유한 작업은 우리가 자각할 사이도 없이 이루어지지만, 최종적으로 우리는 무언가를 알게 된다는 얘기다.

V1부터 V8까지의 단계를 한마디로 하면 계층성이다. 뇌의 시각 정보를 단계별로 처리하는 신경 세포들이 각각의 고유한 열로 나뉘어져 계층적인 구조를 이룬다는 뜻이다. 시각 계층의 맨 아래층에는 실제로 눈에 들어오는 정보를 가장 먼저 보는 광수용체층이 있다. 그런데 이 광수용체층은 영상을 있는 그대로 받아들여 분석하지 않는다. 광수용체층 중 원뿔 세포는 비교적 밝은 빛에만 반응하면서 빛의 여러 파장을 탐지하고, 막대 세포는 어두운 빛에서 기능

하면서 초록색의 단일 파장에서 최대로 반응하는 식이다. 여기서 핵심은 각각의 세포들이 자기 할 일만 한다는 것이다. 자기 할 일만 하느라고 이웃한 세포들이 무엇을 하는지 잘 알지 못하고, 그렇기 때문에 V2, V3 단계에서 무슨 일이 일어나는지는 더더욱 알지 못한다. 우리가 비로소 무언가를 보게 되더라도 각 세포의 고유한 작업은 우리가 미처 자각할 사이도 없이 이루어지게 되는 것처럼 말이다.

이해를 돕기 위해 뇌를 주식회사에 비유한 주식회사 모형을 보자. 미치오 카쿠가 제안한 이 모형을 따르면, 뇌에는 방대한 관료 체계와 일련의 지휘 계통이 존재한다. 방대한 정보들은 최하위 말단 사원에서부터 최상위 직급에 이르기까지 수시로 교환되지만, 맨 아래층의 말단 사원들은 아는 게 거의 없다. 중요한 정보는 위층으로 올라갈수록 확실하게 드러나고, 최종 결정은 CEO의 지시에 따라 확정 처리된다.

말단 사원은 자기가 맡은 일은 세세하게 알지만 나머지 일은 거의 모른다. 이것이 모듈성이다. CEO는 말단에서 일어나는 자잘한 일은 알지 못하지만 각 층에서 단계적으로 전달받은 중요한 정보를 취합해 최종적으로 결정을 내린다. 이것이 계층성이다. 이때 CEO에게 전달되는 정보와 CEO가 각 부서로 하달하는 정보는 너무 방대해서 여러 분기점으로 이루어진 네트워크를 택한다. 이것이 연결성이다.

계층에 따라 맡고 있는 역할이 서로 다른 기능의 단위가 모듈이고, 이 모듈은 개별적으로 작동하지 않고 서로 연결되어 일종의 네트워크를 이루는 게 연결성이다. 뇌 각각의 기능은 어떤 부위와 연결되는가에 따라 서로 다른 기능적 차이가 생겨나는 지형성으로 이어진다.

시각 겉질에 도달한 정보가 앞이마엽으로 전송되면 우리는 비로소 무언가를 보게 된다. 그리고 이로써 단기 기억이 형성된다. 이 정보는 다시 해마로 전송되어 약 24시간 동안 저장된다. 이 해마에서 기억 정보는 각각 분할되어 다양한 겉질로 흩어진다. 이때 우리는 오감을 통해 정보를 받아들이면서 대체로 감정까지 느낀다. 그렇다면 이때의 전체 정보량은 얼마나 될까? 상상하기조차 어려워진다. 해마는 이 모든 정보를 처리하여 간단한 영상 기억을 만들어 낸다. 문제는 이렇게 대단한 해마가 있는데도 우리가 눈을 통해 보는 것이 '환영'에 불과하고 '착시 현상'이 나타난다는 것이다. 왜 그런 걸까? 끊임없이 이어지는 연구에서 그 답을 기대해 보는 수밖에 없다.


**기억의 관문을 열어젖히다: 관자엽이라는 기억 저장소**


와일더 펜필드는 대뇌 겉질에 대한 연구를 계속해서 뇌와 몸을 연결하는 '전기 신호의 연결망 구조'를 알아낸다. 거기서 더 나아가 관자엽의 특정 부위에 자극을 주면 오래된 기억이 뚜렷하게 되살아난다는 사실도 알아낸다. 이렇게 해서 '기억의 어떤 측면이 뇌의 특정한 영역에 저장될 가능성이 있다'는 주장이 1948년 펜필드의 신경학 연구소에서 최초로 제기된다.

펜필드는 1951년에 관자엽이 기억 저장소라는 보고서를 발표해서 과학계에 큰 충격을 던진다. 그런데 이 발표는 즉각적인 반론에 부딪히기도 한다. 펜필드가 실험 대상으로 삼은 사람이 모두 뇌전증 환자였기 때문이다.

구체적인 이유를 보면 이렇다. 반 이상의 사례에서 자극으로 유발된 정신 경험이 뇌전증 발작에 따르는 환각적인 정신 경험과 동일하게 나타났고, 보고된 내용이 기억이라기보다는 꿈에 가까웠으며, 펜필드가 전극으로 자극을 가한 특정 부위의 뇌 조직을 제거해도 환자의 기억이 없어지지 않았기 때문이다.

관자엽이 기억 저장소라는 펜필드의 주장은 신경외과 의사인 윌리엄 스코빌William Scoville과 심리학자인 브렌다 밀너Brenda Milner가 직접적인 증거를 가지고 입증하게 된다. 이 직접적인 증거란 H.M.이라는 약자로 널리 알려지게 되는 뇌전증 환자를 말한다.

앞이마를 꿰뚫리고도 살아나 이마엽의 힘을 보여 준 피니어스 게이지의 경우처럼 헨리 몰레이슨Henry Molaison은 기억에 대해 아주 많은 것을 알려 준다.

## H.M.이 잃어버린 기억을 찾아서: 관자엽에서 해마로

H.M.(이하 HM으로 칭함)은 9세 때 자전거를 탄 사람과 부딪혀서 머리를 다친 뒤에 간헐적으로 경련을 일으키는 증세를 보이다가 결국 뇌전증으로 판명받는다. 의식 장애를 일으키는 대발작을 겪으면서도 고등학교를 마치고 자동차 회사에서 일했지만, 처방받은 약이 소용없을 정도로 병세가 악화되고 만다.

당시 27세인 HM의 증세를 진단한 윌리엄 스코빌은 그의 뇌전증이 관자엽에서 기인한 것으로 보고, 발작의 원인이 되는 부분을 제거해도 별 지장을 주지 않을 거라고 판단해, 관자엽 안쪽 표면과 관자엽 안쪽에 깊숙이 들어 있는 해마를 절제하게 된다.(실제로 절제한 부분은 좌우 반구의 관자엽 일부와 해마의 3분의 2가량과 그 주변 조직으로, 면적이 8cm×6cm이고 편도체가 포함된 것으로 알려져 있다.)

1953년 9월에 이루어진 수술은 성공적이었고, 실제로 HM의 발작 증세는 많이 완화된 것으로 나타난다. 그런데 얼마 안 가 그에게 문제가 생긴 것이 발견된다. HM이 수술 후에 새로 알게 된 사실이나 사람을 잘 기억해 내지 못하는 증세를 보인 것이다.

HM은 지각 능력이나 언어 구사에는 별다른 문제를 보이지 않았고 성격도 예전과 달라지지 않았다. 그런데도 식사를 하고 한 시간도 채 지나지 않아 자신이 무엇을 먹었는지 기억하지 못하는 증세를 보이다가 나중에는 식사를 했다는 사실조차 잊어버리게 된다.

1955년 3월에는 바로 몇 분 전에 만나서 이야기까지 나눈 사람을

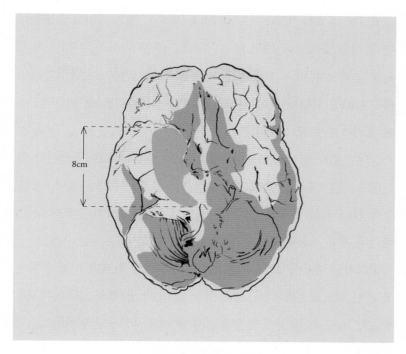

**H.M.이 잃어버린 뇌 영역**

알아보지 못하게 된다. 새로운 기억이 몇 분밖에 지속되지 않았다는 뜻이다. 그 즈음 HM은 거울을 볼 때마다 깜짝깜짝 놀라게 된다. 거울에 비친 그 자신의 모습이 그의 기억 속에는 없는 모습이었기 때문이다. 이때 매우 신기한 사실은, 수술을 받기 전인 27세 때까지의 자기 모습은 분명히 기억하고 있었다는 점이다. 그래서 예전의 자기 모습만 기억하고 있던 HM은 거울을 볼 때마다 자신의 바뀐 모습을 보고 놀라게 된 것이다. 또 자신이 거울에 비친 자기 모습을 보고 놀랐다는 그 사실조차도 금방 잊어버리고 만다.

이러한 증세가 새로운 단기 기억을 새로운 장기 기억으로 변환하는 능력을 잃어버린 데서 나온 것으로 판명되기까지, HM에 대한 관찰과 연구는 여러 방면에 걸쳐 지속적으로 이루어진다. 그 중심에는 HM을 담당한 의사 윌리엄 스코빌과 몬트리올 신경학 연구소의 심리학자 브렌다 밀너가 있다.

밀너는 HM을 30년에 걸쳐 매달 관찰한다. 그리고 그 결과를 일련의 논문을 통해 상세히 밝히고 있다. 그중 주목할 내용은, 수술 후에 HM이 잃어버린 기억과 보유하고 있는 기억을 발견하고, 그 각각의 기억 기능과 관련된 뇌 영역을 밝힌 점이다.

구체적인 내용을 보면, HM은 몇 분 동안만 지속되는 단기 기억을 지닌 것으로 나타난다. 예를 들면 긴 숫자 열이나 시각 이미지를 학습한 뒤에 몇 분 동안은 쉽게 기억해 냈고, 너무 길게 이어지거나 화제가 복잡하지 않은 대화에도 별 무리 없이 참여했다. 이때 HM이 보유한 단기 기억은 나중에 '작업 기억working memory'으로 불리게 된다. 수술할 때 제거하지 않은 앞이마엽 겉질이 그 단기 기억 기능에 관여한다는 사실도 나중에 밝혀진다.

또한 HM은 수술을 받기 전에 일어난 일에 대해서는 거의 다 기억한 것으로 나타난다. 언어 구사에 지장이 없었고, 지능도 좋았으며, 특히 어린 시절의 일들을 생생히 회상한 것으로 나타난다.

HM이 잃어버린 것은 새로운 단기 기억을 새로운 장기 기억으로 변환하는 기능이다. 그래서 거울 속의 자기 모습을 알아보지 못했을 뿐만 아니라 30년 동안이나 매달 만난 밀너를 단 한 번도 알아보지 못한 것이다.

HM에 대한 체계적인 관찰과 연구를 바탕으로 밀너는 기억의 생물학적 토대에 관한 세 가지 원리를 이끌어 낸다. 첫째, 기억은 다른 인지 능력과 분명하게 구별되는 별개의 정신 기능이라는 것이다. 둘째, 단기 기억과 장기 기억은 따로따로 저장될 수 있으며 안쪽 관자엽, 특히 해마를 잃으면 새로운 단기 기억을 새로운 장기 기억으로 변환하는 기능을 잃게 된다는 것이다. 셋째, 적어도 한 가지 유형의 기억은 뇌의 특정 부위에 할당된다는 것이다.

이 중요한 원리를 도출하기까지, 밀너는 1948년 펜필드의 신경학 연구소에서 최초로 제기된 '국소 기능 이론'(뇌의 특수한 기능들은 신경계의 특수화된 부분들에서 수행된다는 이론으로 '기능 국소화 이론' 혹은 '뇌 기능 국재설'이라고도 함)에서 영향을 받아 기억이 뇌의 특정한 영역에 저장된다는 것을 알아낸 바 있다.

그 이해를 바탕으로 각각의 기억과 관련된 뇌 영역을 추적하고 관찰해 나간 결과, 관자엽 안쪽과 해마가 손상되면 새로운 장기 기억을 저장하는 능력에 장애가 생기지만 다른 영역을 잃으면 그런 장애가 일어나지 않는다는 것을 밝혀낸 것이다.

거기서 더 나아가 HM이 수술 전에 일어난 사건을 기억한다는 사실을 통해 안쪽 관자엽과 해마가 영구적인 기억 저장소가 아니라는 것을 입증해 보인다. 겉질의 특정한 영역으로 각각 보내져 장기 저장에 들어간 기억은 더 이상 해마에 남아 있지 않다는 그 중요한 사실은 이렇게 해서 밝혀진다.

1962년에 밀너는 기억의 생물학적 기초에 대한 원리를 또 하나 증명한다. 기억의 유형이 하나가 아니라는 게 그것이다. 즉, 해마가 필요한 '의식적 기억' 말고도 해마와 안쪽 관자엽 바깥에 자리 잡은 '무의식적 기억'이 존재한다는 것을 입증한다.

이러한 입증은 HM이 무언가를 새로 배울 수 있고 또 배운 것을 장기간 기억할 수 있다는 사실을 발견하는 데서 시작된다. 그 중요한 발견을 하기 전까지, 밀너는 HM의 기억 손상이 너무 심해서 어떠한 단기 기억도 장기 기억으로 변환시킬 수 없을 거라고 생각했다. 각종 검사와 관찰을 수없이 반복했어도 HM에겐 모두 처음 겪는 경험으로 나타났고, 무엇보다 기억력을 필요로 하는 테스트에서 형편없는 결과를 보였기 때문이다. 그런데 HM은 거울에 비친 그림을 그리는 작업에서는 다른 결과를 보였다. 거울에 비친 글자나 그림의 형태는 좌우가 반대로 나타나기 때문에 반복 연습을 거쳐야 익숙하게 따라 할 수 있다. 대부분의 사람들은 어느 정도 연습하면 능숙해지는데, HM도 같은 결과를 보인 것이다. HM이 거울에 비친 별을 그리는 솜씨가 나날이 발전하는 걸 보면서(그럼에도 HM은 바로 전날에 자신이 그리기 과제를 수행한 사실은 여전히 기억하지 못했다) 밀너는 그림을 그리는 것이 HM이 온전히 보유하고 있는 여러 능력 중 하나라는 사실을 알게 된다. 나중에 HM은 피아노 치는 법을 배워서 새로운 곡도 치게 된다.

이후 밀너는 HM뿐만 아니라 해마와 관자엽 안쪽에 손상을 입은 다른 사람들도 대체로 그림 그리기나 피아노 치는 능력을 보유하고 있다는 사실을 알아낸다. 곧, 관자엽 안쪽이나 해마에 의존하지 않는 장기 기억이 또 하나 존재한다는 것을 발견한 것이다.

앞서 짚었지만, 기억의 종류와 유형은 매우 다양하다. 해마를 필요로 하는 기억은 '의식적인 기억'이자 '외현explicit 기억'이다. 해마와 안쪽 관자엽 외부에 자리 잡은 기억은 '무의식적 기억'이자 '암묵implicit 기억'이다. 이 구분은 1950년대에 인지심리학의 창시자인 제롬 브루너Jerome Bruner가 제안했다. 지금도 유용하게 쓰이는 이 유형은 행동을 근거로 구분됐다. 그런데 밀너는 서로 다른 생물학적 구조를 필요로 하는 기억의 유형이 명확하게 존재한다는 사실을 HM 사례를 통해 입증해 보인 것이다.

뇌의 특정 영역이 특정한 유형의 기억에 필수적이라는 발견은 서로 다른 기억이 어디에서 처리되고 저장되는가를 보여 주는 최초의 증거가 된다. 이렇게 해서 정신분석의 생물학적 토대를 최초로 밝힌 밀너의 연구는 이후 과학자들에게, 특히 기억을 연구하려는 과학자들에게 큰 영향을 끼치게 된다.

실제로 에릭 캔들 같은 후학들이 밀너에게 바치고 있는 찬사를 보면, 과학은 혼자 하는 게 아니라는 사실을 절로 느끼게 된다. 기존 연구에서 영향을 받아 거기에서 자신의 해결 방안을 모색하고, 나아가 다른 연구자들이 개발한 연구 방법을 활용해 자신의 이론을 증명해 나가는 것이 과학의 길이라는 것을 말이다.

하늘 과학의 길은 생각보다 험난한 것 같아. 하나의 문제가 해결되자마자 또 다른 문제가 기다리고 있는 걸 보면! 관자엽이 기억 저장소라는 주장에 대해 즉각적인 반론이 제기되었을 때 펜필드 박사 기분이 어땠을까?

바다 난 펜필드 하면 뇌 난쟁이 지도만 떠올라. 호문쿨루스 지도를 본 뒤로 친구 녀석들 입술이며 손만 대문짝만하게 보여서 예민한 내 감각 시스템이 고생 좀 했거든.

하늘 언제는 네 친구들 머리가 쭈글쭈글한 겉질로 보여서 고생이라더니.

바다 내가 남다르게 예민하다는 사실도 네 해마를 거쳐 겉질에 잘 넣어 주길 바란다. 가능하면 펜필드 아저씨가 관자엽이 기억 저장소라는 주장을 최초로 제기했다는 그 기억 옆에다가.

하늘 그 주장이 반대에 부딪혔을 때 펜필드 박사도 지금의 나만큼이나 어이없었겠지?

바다 그 주장을 지지하는 과학자들이 적지 않아서 그렇게 어이없지는 않았을걸. 근데 밀너 아주머니는 좀 무시무시하지 않냐? 어떻게 HM 아저씨를 30년 동안이나 관찰할 수 있지?

하늘 뇌 과학사에서 30년 추적 연구는 기본인 것 같아. 수십 년이나 공들인 연구가 허탕으로 끝나는 경우도 많지만, 포기하지 않고 그 연구에 매진하는 경우도 적지 않고. 밀너 박사처럼 뇌 과학사에 길이 남을 원리를 이끌어 내고 또 임상 사례를 끈질기게 파고들면 많은 걸 배울 수 있다는 걸 보여 주기엔 30년도 길지는 않은 것 같아.

**바다** 그 30년 추적으로 기억에 관한 건 어느 정도 해결된 건가?

**하늘** 이제부터 시작 아닐까? 기억의 저장 원리에서 가장 중요한 문제가 남아 있으니까.

**바다** 밀너 아주머니의 30년 연구도 기억이 어디서 처리되고 저장되는지를 보여 주었을 뿐이고, 기억이 어떻게 저장되는지는 해결되지 않았다는 얘기지?

**하늘** 그래 맞아. 이제 기억의 저장 원리를 둘러싸고 과학계에서 계속해서 질문을 던지고 또 끊임없이 그 답을 찾아 나가는 과정을 따라가 볼 차례야.

**바다** 그래서 지금 그 책을 끌어안고 있는 거냐?

**하늘** 좀 어렵지만 『기억을 찾아서』를 볼 필요가 있어. 우리 정신의 근원을 알려고 과학자의 길로 들어서서 '정신의 생물학'이라는 새로운 지평을 열기까지 에릭 캔들 박사가 한순간도 놓치지 않았던 게 이거니까. 기억이란 무엇인가!

# 새로운 정신과학의 출현

　뇌 과학의 역사는 DNA 구조가 발견되면서 새로운 단계로 접어듭니다. DNA 구조의 발견이 분자생물학의 서막을 열어젖혔다는 뜻이지요. 분자생물학은 신경 세포 안에서의 유전자와 단백질 활동에 집중한 결과, 유전자가 대물림의 단위이며 진화론적 변화의 추진 원리라는 걸 깨닫게 됩니다. 또 유전자가 만들어 내는 단백질이 세포 기능의 요소라는 것도 알아내지요. 이러한 중요한 발견을 토대로 모든 생명체의 공통점이 밝혀지게 됩니다.

　분자생물학의 탄생은 1850년대로 올라갑니다. '유전학의 아버지'로 '멘델의 법칙'을 낳은 그레고르 멘델Gregor Mendel, 1822~1884이 유전 정보가 대물림된다는 것을 처음 깨달은 그때로 말이지요.

　1876년에 독일의 동물학자 오스카 헤르트비히Oskar Hertwig는 현미경으로 성게의 수정 과정을 연구하는 과정에서, 유성 생식을 하는 생물의 경우는 모계뿐만 아니라 부계로부터도 고루 유전적 성질을 물려받는다는 것을 알게 됩니다.

　1915년에 토머스 헌트 모건Thomas Hunt Morgan은 초파리에서 각각의 유전자가 염색체의 특정한 자리에 있다는 것을 발견합니다. 이 발견은 고등한 유기체에서 염색체들은 두 개씩 쌍을 이룬다는 발견으로 나아갑니다. 그리고 한 쌍을 이룬 두 염색체 중 하나는 모계에서 오고 다른 하나는 부계에서 온다는 것도 알아냅니다. 즉 자식은 부모가 지닌 유전자의 복제본을 지닌다는 거지요.

1935년에 역사상 가장 난해한 미스터리이자 실체의 정의를 근본부터 뒤흔든 역설로 길이 남을 '고양이 역설'을 제안한 에르빈 슈뢰딩거Erwin Schroedinger는 1942년에 인간을 다른 동물과 구별 짓는 것은 유전자의 차이라고 주장합니다. 이어 생물학적 정보를 다음 세대로 전달하는 과정은 염색체의 복제와 유전자의 발현을 통해 이루어진다는 연구 결과를 발표합니다. 양자 역학의 새로운 장을 연 공로로 1933년에 노벨 물리학상을 받은 슈뢰딩거의 연구는 물리학자들의 관심을 사로잡게 되고, 마침내 유전자의 정체가 무엇인가 하는 질문이 생물학계의 중심으로 떠오르게 됩니다.

1944년에 세균학자인 오스왈드 에이버리Oswald Avery 연구진은 유전자가 단백질이 아니라 디옥시리보핵산deoxyribonucleic acid, 즉 DNA로 이루어졌다는 획기적인 발견을 하게 됩니다.

그리고 1953년 제임스 왓슨James Watson과 프랜시스 크릭Francis Crick은 DNA가 서로를 나선 모양으로 감는 두 개의 긴 가닥으로 이루어졌다는 구조 모형을 《네이처》에 발표합니다. 또 유전자의 핵심 기능이 복제라는 슈뢰딩거의 연구에서 단서를 잡아서 단백질 합성의 메커니즘을 제안하고, 마침내 DNA는 RNA를 만들고 RNA는 단백질을 만든다는 분자생물학의 중심 교리를 세웁니다.

DNA 구조의 발견으로 새로운 단계로 접어든 생물학은 '새로운 목표'로 눈을 돌리게 됩니다. '인간 정신의 생물학적 본성을 이해하기로 한 것'이 바로 그것이지요. 에릭 캔들의 표현을 빌리면 새로운 목표는 '최고의 목표'가 되고, 그 목표로 나아가는 시점에서 생물학은 '새로운 정신과학'으로 불리게 됩니다.

새로움은 때로 혁명을 동반하지요. 정신 과정에 대한 연구에서 생물학이 중심적인 역할을 하게 된 것은 새롭고도 혁명적인 일이었고, 특히 다음의 두 가지 점에서 그렇습니다.

하나는, 19세기 중반에 나온 다윈의 진화론에서 더 나아가 인간의 몸뿐 아니라 정신 및 정신 과정도 하등한 동물 선조들로부터 점진적으로 진화했다는 점입니다. 또 하나는, 뇌와 정신은 분리되지 않는다는 것으로, 정신은 추상적이고 비물질적인 정신 작용이 아니라 신경 세포들의 분자적인 신호 전달 경로로 설명해야 하는 생물학적 과정이라는 점이지요.

새로운 생물학은 뇌 속의 특수한 신호 전달 분자들이 수백만 년간의 진화 기간에도 계속 사용되었고, 그중 몇몇은 우리의 가장 오래된 동물 선조들의 세포 안에도 존재했다고 봅니다. 우리와 진화적으로 가장 먼 단계의 원시적인 친척들인 박테리아, 효모, 지렁이, 파리, 달팽이 같은 단순한 다세포생물에서도 그 분자가 발견된다는 거지요. 즉, 여타 생물들도 인간이 환경에 적응하기 위해 사용한 것과 똑같은 분자를 사용해서 자신들의 환경에 적응해 왔다는 것입니다.(이 논리에 대해 우리가 앞서 본 스티븐 핑커 같은 경우는, 신경 세포의 분자 같은 하드웨어적인 특징이 동물계 전체에 널리 보존되어 온 건 사실이지만, 생명체가 종마다 인지적으로나 감정적으로나 서로 전혀 다른 삶을 살기 때문에 하등동물의 신경 세포를 분석해 봤자 우리 마음을 알 길이 없다는 주장을 편다.)

이러한 논리 아래 생쥐mouse나 흰쥐rat, 고양이, 원숭이 같은 동물에서 복잡한 정신 과정이 공유한 요소를 찾으려 합니다. 이 접근법은 달팽이, 꿀벌, 초파리 같은 하등동물로도 확장됩니다. 실제로 인간 게놈genome에서 발현되는 유전자의 절반은 예쁜꼬마선충이라 불리는 선형동물, 초파리, 군소 같은 단순한 무척추동물에도 존재합니다. 쥐는 인간 게놈 암호 서열의 90퍼센트 이상을, 침팬지 같은 고등한 유인원은 98.5퍼센트를 똑같이 가지고 있고요.

그래서 현재 과학자들은 나머지 1.5퍼센트 중에 사람과 침팬지를 구별하는 유전자가 반드시 존재한다고 믿을 뿐만 아니라 몇 년 안에 인간에게만 있는 유전자를 골라낼 것으로 기대하고 있지요. 이 연구가 완료되면 인류의 진화 과정을 비롯해 지능의 근원을 알 수 있고 지능의 비밀과 관련된 유전자도 자연스럽게 밝혀지기 때문에 과학자들은 뇌의 진화와 관련 있는 유전자에 특별한 관심을 두고 있습니다. 그중엔 앞서 본 캐서린 폴라드도 있고요.

폴라드의 연구는 인간과 침팬지의 유전적 차이를 알기 위해 게놈에서 DNA 염기 서열을 규명하는 것인데, 이 작업은 생물정보학의 덕을 톡톡히 보았습니다.(생물정보학은 불과 10여 년 전에 나왔는데 컴퓨터를 이용해 유전자를 수학적으로 분석하는 방법으로 획기적인 성과를 내고 있다. 뇌 과학에서 슈퍼컴퓨터를 이용한 수학적 분석은 앞으로 더 활발해질 것으로 보인다.)

　유전자 염기쌍 중 사람과 침팬지가 다른 부분은 1,500만 개뿐이고 총 염기쌍이 30억 개인 것에 비하면 아주 적은 수이지만, 체계적으로 분석하자면 1,500만 개는 엄청난 수입니다. 그래서 인간 게놈 대부분이 '잉여 DNA'이고 진화의 영향도 거의 받지 않은 점에서 실마리를 잡아 인간 게놈에서 빠르게 변형이 일어난 지점만을 분석한 결과, HAR1에 있는 118개의 염기쌍이 진화를 유도한 주인공이라는 걸 알아낸 겁니다.

　이런 방식으로 현재 과학자들은 인간의 지능이 높아지게 된 생물학적 원리를 빠르게 밝혀 나가고 있습니다. 알다시피 우리 인간 게놈은 약 23,000개의 유전자로 이루어져 있습니다. 그런데 이 유전자들이 어떻게 수백억 개가 넘는 신경 세포들과 100조에서 1,000조 개나 되는 시냅스를 제어하는 걸까요?

　수학적으로 생각하면 도저히 불가능해 보이는 우리의 게놈이 신경 세포의 모든 네트워크를 거의 완벽하게 통제할 수 있는 첫 번째 이유는 이렇습니다. 뇌가 형성되는 과정에서 다양한 '지름길'이 도입되었기 때문이지요. 이는 진화 과정뿐만 아니라, 신생아의 신경 세포가 무작위로 연결된 상태에 있다가 주변 환경과 상호 작용을 하면서 특정한 연결 부위가 강화되는 것을 봐도 알 수 있습니다.

　두 번째 이유는, 자연의 모든 것이 그렇듯이 우리 뇌도 스스로 반복하는 패턴을 가지고 있다는 겁니다. 자연은 유용한 게 있으면 그것을 계속해서 반복하는 경향이 있는데, 특히 지난 600년간 인간의 지능이 폭발적으로 증가하는 과정에서 유전자의 극히 일부만 변한 것도 같은 논리로 설명할 수 있다는 거지요.

그러나 인간과 침팬지의 유전적 차이가 밝혀지는 게 시간문제라 해도, 여전히 의문이 남습니다. 진화나무에서 인간이 원숭이와 분리된 뒤에 우리가 지금과 같은 지능으로 진화하도록 이끈 원동력은 무엇일까요? 유전학으로 인간이 똑똑해진 과정을 설명할 수는 있지만, 왜 그렇게 되었는가에 대한 원리는 설명할 수 없다는 뜻입니다.

분자생물학자들은 진화 속에서 유전자와 단백질이 보존된다는 경이로운 사실을 밝혀내기까지, 단순하다는 장점이 있는 무척추동물의 뇌세포를 실험 모델로 쓰면서 주목할 만한 성과를 냅니다. 1963년에 노벨 생리의학상을 받은 앨런 호지킨Alan Hodgkin과 앤드루 헉슬리Andrew Huxley가 1930년대부터 유럽창꼴뚜기의 일종인 오징어의 축삭 돌기를 사용한 경우가 그거지요. 2000년에 노벨 생리의학상을 받은 에릭 캔들은 1960년대부터 바다달팽이의 일종인 군소를 사용한 경우고요.

에릭 캔들이 브렌다 밀너가 쓴 HM에 대한 논문을 읽고 기억이 어디에 저장되는가를 알게 된 1957년에 던진 질문을 보면 그 연구의 출발점을 알 수 있습니다. 다시 말해, 기억이 어떻게 형성되는지를 탐구하는 첫걸음은 이런 질문에서 시작됩니다. '기억 저장에 참여하는 신경 세포들은 다른 세포와 구별되는 특징을 가지고 있을까? 해마의 신경 세포들(기억 저장에 결정적인 역할을 한다고 생각한 세포

들)은 포유류 중추 신경계에서 유일하게 연구가 잘된 척수 운동 세포와 생리학적으로 다를까?'

해마의 신경 회로가 어떻게 기억 저장에 영향을 미치는가를 이해하려면 감각 정보가 어떻게 해마에 도달하는지를 알아야 합니다. 또 해마에서 감각 정보가 어떻게 처리되고 해마를 떠난 감각 정보는 어디로 가는지도 알아야 하는데, 당시엔 어떻게 감각 자극이 해마에 도달하고 또 그 자극을 해마가 어떻게 다른 영역으로 보내는지에 대해 알려진 게 아무것도 없었지요. 그래서 캔들은 고양이 해마의 추체 세포를 통해 감각 자극이 이 추체 세포의 점화(활성화)에 어떤 영향을 미치는지를 알아내는 실험을 하게 되지만, 해마의 신경 세포 연결망을 알아내는 일은 아주 오랜 시간을 필요로 한다는 것을 깨닫게 됩니다. 당시 호지킨 같은 과학자들이 시냅스 전달을 연구할 때 쓴 환원주의 전략이 기억 연구에도 유효하다는 것도 이때 알게 됩니다. 그래서 기억 저장의 원리를 알기 위해 단순한 신경계를 가진 동물의 기억 저장 사례를 연구하는 쪽으로 방향을 잡고 단순한 신경 회로를 지닌 실험동물을 찾게 됩니다.

그런데 1960년대 전후엔 대부분의 생물학자들이 실험동물의 행동 연구를 하는 환원주의 전략을 꺼린 것으로 나타납니다. 이유는 간단합니다. 그런 연구가 인간의 행동과는 전혀 무관하다고 생각했고, 인간 두뇌의 기능적 조직은 단순한 동물의 뇌와는 전혀 다르다는 게 당시의 지배적인 믿음이었기 때문이지요. 뇌의 정신 과정에 대해 식견을 가진 심리학자나 정신분석가조차도 환원주의 방법에 회의적이었고, 더구나 학습과 기억 같은 고등한 정신 과정을 무척추동물의 신경 세포에서 발견하겠다는 자신의 견해가 노골적으로 폄하당하는 상황에서 캔들은 결국 군소Aplysia를 만나게 됩니다. 기억 연구에 근본적인 방식으로 접근하고 싶었던 그가 군소를 만나고 얼마나 행복해했는지는 이런 표현만 봐도 알 수 있습니다.

　　미국 군소는 길이가 30센티미터가 넘고 무게는 몇 킬로그램까지 나간다. 나는 과학자 생애의 거의 전부를 그 녀석을 연구하며 보냈다. 녀석은 자기가 먹는 해조류처럼 적갈색을 띠는데, 몸집이 크고 자부심이 세고 매력적이며 확실히 지능이 높다. 학습 연구의 대상으로 삼기에 딱 좋다! 내가 군소에 주목한 것은…… 뇌가 약 2만 개의 세포로 이루어졌기 때문이다. 포유류의 뇌세포가 1,000억 개인 것에 비하면 엄청나게 적다. …… 게다가 군소의 세포들 중 일부는 동물계에서 가장 커서 그 안에 작은 전극을 삽입해 전기 활동을 기록하기도 쉽다. …… 군소의 신경계에 있는 일부 세포들은 50배나 커서 맨눈으로도 볼 수 있다.

(『기억을 찾아서』, 168~169쪽)

　　캔들의 새로운 정신과학은 군소와 함께 1960년대에 첫발을 뗄 때는 걸로 나타납니다. 이렇듯 새로운 정신과학을 짚어 보는 이유는 '최근에 인간의 정신세계에 대해 아주 많은 사실을 새롭게 알게 된 게 지난 50년 동안 일어난 생물학의 극적인 발전에 힘입은 두뇌생물학 덕'이라는 주장을 알아보기 위해서입니다.

좀 더 알아보면, DNA 서열 확인 이후 분자생물학에서 이루어진 핵심적인 진보는 DNA 재조합 및 복제 기술의 탄생이라고 할 수 있지요. 바로 이 기술이 생명 현상을 관장하는 근본 물질인 유전자를 확인하고 그 기능을 알아낼 수 있게 했는데, 이것은 뇌 속의 유전자 경우도 마찬가지입니다.

이 기술의 첫 단계는 사람이나 쥐나 달팽이에서 연구하려고 하는 유전자, 곧 특정 단백질의 암호인 DNA 조각을 분리하는 일입니다. 이 과정에 앞서 염색체상에서 그 유전자의 자리를 알아낸 다음 분자적인 가위인 효소를 이용하여 DNA의 적당한 위치를 잘라 냅니다. 그다음 단계에서 그 유전자의 복제본을 여러 개 만드는 복제cloning가 이루어지고, 그 과정에서 잘라 낸 유전자의 양 끝을 박테리아 같은 다른 유기체의 DNA 구간에 붙여 재조합 DNA를 만듭니다. 마지막 단계는 그 유전자가 암호화한 단백질이 무엇인지를 알아내는 일인데, 이 작업은 유전자의 분자적 구성 요소인 뉴클레오티드nucleotide의 서열을 읽어 냄으로써 이루어집니다.

1972년에 처음으로 재조합 DNA 분자를 만드는 데 성공한 과학자는 생화학자인 폴 버그Paul Berg입니다. 유전자 조작을 통한 유전공학 시대를 연 공로로 1980년에 노벨상도 수상합니다. 1973년에 허버트 보이어Herbert Boyer와 스탠리 코언Stanley Cohen은 폴 버그의 기법을 발전시킨 유전자 복제 기술을 개발합니다. 특히 보이어는 1980년에 인간 인슐린 유전자를 박테리아 게놈에 붙이는 데 성공합니다. 이로써 인간 인슐린을 무한정 얻을 길이 열린 동시에 생명 공학 산업이 탄생합니다. 제임스 왓슨은 이 성취를 신의 역할에 비유한 바 있습니다.

그 얼마 후에 분자생물학적 통찰을 뇌 연구에 적극적으로 받아들인 신경 과학자들이 등장하게 됩니다. 지난 50년 동안 일어난 두뇌 생물학의 발전에 힘입어 인간의 정신세계에 대해 아주 많은 사실을 새롭게 알게 되었지만, 에릭 캔들은 새로운 정신과학은 기억 저장에 대한 연구에서 현재 거대한 산악 지대의 가장자리에 도달했을 뿐이라고 합니다. 기억 저장의 몇 가지 세포적·분자적 메커니즘을 이해했을 뿐이고, 이 메커니즘으로부터 기억 시스템 원리의 속성으로는 나아가지 못했다는 뜻이지요.

이를 다시 말하면 이렇습니다. 우리가 어떻게 복잡한 경험(무의식과 의식을 포함한 경험)을 지각하고 회상하는지를 알려면 우리의 신경 연결망이 어떻게 조직되는지를 알아야 한다는 겁니다. 또 의식적 자각과 그에 따른 주의 집중이 어떻게 그 연결망 속 신경 세포들의 활동을 조절하고 재구성하는지도 알아내야 한다는 뜻입니다.

이 복잡한 과제를 풀기 위해 생물학은 앞으로도 인간은 물론 인간이 아닌 영장류와 설치류, 무척추동물에 더 집중할 필요가 있다는 뜻도 됩니다. 이를 위해서는 개별 신경 세포들의 활동과 신경 연결망들의 활동을 분해할 수 있는 뇌 영상화 기법 같은 기술이 필요하고요. 이제 지금까지 말한 내용을 하나하나 살펴볼 차례입니다.

# 2.
# 기억 해독의
# 역사와 모형

**바다** 신비의 매직 넘버 알지? 7±2!

**하늘** 잘 모르겠어.

**바다** 단시간에 기억 가능한 숫자 범위가 7±2란다. 조지 밀러George Miller라는 심리학자가 기억이 사람마다 다른 걸 알고, 단기 기억에서도 그런지 실험하다 알게 된 수라는데 끝내주지 않냐?

**하늘** 「신비의 수 7±2」라는 논문이 나온 1956년 무렵엔 끝내준 것 같더라. 그 수를 실생활에 적용하려는 시도도 꽤 많았다니까.

**바다** 어라? 매직 넘버를 모른다고 하지 않았냐?

**하늘** 그 원리를 잘 모르겠다는 뜻이었어. 자료를 봐도 잘 모르겠더라고. 그리고 7±2라는 수는 이제 유효하지 않은 것 같아.

**바다** 신비의 매직 넘버가 틀렸다는 소리야? 무슨 근거로?

**하늘** 2001년에 맥스 코완Max Cowan이라는 박사가 쓴 논문엔 실제

단기 기억 용량이 7±2보다 더 작은 걸로 나와. 미리 연습을 하지 않는 경우엔 단시간에 기억할 수 있는 용량이 네 개 정도래. 최근엔 이 논문을 지지하는 의견이 많은 것 같아.

**바다** 메모리의 여왕이 모르는 게 있다 했다! 나도 메모리카드 대열에 합류해야 하는 게 아닌지 고민해 봐야겠는걸!

**하늘** 바람직한 생각이 또 얼른 사라지기 전에 이 그림부터 보자.

**바다** 에빙하우스의 망각 곡선이군. 학습하고 나서 10분이 지나면 망각이 시작돼서 1시간이 지나면 50퍼센트를 잊어버리고 하루 지나면 70퍼센트, 한 달 뒤엔 80퍼센트 넘게 망각한다는 거잖냐.

**하늘** 난 망각보다는 기억을 오랫동안 유지하는 데 복습이 중요하다는 걸로 받아들였어. 배우고 나서 10분 뒤에 복습하면 하루 동안

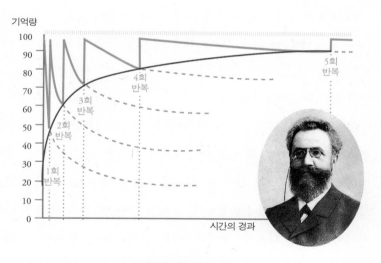

**에빙하우스의 망각 곡선**

기억이 유지된다는 뜻으로. 하루 지나고 다시 복습하면 1주일가량
이나 기억되고, 1주일 뒤에 다시 복습을 하면 한 달이나 기억된대.
한 달 뒤에 다시 복습하면 6개월 이상의 장기 기억으로 전환된다니,
신기하지 않아?

바다 그게 왜 그런 거지? 기억 저장의 원리를 알고 싶게 만드네.

하늘 그렇지? 기억의 근본적인 특징 중 하나는 여러 단계를 거쳐서
기억이 형성된다는 거야. 그런 뜻에서 단기 기억과 장기 기억을 비
롯해서 기억의 유형부터 공부하는 게 어떨까?


## 기억 나누기의 정석: 단기 기억과 장기 기억


1885년에 실험심리학의 선구자인 헤르만 에빙하우스Hermann
Ebbinghaus, 1850~1909는 기억에 대한 분석을 실험 과학으로 바꾸어
놓는다. 이는 그 당시 실험 기법을 도입한 감각 지각 연구에서 큰
영향을 받은 것으로 보인다.

에빙하우스는 새로운 정보가 어떻게 기억되는지를 알기 위해 피
험자에게 무의미한 단어를 학습시키는 방법을 고안해 낸다. 세부
방법은 이렇다. 먼저 피험자가 이미 알고 있는 연결망에 들어맞지
않는 단어 목록을 2,000개 이상 만들고, 카드에 그 단어를 하나씩
적어서 잘 섞은 다음에, 무작위로 카드를 뽑아서 피험자에게 7개에
서 36개의 단어 목록을 일일이 암기하게 하는 방식이다.

과제가 복잡하고 어려워서 에빙하우스는 자신을 피험자로 삼아 실험을 거듭한 끝에 두 가지 원리를 얻게 된다.

첫째, 연습을 하면 할수록 기억이 점점 더 완벽해진다는 것이다. 이는 첫날 연습한 횟수와 이튿날 기억한 단어 개수 사이에 비례 관계가 성립하는 걸로 나타난다. 그에 따라 장기 기억은 단지 단기 기억의 확장인 것처럼 보인다.

둘째, 단기 기억과 장기 기억의 메커니즘은 유사한 것으로 보이지만, 6~7개 단어는 한 번의 훈련만으로도 학습하고 기억할 수 있는 반면, 그보다 긴 목록은 반복적인 훈련이 필요하다는 것이다. 그에 따른 망각 곡선을 그리는 과정에서 에빙하우스는 망각에는 최소한 2단계가 있다는 것을 발견한다. 학습하고 나서 한 시간 안에 기억 감퇴가 급속히 진행되고, 그다음엔 약 한 달에 걸쳐 점진적으로 진행된다는 게 주요 내용이다.

1890년에 윌리엄 제임스William James는 에빙하우스의 2단계 망각 이론에 기초하여 기억에 두 가지 과정이 있다는 결론을 내린다. '1차 기억'인 단기 기억과 '2차 기억'인 장기 기억이 그것이다.

그 뒤를 이은 심리학자들은 장기 기억을 이해하고자 오늘날 '장기 고착화consolidation'라고 부르는 과정을 이해하기 위한 단계로 나아간다. 장기 저장에 대한 단서는 1900년에 독일의 심리학자 게오르크 뮐러Georg Müller와 알폰스 필체커Alfons Pilzecker가 최초로 알아낸다. 그 실험에 에빙하우스가 고안한 기법을 이용했는데 다음과 같은 방법이다.

먼저, 일군의 피험자에게 무의미한 단어 목록을 학습시키고 24시간 뒤에도 기억할 수 있게 충분히 연습시키자 그것을 쉽게 수행한다. 두 번째 군에게도 같은 목록으로 학습을 시켰는데, 첫 목록을 학습한 직후에 또 다른 목록을 학습시키자 24시간 후에 첫 목록을 기억하는 데 실패한다. 반면에 세 번째 군은 24시간 후에도 첫 목록을 기억하는 데 어려움이 없었는데, 첫 목록을 학습하고 2시간이 지난 뒤에 둘째 목록을 학습시킨 결과이다.

학습 내용이 장기 기억으로 고착되려면 얼마간의 시간이 필요하며, 한두 시간 안에 고착된 기억을 충분히 안정시켜 주면 망각이 느려진다는 기억 고착화 이론은 임상으로도 입증된다. 머리 부상으로 역행성 건망증이라는 기억 상실을 일으킨 사례가 그것이다. 예를 들어 권투 경기에서 5라운드에 머리를 맞고 뇌진탕을 일으킨 선수가 자신이 경기에 출전한 사실만 기억하고 그다음 일은 모두 잊어버린 경우를 보면, 기억이 고착되기 전에 뇌에 충격이 가해져 기억이 와해된 것으로 확인된다. 또 뇌전증 환자들이 발작을 일으키기 직전에 일어난 일을 거의 기억하지 못하는 경우도 마찬가지다.

1949년에 심리학자 덩컨C. P. Duncan은 동물 실험을 통해 기억 고착화 이론을 입증한다. 훈련 중이거나 훈련 직후인 동물의 뇌에 전기 자극을 가해 경련을 일으키게 하면 기억이 와해되거나 역행성 건망증을 보이지만, 훈련을 하고 여러 시간이 지난 뒤에 발작을 일으키게 하면 동물이 기억을 되살리는 데 거의 지장이 없다는 것이다.

그로부터 20년 후에 루이스 플렉스너Louis Flexner는 뇌 속의 단백질 합성을 억제하는 약물을 훈련 중이거나 훈련 직후의 동물에게 투여하면 장기 기억은 없어지고 단기 기억은 없어지지 않는다는 사실을 발견한다. 장기 기억 저장이 새로운 단백질 합성을 필요로 한다는 것은 뒤에서 체계적으로 살필 것이다.

## 기억 나누기의 심화: 무의식적 기억과 의식적 기억

1900년에 프로이트가 『꿈의 해석 The Interpretation of Dreams』에서 밝힌 정신분석의 핵심 전제는 이것이다. 우리 경험이 의식적인 기억으로뿐만 아니라 무의식적인 기억으로도 저장되고 재생된다는 것이다. 이것은 헤르만 폰 헬름홀츠 Hermann von Helmholtz, 1821~1894의 생각을 확장한 것이다.(헬름홀츠는 활동 전위의 속도를 발견하는 과정에서 뇌가 실제로 자극에 반응하는 시간이 활동 전위 속도보다 느리다는 것을 알게 된다. 그것을 근거로 뇌가 지각하는 정보가 상당 부분은 무의식적으로 이루어진다고 주장한 것이다. 필요하면 232쪽 이하 참고 바람.)

윌리엄 제임스는 『심리학의 원리 The Principles of Psychology』에서 헬름홀츠의 주장을 받아들여 '습관'(무의식적이고 반사적으로 이루어지는 행위로 암묵 기억 단계에 해당)과 '기억'(과거에 대한 의식적인 자각으로 외현 기억 단계에 해당)에 대한 견해를 밝히고 있다.

무의식적 기억은 의식으로 접근할 수 없지만 행동에 큰 영향력을 끼친다는 프로이트의 사상은 실험적 탐구가 따르지 않았기 때문에 대부분의 과학자들은 프로이트의 주장을 참이라고 확신하기 어려웠다. 그런데 브렌다 밀너가 HM 사례를 통해 해마가 없어서 의식적인 기억을 저장할 수 없는 사람도 학습을 할 수 있고 또 학습 활동을 기억할 수 있다는 사실을 예증함으로써 인간 정신 활동의 대부분이 무의식적으로 이루어진다는 프로이트의 이론을 입증하게 된다.

이것을 확장한 연구가 뒤이어지는데, 신경심리학자 래리 스콰이어Larry Squire와 심리학자 대니얼 섹터Daniel Schacter는 인간과 동물의 기억 저장 시스템을 비교 연구해서 기억의 유형을 분류한다. 그 분류를 따르면, 의식적 기억은 외현 또는 서술declarative 기억이다. 사람이나 장소, 사건 등을 의식적으로 기억하는 것으로, 수술 후 HM이 잃어버린 기억이 바로 이것이다. 무의식적 기억은 암묵 또는 절차procedural 기억에 해당한다. 수술 후에도 HM이 보유하고 있던 게 바로 암묵 기억이다.

무의식적으로 이루어지는 암묵 기억은 기억 과정의 총체라 할 수 있다. 대뇌 겉질 안쪽에 자리 잡은 여러 가지 뇌 기능 시스템이 관여하기 때문이다. 앞서 봤듯이 사건이나 감정, 느낌에는 편도체가 관여한다. 또 새로운 인지 능력이나 운동 습관이 형성되려면 바닥핵의 일부를 이루는 줄무늬체(선상체 혹은 선조체)가 필요하다. 새로운 운동 기술이나 행동을 조절하는 학습은 소뇌에 의존한다. 암묵 기억에는 이 모든 것이 관여한다.

이러한 암묵 기억은 자동성을 가진다. 의식적인 노력 없이 자동적으로 이루어지며, 기억을 하고 있다는 자각도 없이 저절로 실행

된다는 뜻이다. 예를 들어 자전거 타는 법을 보자. 자전거를 처음 배울 때는 안장에 앉아 페달을 밟고 앞으로 나아가기까지 몸과 자전거에 대해 의식적인 주의 집중을 기울인다. 그런데 일단 자전거 타는 법을 배우고 나면 그다음엔 의식적으로 이것저것을 생각하지 않아도 몸이 저절로 알아서 움직인다.(특히 아이들의 경우를 보면, 보조 바퀴가 달린 자전거를 타다가 이내 보조 바퀴를 떼어 내고 두발자전거를 탄다. 고무줄놀이나 공놀이를 하는 아이들이 처음엔 어설프게 손발을 움직이다가 곧바로 온몸을 자유롭게 쓰면서 완성도를 높여 나가는 과정도 마찬가지다. 어느 순간 축구공을 자유자재로 갖고 노는 것도 몸으로 하나하나 익힌 기억에서 나온 것이다. 이런 식으로 어린 시절에 익힌 운동 감각은 나이가 들어도 잘 잊어버리지 않는다. 또 어릴 때부터 익히면 기억의 활성화 작용으로 그 기능이 배가된다. 운동선수들이 유소년기부터 연습과 훈련에 임하는 것은 이런 이유에서다.)

말하는 것도 마찬가지다. 말하기가 자전거 타기보다 훨씬 복잡할 뿐이다. 말하기 경험이 쌓여서 몸에 익숙해지면 말하기에 필요한 단어나 문법을 하나하나 의식할 사이도 없이 저절로 나온다.

우리가 하는 대부분의 학습은 외현 기억과 암묵 기억 둘 다에 의존해서 이루어진다. 실제로 지속적인 반복 경험은 외현 기억을 암묵 기억으로 변환시킬 수 있다. 말하기나 자전거 타기 학습이 처음엔 의식적인 주의 집중을 필요로 하지만 결국엔 자동적이고 무의식적인 운동 활동이 되는 것처럼 말이다.

1949년에 영국의 철학자 길버트 라일Gilbert Ryle은 '어떻게how'

를 아는 것과 '무엇what'을 아는 것은 다르다고 구분한 바 있다. '어떻게'는 기술이나 방법을 익히는 것이고, '무엇'은 사실이나 사건에 대한 지식을 아는 것이다. 이 구분을 따르면, HM이 익힌 기능은 무엇이라는 내용이 아니라 어떻게 하느냐 하는 방법이다. 그것이 HM이 손상을 입지 않은 소뇌와 줄무늬체로 인해 가능한 것을 보면, 인격이나 경험의 가장 본질적인 부분이 몸에서 비롯된다는 사실도 알 수 있다. 이는 행동주의자들이 연구한 학습 유형인 반사적reflexive 학습에 해당한다.

'반사 학습' 하면 러시아의 생리학자 이반 파블로프 Ivan Pavlov, 1849~1936가 떠오른다. 파블로프는 아리스토텔레스가 제시하고 존 로크가 발전시킨 '우리는 관념을 연결함으로써 학습한다.'는 것을 실험으로 입증할 수 있는 길을 열었다. '종소리와 먹이 실험'이 바로 그것이다. 실험 방법은 간단하다. 실험동물인 개에게 먹이를 주기 전에 종소리를 들려주면 된다. 개는 처음엔 종소리에 별다른 반응을 보이지 않는다. 개에게 종소리는 중립 자극(생명체에게 반사 행동을 일으키지 않는 자극)이다. 그런데 종소리와 함께 먹이 제공을 반복하면, 어느 순간부터 개는 종소리만 들어도 침을 흘리기 시작한다. 이 실험을 통해 파블로프는 동물의 행동에는 조건 반사 conditional reflex와 무조건 반사 unconditional reflex가 있다는 결론을 내린다.

종소리 뒤에 먹이를 주는 행동을 반복하면, 개는 이것을 하나의 '연결 패턴'으로 기억하게 된다. 그때부터 종소리는 개에게 의미 없는 중립 자극이 아니라 먹이가 나온다는 신호로 인식되어 침 분비 반응을 일으키는 조건 자극이 된다. 이처럼 중립 자극을 무조건 자극과 연결시켜 조건 반사를 일으키는 과정이 바로 '고전적 조건화 classical conditioning'다. 이 고전적 조건화에 따라 종소리를 개의 다리에 충격을 가해서 개가 다리를 들게 만드는 조건과 짝지어 반복하면, 나중에는 종소리만 들려줘도 개가 다리를 들게 된다.

두 가지 자극을 연결하는 것을 배우는 학습인 고전적 조건화를 실험하는 과정에서 파블로프는 두 가지 비연결적인 형태의 학습도 발견한다. 습관화 habituation와 민감화 sensitization가 그것이다. 습관화와 민감화에서 동물은 단지 하나의 자극에 따른 특징만 배우고, 두 자극을 서로 연결하는 것은 배우지 못한다.

여기서 습관화, 민감화, 조건화 같은 학습 방법을 짚는 이유는 이렇다. 앞으로 살펴볼 기억 저장의 생물학적 토대에 대한 연구들이 이 세 가지 형태의 학습 방법에 초점을 맞추고 있기 때문이다.(이에 대해서는 251쪽 이하 참고 바람.) 기억은 신경 세포 그 자체에 있는 게 아니라, 신경 세포들 사이의 연결과 신경 세포들이 감각을 처리하는 방식에 달려 있다. 암묵 기억의 생물학적 토대를 알려 주는 실험 결과를 보면 단순한 운동(반사) 행동이 학습으로 교정될 때 그 교정은 행동을 관장하는 신경 회로에 직접적인 영향을 미쳐 기존 연결의 시냅스 세기를 바꾼다. 이렇게 신경 회로에 저장된 기억은 언제든지 즉시 되살릴 수 있다. 반면에 외현 기억은 의식적으로 되살린다. 몇 가지 유사성도 있지만 두 기억은 근본적으로 다르다. 단순

반사보다 훨씬 복잡한 외현 기억은 해마와 안쪽 관자엽의 신경 회로에 주로 저장된다. 그리고 의식적으로 기억을 되살리기 위해 선택적인 주의 집중을 기울인다.

선택적 주의 집중은 의식적인 경험의 통일성에서 큰 힘을 발휘한다. 앞서 봤듯이, 임의의 순간에 우리는 수많은 감각 자극을 받지만 최소한의 감각 자극에만 주의를 기울이고 나머지는 무시하거나 막아 버린다. 뇌가 감각 자극을 처리하는 능력은 제한적이다. 이것을 주의 집중으로 보면 이렇다. 순간순간의 지각과 경험에서 주의 집중이 일종의 필터 역할을 해서 특정한 감각 정보에만 초점을 맞추고 나머지 경험은 걸러 내거나 배제해 버린다.

이렇게 특정한 감각 정보에만 집중하는 것은 윌리엄 제임스가 1890년에 『심리학의 원리』에서 밝힌 대로 모든 지각의 특징이다. 주의 집중의 유형에는 자발적 주의 집중과 비자발적 주의 집중이 있다. 비자발적 집중은 암묵 기억에서 확인된다. 제임스에 따르면 이 유형은 '크고, 밝고, 움직이는 것이나 피 같은 것'에 꽂힌다. 반면에 운전할 때 도로와 교통에 의식적으로 주의를 기울이는 자발적 집중은 외현 기억의 한 특징이 된다. 이 외현 기억은 공간을 찾고 기억하는 데서 분명하게 드러난다. 또 이 공간적 기억은 해마 속에서 두드러지게 나타난다.

1971년에 존 오키프John O'Keefe는 쥐의 해마가 감각 정보를 처리하는 방식을 발견해서 이를 입증했다. 즉, 우리 안에 있는 쥐가 특정 구역에 진입할 때 몇몇 세포가 점화하는 것을 발견함으로써 쥐의 해마에 있는 신경 세포들은 빛이나 소리, 촉각에 관한 정보를 저장하는 게 아니라, 주위 공간에 관한 정보를 저장한다는 것을 발견한 것이다. 이때 뇌는 모자이크를 만들 듯이 주위 공간을 다수의 영역으로 분해하고, 그 각각의 영역은 특정한 해마 세포로 표상된다.(그 표상의 단위는 장소에 관한 정보를 처리하는 추체 세포다. 오키프는 특정 공간 영역과 고유하게 연결되는 추체 세포를 '장소 세포'라 이름 지었다.) 또한 특정한 해마 세포로 표상되는 단순한 장소의 감각 지도조차도 즉시 형성되지 않는다. 쥐가 새로운 공간에 진입하여 10~15분이 지난 뒤에 형성된다.(이는 지도 형성이 곧 학습 과정이라는 것을 시사한다.) 공간 지도는 기억처럼 최적의 조건에서 몇 주에서 몇 달간 안정적으로 유지된다.

　그 뒤를 이은 설치류 실험들은 해마가 손상되면 공간 정보를 학습하는 데 지장을 준다는 것을 입증한다. 이것은 해부학적 증거로도 확인된다. 먹이를 여러 장소에 저장하는 새들에겐 공간 기억이 중요할 수밖에 없다. 그 새들의 경우, 다른 새들보다 해마가 더 큰 것으로 나타난다. 런던의 택시기사들의 해마도 그 증거가 된다. 런던의 택시기사 자격증 시험은 어렵기로 이름 높다. 2,500개에 달하는 런던시의 도로 이름을 모두 외워야 하는데, 도로명만 외우는 게 아니라 임의의 두 지점을 잇는 경로도 알아야 한다. 각 도로 사이의 연결 관계를 훤히 꿰뚫고 있어야 한다는 뜻이다. 그래서 택시기사 지원자는 보통 3~4년간이나 시험공부를 하고 응시자의 반 정도만 합격한다. fMRI 영상은 도로망 학습을 한 기사들의 해마가 동년

배의 다른 사람들보다 크다는 것을 보여 준다. 게다가 경력이 쌓이면서 해마가 더 커지는 것으로 나타난다. 뇌 영상화 연구는 택시 운전사가 도로 주행을 상상하는 것만으로도 해마가 활성화된다는 것도 보여 준다.(런던 종합대학의 연구팀이 택시기사 지원자들의 뇌를 분석하고 나서 3~4년 뒤에 다시 분석한 결과를 보면, 합격자들의 해마의 앞쪽과 뒤쪽은 눈에 띄게 커져 있는 반면에 시각 정보 처리 능력은 평균치보다 떨어지는 것으로 나타난다. 그 결과를 두고 방대한 정보를 암기하게 되면 그만큼 시각 기능이 떨어지는 것으로 추정하기도 한다.)

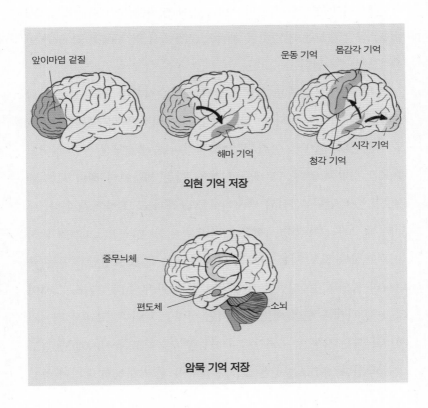

**외현 기억 저장**

**암묵 기억 저장**

기억 과정에 어떠한 생물학적 과정이 작용하기에 두 기억이 이렇게 달라지는 걸까? 그 답을 찾기 전에 외현 기억과 암묵 기억이 뇌의 다양한 영역에서 처리되고 저장되는 과정을 그림으로 보자.

외현 기억은 앞이마엽 겉질에 단기적으로 저장된다. 이 단기 기억은 해마에서 장기 기억으로 변환된 뒤 각각의 감각 영역을 담당하는 겉질 부위에 저장된다. 절차에 따른 암묵 기억은 소뇌와 줄무늬체, 편도체에 저장된다. 그림에서 보듯이 외현 기억과 암묵 기억이 어디에 저장되는지는 알 수 있지만, 무의식적 감각 정보 처리가 어떻게 일어나고 의식적인 주의 집중이 어떻게 기억을 안정화로 이끄는지 그 메커니즘은 알 수 없다. 그런데 그것을 알아야 프로이트가 1900년에 처음 제시한 의식과 무의식의 갈등 및 기억에 관한 이론에 의미 있게 접근할 수 있다. 프로이트는 우리가 정신적 처리 과정의 사례를 자각하지 못하지만, 주의를 집중하면 많은 사례에 의식적으로 접근할 수 있다고 했다. 이 주의 집중의 문제를 공략하기 위해서는 어떻게 유기체가 환경에 주의를 집중할 때만 해마 속 장소 세포들이 지속적인 공간 지도를 창조하는지를 먼저 알아야 한다.

## 기억의 결합 문제: 공간 지도와 인지 지도 사이

다른 감각 지각과 다른 공간 지각은 뇌 속에 어떻게 표상될까?
칸트는 공간을 표상하는 능력이 우리 정신에 내장되어 있다고 주장한다. 우리가 태어날 때부터 선험적으로 공간적, 시간적 순서를 정하는 원리를 가지고 있다는 뜻이다. 오키프는 공간에 관한 칸트의 논리를 외현 기억에 적용해서, 외현 기억의 많은 형태들이 공간 좌표를 사용한다고 주장한다. 즉, 우리가 사람이나 사건을 기억할 때 대부분은 공간적인 맥락 안에서 기억을 한다는 것이다.

그런데 우리는 공간에 해당하는 감각 기관을 가지고 있지 않다. 따라서 공간 표상은 본질적으로 인지적 감각이다. 또한 그렇기 때문에 이 공간 표상은 결합 문제가 된다. 선험적 지식에 기초한 공간 지도는 미리 배선되는 시각, 촉각, 후각과는 전혀 다른 새로운 유형의 표상이다. 공간 지도는 선험적 지식과 학습의 조합에 기초한다. 공간 지도를 형성하는 일반적인 능력은 정신에 내장되어 있지만, 특수한 공간 지도는 그렇지 않다. 감각 시스템의 신경 세포들과 달리, 장소 세포들은 감각 자극에 의해 켜지지 않는다. 장소 세포들의 집단적인 활동은 동물이 제 자신이 있다고 생각하는 위치를 표상한다. 공간에 대한 복잡한 기억과 그 해마 속 표상을 숙고하기 위해 인지심리학을 살펴봐야 하는 이유가 여기에 있다.

인지심리학은 정신분석학의 과학적 후예로, 외부 세계가 우리 뇌 속에서 어떻게 표상되는가를 체계적으로 성찰한 과학이다. 특히 1960년대 탄생한 새로운 인지심리학은 행동주의의 실험적 엄밀성을 유지하는 한편, 정신분석의 영역에 더 가까운 정신 과정에 초점을 맞춘다. 과거의 정신분석학이 그랬듯이 새로운 인지심리학은 감각 자극에 의해 촉발된 운동 반응을 기술하는 것에 만족하지 않고,

자극과 반응 사이에 개입하는 뇌 속의 메커니즘(감각 자극을 행동으로 변환하는 메커니즘)을 탐구한다. 그에 따라 눈과 귀에서 온 감각 정보가 어떻게 뇌 속에서 이미지나 단어나 행동으로 변환되는가를 추론할 수 있는 행동학적 실험들을 고안한다. 이 생각은 두 가지 근본적인 전제에서 힘을 얻는다.

첫째 전제는, 뇌가 선험적인 지식을 가지고 태어난다는 칸트의 사상이다. 이 사상은 유럽의 형태심리학파에 의해 발전된다. 형태심리학은 우리의 정합적인 지각은 세계의 속성에서 그 의미를 이끌어 낸다고 본다. 따라서 말초적인 감각 기관으로 감지되는 세계의 특징은 제한적일 수밖에 없다고 주장한다. 예를 들면, 뇌가 제한적인 시각적 장면에서 의미를 도출할 수 있는 이유는 시각 시스템이 그 장면을 사진기처럼 수동적으로 기록하지 않기 때문에 가능하다는 것이다.(이 주장에 따르면 지각은 오히려 창조적이다.)

시각 시스템은 망막에 맺힌 2차원 패턴을 논리적으로 일관되고 안정된 3차원의 감각 세계에 대한 해석으로 변환한다. 이때 뇌의 신경 회로에 내장된 것은 '복잡한 추측 규칙'이다. 이 복잡한 추측 규칙은, 아래층에서부터 걸러지고 무시되어 빈약해진 신경 세포 신호들의 입력 패턴으로부터 정보를 추출하여 '의미 있는 이미지'로 변환시켜 준다. 이 형태심리학을 따르면, 뇌는 탁월한 '애매모호함 해소 기계'이다.

인지심리학은 형태심리학이 주장하는 탁월한 뇌의 능력을 착시 현상으로 예증한다. 예를 들어 삼각형의 윤곽이 불완전한 삼각형

이미지라도 그 이미지는 뇌가 특정 이미지의 형성을 기대하는 한 삼각형으로 보인다는 것이다. 그러한 뇌의 기대는 시각 경로의 해부학적 구조(타고난 기능적 구조) 안에 내장되어 있다고 본다. 그 기대는 경험에서 비롯되기도 하지만, 대부분은 선천적인 시각 신경의 배선에서 비롯된다는 게 그 핵심이다.

우리가 창밖으로 지나가는 행인들을 볼 때 최소한의 단서만으로도 지인과 낯선 사람을 구별하는 이 지각 구별은 그 어떤 슈퍼컴퓨터도 따라 할 수 없는 뇌의 분석적 능력에서 나온다. 인지심리학에 따르면 우리의 모든 지각은 '분석적 위업'이다.

인지심리학이 발전시킨 두 번째 전제는, 뇌가 외부 세계의 내적 표상인 '인지 지도cognitive map'를 발전시키고, 그것을 이용하여 보이고 들리는 바깥 세상에 대한 이미지를 산출함으로써 그러한 분석적 위업에 도달한다는 것이다. 그런 다음에 인지 지도는 과거의 정보와 결합되고 주의 집중에 의해 교정되어 바뀐다.

이러한 인지 지도의 개념은 행동 연구에서 중요한 진보로 평가된다. 정신 과정을 이해하는 데 있어 기존의 행동주의 관점보다 훨씬 넓고 흥미로운 관점을 제공했기 때문이다. 문제점 또한 발견되는데, 가장 큰 문제는 인지심리학이 추론한 내적 표상이 정교한 추측에 불과하다는 것이다.

내적 표상은 직접 검사할 수 없다. 다시 말해, 인지 지도는 객관적인 분석으로 쉽게 접근할 수 없는 한계를 지닌다. 내적 표상을 보기 위해, 곧 정신이라는 블랙박스 속을 들여다보기 위해 인지심리학은 생물학과 손을 잡게 된다. 그에 따라 무척추동물의 단순한 행동 반사 실험에서부터 전통적으로 정신분석의 관심사였던 인간의 가장 고등한 정신, 즉 주의 집중이나 자유 의지, 그리고 의식에 이르기까지 다양한 행동에 초점을 맞추게 된다.

이 문제에 초점을 맞추어 나가면, 결국 주의 집중의 문제를 공략할 수 있을 것이다. 선택적 주의 집중이 어떻게 공간 기억에 관여하는지를 보기 전에, 이때 이루어진 기억 연구의 특징을 볼 필요가 있다. 기억 처리 과정이 세분화됨에 따라 기억 연구 방법이 다변화되는 가운데, 기억을 분석하는 단위에도 변화가 생기기 때문이다.


## 이름만큼 중다할까: 중다 저장고 모형


**바다** 뭘 또 그렇게 열심히 적고 있어? 중다 기억 모형? 무슨 이름이 그러냐? 다중 기억 아냐?

**하늘** 내가 찾아본 자료에는 '중다 기억 모형multi-store model'으로 나와. 심리학에선 이중인격을 중다성격이라고 하는 거 보니까 같은 한자어라도 다중多重보다 중다重多를 선호하는 것 같아.

**바다** 기억 공부를 하면서 더 팍팍 느끼는 건데, 의학이나 심리학 쪽 용어나 번역엔 문제가 좀 있다고 본다. 번역해 놓은 말이 무슨 뜻인지 몰라서 헤맬 때가 얼마나 많았냐?

**하늘** 중다 때문에 헤맸더니 투덜투덜 지적이 반갑게 들리네.

**바다** 널 헤매게 만든 중다 기억 모형은 어떤 건데?

**하늘** 인지심리학이 출범하면서 정보 처리 모형을 가지고 기억을 설명하게 되는데, 대표적인 모형이 1968년에 나온 '애킨슨-쉬프린Atkinson-Shiffrin 모형'의 기억 저장고 설명이야. 유형 모형modal model이라는 이름으로도 잘 알려져 있어. 이 모형을 따르면, 기억은 감각 기억 등록기, 단기 기억 저장고, 장기 기억 저장고로 각각 저장돼. 그러니까 오감을 통해 입력된 정보는 감각 관련 등록기에 저장되고, 그중 '주의 집중'을 기울인 정보만 단기 기억 저장고로 옮겨 가. 감각 기억 과정에서 선택되지 않으면 단기 기억에 저장되지 않는다는 뜻이야. 또 단기 기억에 저장된 정보 중에서도 '되풀이 rehearsal 과정'을 거친 정보만 장기 기억에 보존돼. 단계마다 정보들이 강조되지 않으면, 그러니까 정보 전달 신호가 줄어들거나 간섭을 받아서 약해지거나 하면 기억이 사라질 수 있다는 얘기야. 이런 식으로 기억 저장고를 나눈 특징 때문에 '중다 저장고'라는 이름이 붙은 것 같아.


### 정보 처리에도 수준이 있다: 처리 수준 모형


**바다** 일단 정보가 장기 기억에 저장되면 거의 영구적으로 남는다고 했지? 그런데 기억이 잘 안 나거나 완전히 잊어버리는 경우도 많잖냐. 그건 왜 그런 거지? 또 어떤 정보는 기억이 잘 나고 어떤 정보는 기억이 잘 안 나는 건 왜 그런 걸까?

**하늘** 애킨슨-쉬프린 모형에 따르면, 어떤 정보를 시간이 흐른 뒤에도 사용할 수 있는지는 그 정보가 장기 기억에 부호화되느냐encode에 달려 있어.

**바다** 부호화된다는 말이 처음 나올 때부터 궁금했는데, 그게 주어진 정보를 표준적인 형태로 변환하거나 거꾸로 변환한다는 뜻의 컴퓨터 용어에서 나온 거 맞나?

**하늘** 기억을 컴퓨터 유추를 빌려 일련의 정보 처리 체계로 가정한다는 게 이 모형의 핵심이니까 컴퓨터 용어를 빌려 쓴 게 맞겠지?

**바다** 그럼 부호화된다는 걸 다시 말하면 단기 기억에 있는 정보 중 여러 번 되풀이된 정보만 장기 기억으로 남는다는 얘기지?

**하늘** 그래 맞아. 그런데 되풀이하는 반복이 정보를 장기 기억에 들어가게 하지만, 정보를 반복한다고 해서 반드시 장기 기억으로 전환되는 건 아니라는 주장이 나와.

**바다** 어떻게 뭘 좀 알게 되자마자 얘기가 달라지냐?

**하늘** 퍼거스 크레이크Fergus Craik와 로버트 록하트Robert Lockhart 박사는 단기 기억 안에 저장된 정보를 '깊이 있게' 처리할수록 장기 기억 창고로 들어간다고 주장하고 있어.

**바다** 그러니까 입력된 정보를 무조건 되풀이하기보다는 얼마나 깊이 있게 주의 집중을 기울이냐에 달려 있다는 거지?

**하늘** 그래. 정보가 깊이 있게 처리되는 수준이 그 정보가 기억되는 수준이라고 보기 때문에 따로 '처리 수준 이론'으로 불러. 이 처리 수준 모형은 기억이 분석의 깊이에 따라 달라진다고 보고, 되풀이를 단순한 되풀이와 정교한 되풀이로 나눠.

바다 또 나눠? 심리학자들은 뭘 나누다가 볼일 다 보겠는걸!

하늘 나도 그런 생각이 들긴 했어. 분석으로 시작해서 해석으로 끝나는 게 학문이라는 말이 맞는 것도 같고. 암튼 처리 수준 이론을 계속 보면, 단순한 되풀이는 얕은 처리에 해당하고 정교한 되풀이는 깊은 처리에 해당해. 깊은 처리는 얕은 처리보다 기억력을 더 높여 주는데, 그중엔 '의미 분석 틀'로 처리하는 게 있어. 정보를 조직화할 수 있는 의미 틀이 많을수록 기억이 더 잘된다고도 하고.

바다 그럼 정보를 의미 분석 틀에 맞춰 깊이에 따라 처리하는 게 가장 좋은 방법이 되는 건가?

하늘 단정하긴 어려워. 어떤 처리 방법이 더 나은가는 기억할 과제가 어떤 거냐에 따라 달라지기 때문에 그래. 1977년에 나온 모리스 Morris 연구팀을 따르면, 학습할 때 정보를 처리하는 방식이 검사할 때 요구되는 처리 방식과 유사할수록 정보가 단기 기억으로 쉽게 전이되기 때문에 기억이 더 잘 되는 것으로 나타나.

바다 처리의 깊이가 기억력에 절대적인 게 아니라는 말이지?

하늘 맞아. 이 경우엔 깊이보다는 '전이'가 적합한가가 더 중요해. 그래서 따로 '전이-적합 처리 이론'이라고 불러. 그러다가 우리가 이제까지 살펴본 모형에 문제가 있다는 게 발견돼.

바다 쉴 틈도 안 주고 나누고 또 나눈 끝이 문제점이라고?

하늘 셸리스 Tim Shallice, 워링턴 Elizabeth Warrington이라는 신경심리

학자들이 1969년에 이미 지적한 문제야. 신비의 수에서도 봤듯이 보통 사람들은 7±2를 기억하잖아?

**바다** 네가 알려 준 걸 적용하면 네 개의 수지.

**하늘** 어쨌든 왼쪽 뇌를 다친 KF라는 환자는, 숫자 배열을 들려주면서 몇 개까지 기억하는지를 측정하는 '숫자–폭 과제digit-span task'를 주면 한두 개의 수밖에 기억하지 못했대. 여기서 중요한 사실은 그 환자가 정상적으로 말을 했고 새로운 정보를 학습해서 장기 기억으로 전환할 수 있었다는 거야. 1999년에 마르코비치Markowitsch라는 박사도 비슷한 사례를 보고해. EE라는 환자의 왼쪽 뇌에 종양이 있어서 그 부분을 떼어 내는 수술을 했는데, 단기 기억에 문제가 발생했대. 그런데도 장기 기억엔 별문제가 없었고.

**바다** 우리가 좀 아는 HM 아저씨와 비슷한 증세 아니야? HM 아저씨가 해마를 잃어서 '무엇을'에 해당하는 단기 기억을 장기 기억으로 전환하는 기능은 잃었지만, '어떻게'라는 방법에 해당하는 단기 기억을 장기 기억으로 전환하는 기능은 살아 있었고, 그것이 소뇌와 줄무늬체 덕에 가능했던 거잖아. 결론적으로 단기 기억이 곧바로 장기 기억으로 간다는 모형이 단순하다는 얘기네.

**하늘** 맞아. 단기 기억이 손상돼도 장기 기억에서는 정상적인 사례들이 나오자 애킨슨–쉬프린의 단기 기억 이론이 너무 단순하다는 문제가 제기돼. 배들리Alan Baddeley와 히치Graham Hitch 박사는 이런 문제점을 보완하기 위해 1974년에 '작업 기억 모형working memory model'을 제안해.

## 끊임없이 수정해 나가다: 작업 기억 모형

**하늘** 우리가 아는 HM 경우는 몇 분간 지속되는 단기 기억을 지녔 잖아. 긴 숫자 열이나 시각 이미지를 학습한 뒤에 몇 분 동안은 쉽 게 기억해 냈고. HM이 보유한 단기 기억이 바로 '작업 기억'이야. 수술 때 제거되지 않은 앞이마엽 겉질이 그 단기 기억 기능에 관여 한다는 사실은 더 나중에 밝혀져. 작업 기억의 특징은 '중다 요소 체계'를 가진다는 거야. 이 모형은 단기 기억이 하나가 아니라 적 어도 세 가지 이상의 단계로 이루어진다는 가정에서 출발해. 초기 의 작업 기억은 세 단계로 나뉘어져. 청각-언어 정보를 주로 다루는 '음운 회로'와 시각 자료를 다루는 '시공간 잡기장', 제한된 용량으 로 전체 체계를 통제하는 '중앙 처리 장치'가 그거야.

**바다** 잠깐 정리 좀 하자. 그러니까 작업 기억 모형은, 단기 기억이 장기 기억으로 들어가기 전까지 정보를 유지하는 수동적인 저장고 가 아니라, 재료를 처리하고 통합하고 변환하는 작업대처럼 정보를 통제하는 기능을 지니고 있다는 거지? 그래서 작업대에서 정보를 처리하는 몇 분 동안은 기억이 살아 있을 수 있어서 HM 아저씨가 그 몇 분간은 단기 기억이 가능했던 거고. 그러다 보니 강조점이 작 업대에 놓여서 작업 기억이 되는 건가?

**하늘** 맞아. 배들리 박사는 단기 기억을 여러 가지 작업 체계로 구 성된 중다 처리 체계로 가정하고, 실제로 단기 기억을 '선택적 주의 집중'과 관련하여 단기 기억이 어떻게 다른 인지 과제를 완수하는

데 도움을 줄 수 있는지를 연구해. 그 과정에서 정상인과 뇌 손상 환자의 기억 특성에 근거한 하위 체계의 속성을 입증하면서 1980년 대에 큰 주목을 받게 돼. 배들리 박사는 2000년도에 외현 기억의 일부인 일화적 완충기episodic buffer를 하위 단계로 놓고 장기 기억과의 상호 작용을 가정한 모형도 발표해서 주목을 받아.

**바다** 30여 년에 걸쳐 자신이 세운 작업 기억 모형을 계속 고쳐 나가다니, 배들리 아저씨도 밀너 아주머니만큼이나 만만치 않군!


### 연결성과 융통성을 자랑하다: 연결주의 모형


**하늘** 지금까지 우리가 나눈 이야기를 얼마나 기억할 수 있어? 아예 기억나지 않는 것도 있지만 좀 더 잘 기억나는 것도 있잖아? 잘 기억나는 건 어떤 경우에 그래?

**바다** 글쎄……. 네가 중요하다고 강조한 건 좀 기억나. 내가 질문하거나 다시 정리해서 너에게 말해 준 내용은 좀 더 기억나고.

**하늘** 그럼 입력된 정보 자극을 조직화할 수 있는 의미 분석 틀이 많을수록 기억이 더 잘 된다는 정보 처리 모형이 맞는 거로 봐도 되겠다. 나도 그러니까.

**바다** 의미 분석 틀로 조직화하다니? 기억할 정보를 강조하거나 재정리하는 걸 말하는 거야? 그런 표현을 굳이 쓰는 이유는?

**하늘** 1980년대 중반부터 연결주의 모형이 나오는데, 기존 모형의 문제점을 지적하면서 나오는 거라 정보 처리 모형을 설명하는 용어를 다시 짚어 볼 필요가 있어서 그래.

**바다** 두 모형에 어떤 차이점이 있는데?

**하늘** 가장 큰 차이는 이거야. 연결주의 모형은 기억을 컴퓨터 유추로 접근하지 않고 신경망 유추로 접근해.

**바다** 그럼 연결주의가 인터넷 모형하고 연관 있는 건가? 컴퓨터 모형의 한계를 극복하기 위해 나온 게 인터넷 모형이잖아?

**하늘** 컴퓨터 모형에는 없는 병렬 처리나 분산 처리가 연결주의 모형에서 강조되는 걸 보면 연관이 있는 것 같아. 기억 표상을 정보 처리 단위들이 연결되는 활동으로 본다는 게 연결주의 모형의 핵심 가설이거든. 정보 처리 모형에서는 하나의 정보 자극과 기억 표상 사이가 서로 다른 각각의 고유한 단위(이 단위를 모듈로 봐도 무방)로 나뉘어져서 일대일로 부호화된다고 가정하잖아? 그런데 연결주의에서는 이 하나의 정보 자극에 있는 서로 다른 단위 유형들이 각각 다른 단위 유형들을 활성화시켜서 기억 표상으로 부호화된다고 가정해. 이렇게 가정하면 기억 표상에 필요한 최소 단위 수를 줄여 줘서 기억이 부호화되는 맥락에 융통성을 취할 수 있게 한다는 연결주의의 장점이 드러나기도 해.

**바다** 연결주의 모형이 융통성 있는 체계라는 말이 그래서 나온 것 같기는 한데, 알아듣기가 쉽지는 않네. 새로운 모형이 나올 때마다 새로운 용어가 나와서 더 그런 것 같고.

**하늘** 연결주의 모형이 융통성 있는 체계라서 정보 처리 시간 면에서 장점이 있는 걸 보면 좀 더 이해하기 쉬워. 기존 모형에서는 정보를 탐색하는 시간이 기억 저장고의 크기나 정보량에 비례해서 계열 처리를 하기 때문에 시간이 많이 걸리잖아? 그런데 이 모형은 정보 탐색 시간이 연결망 안에서의 연결 층의 깊이에 비례한다고 보고 있어. 또 병렬 처리가 이루어지기 때문에 계산 단계가 줄어들어서 정보 처리 시간이 상대적으로 짧아지게 돼.

**바다** 뇌 기능이 작동하는 원리를 거의 그대로 딴 거 아니야? 탐색 시간이 연결망 안에서의 연결 층의 깊이에 비례한다는 게 계층성 원리를 말하는 거잖아? 병렬 처리가 이루어진다는 것도 그렇고.

**하늘** 맞아. 가장 늦게 나온 만큼 뇌 기능 작동 원리를 많이 반영한 것 같아. 그래서 정보가 들어오고 나가고 하는 상황에서 벌어질 수 있는 애매하고 불완전한 기억 과정의 특성을 연결주의 모형이 좀 더 잘 설명하는 것 같고. 특히 기억 표상에서 나타나는 부호의 역할이 기존 입장하고 완전히 달라지기 때문에 연결주의가 기억 체계의 기본 개념 자체를 변화시켰다고 하는 것 같아.

**바다** 무슨 말인지 잘 안 와닿아.

**하늘** 기존의 기억 이론에서 단어를 입력하는 정보를 보면, 단어가 입력된 카드(주소)마다 하나의 단어와 그에 대한 의미적 정보가 함께 들어 있는 '카드 목록' 같은 체계로 가정해. 그래서 어떤 항목을 기억(인출)한다는 것은 그 카드 파일을 계열적으로 탐색해서 그 항목을 찾아내는 게 돼. 다시 말하면 저장 주소(카드)와 저장 내용 간에는 체계적인 연관 관계가 없다고 보고 있어. 그런데 연결주의는 내용 중심의 기억 체계를 상정하기 때문에 어떤 항목의 주소가 내용(의미)에 따라서 달리 계산되고 저장되는 것으로 본다는 뜻이야.

**바다** 내용이 정보를 어디에 어떻게 저장할지를 규정한다는 말이지?

**하늘** 맞아. 내용이 정보가 저장되는 위치를 결정하기 때문에 기억을 인출하는 방법도 달라지게 돼. 기존 입장은 감각 자극이 입력되면 그 자극에 대한 상징 표상이 저장되어 있는 카드(주소)를 계열적으로 탐색해서 인출하잖아? 그런데 연결주의는 입력 단위들의 유형과 그 연결들의 가중치가 어떤 정보를 기억에서 활성화시킬 것인지를 재인식하고 결정해서 인출한다는 얘기야.

**바다** 기억이 손상된 것에 대해서도 보다 유연하게 대응할 수 있는 게 연결주의 장점이라고 메모리카드에 있는데, 이게 내용 중심의 기억 체계와 관련이 있어서 그런 건가?

**하늘** 그런 것 같아. 연결 체계의 일부 단위나 연결이 손상되어도, 컴퓨터 모형의 체계처럼 급격히 깨지지 않기 때문에 큰 무리 없이 기억을 처리할 수 있다고 보는 거니까.

**바다** 이렇게 보니까 기억 저장의 원리를 설명하는 연결주의 모형이 인터넷 두뇌 모형이랑 비슷한 점이 많긴 하다. 연결주의가 융통성과 유연성을 자랑하는 만큼이나 두루뭉술하게 설명한다는 뜻이기도 하겠는걸.

**하늘** 틀린 말은 아니야. 기억을 연구하는 과학자들이 연결주의 모형에 기대를 거는 한편으로 풀리지 않는 문제를 얼마나 해결할지 의문을 표하고 있는 게 사실이니까. 우리가 잠깐 본 스티븐 핑커 같은 심리학자들도 연결주의가 복잡한 기억 현상을 얼마나 적절히 설명할 수 있을지 회의적인 반응을 보이고 있어. 이것 말고도 연결주의자들이 적절한 해답을 제시하지 못하는 경우가 많은 걸로 나타나. 연결 강도의 변화에 따른 점진적인 학습 상황(기억 상실증 환자의 학습 경우)에는 적절하지만, 단일한 일화episode 기억이나 외현 기억을 설명하기엔 많이 부족한 게 사실이야. 그래서 암묵 기억과 외현 기억의 구분을 어떻게 설명할 수 있을지도 큰 논란거리로 남아 있어. 사실 연결주의 모형은 무의식적이고 자동적으로 이루어지는 암묵 기억 체계에만 적합한 것으로 보여.

**바다** 결국 연결 구조만으로는 정보가 어떻게 처리되는지 확실히 알 수 없다는 게 이 모형의 결정적인 한계군! 우리 마음을 엿볼 수 있는 외현 기억의 장벽도 굳건히 남아 있고! 그래서 핑커 아저씨가 우리 마음이 스팸으로 이루어지지 않았다고 하면서 신경망 모형 연구자들이 단 하나의 신경망을 적절히 훈련시키면 그것으로 우리가 하는 모든 마음의 위업을 달성할 수 있을 것이라고 기대하는 그런 연구를 믿지 않는다고 단언하는 건가?

**하늘** 그런데 웨이드 니콜라스Wade Nicholas 박사는 EEG 스캔으로 데이터를 얻어서 우리 뇌에 1초당 40회의 진동수를 가진 전자기파가 분포해 있다고 발표한 적이 있어. 미치오 카쿠 박사 설명에 따르면, 과학자들이 여기서 연결 문제의 실마리를 찾고 있대. 기억의 한 단편이 이 진동수로 진동하면서 뇌의 다른 부위에 저장되어 있는 기억을 자극한다는 뜻이야. 우리는 여러 가지 기억이 위치상 가까운 곳에 저장되어 있다고 생각하잖아? 그런데 이 새로운 이론을 따르면 기억은 공간적으로 연결되어 있지 않고 동일한 진동수로 진동하면서 시간상으로 연결되어 있어. 이 이론이 맞는다면 진동하는 전자기파가 뇌 속을 끊임없이 흐르면서 각각 다른 부위에 저장된 기억의 단편들을 통합해서 전체적인 기억을 만들어 내는 거라고 볼 수 있어. 다시 말하면 해마와 관자엽, 이마엽, 시상, 시상하부, 줄무늬체 등이 서로 독립된 부위가 아닐 수도 있다는 뜻이야.

**바다** 뭐라고? 우리가 이제껏 끙끙대며 공부한 게 다 꽝이 될 수도 있다는 얘기잖냐?

**하늘** 수십 년간 해 온 연구가 꽝으로 끝나는 가설도 적지 않은 걸 보면 우리가 두어 달 공부한 게 꽝으로 끝나도 억울할 건 없을 것 같아. 또 알고 보니가 과학계에서의 꽝은 진짜 꽝도 아닌걸! 다음 가설이 등장하기까지 밑바탕이랄까 밑거름 같은 역할을 아주 톡톡히 하는 걸 보면 말이야.

**바다** 꽝의 진정성을 알게 해 준 널 위해서라면 나 강바다가 기꺼이 밑거름이 될 의향이 있는 거 알지? 그런 뜻에서 연결주의 다음에 나오는 모형은 내가 먼저 공부해서 알려 줄 것을 약속하마!

김교수의 TIP

# 의식의 스위치는 어떻게 꺼질까?

그날 밤에 바다는 하늘이에게 메일을 한 통 보냅니다. 뇌 신경망 모형을 찾아보다가 좋은 자료를 보게 되었다는 문자 메시지와 함께요. 하늘이가 건네준 책을 읽을 엄두가 나지 않아 인터넷 검색을 하던 바다의 눈에 띈 건 이런 내용이었지요.

'미국 피츠버그 의대 연구진이 최근에 전신 마취 중인 환자에게 나타나는 뇌파도 특징을 재현할 수 있는 컴퓨터 신경망 모형을 만들었다. 이 신경망 모형을 통해서 의식과 무의식이 신호 전달의 확률론적인 역동적 변화에서 기인하는 상태 전이phase transition 현상과 같다는 것도 보여 줬다.'

'신경망 모형'이라는 말만 알 수 있을 뿐이어서 그와 관련된 내용을 다시 검색하던 바다의 눈에 물리학술지《피지컬 리뷰 레터스Physical Review Letters》에 실린 논문을 중심으로 피츠버그 연구진이 만든 컴퓨터 신경망 모형을 정리한 내용이 들어왔지요. 그래서 약속을 제대로 지켰다고 의기양양해하면서 그 기사를 통째로 하늘이에게 전달했다는 이야기입니다.(한겨레 과학웹진 '사이언스온'의 오철우 기자가 2015년 9월 15일 날짜로 정리한 내용을 말함.)

그럼 어떤 내용인지 볼까요.

피츠버그 연구진이 만든 컴퓨터 신경망 모형은 감각 신호를 받아들이는 시상 영역과 그 신호를 처리해서 의식 상태의 활동을 보여주는 겉질 영역 간의 신호 처리 연결망을 모사한 겁니다.

'연결망은 모두 7,381개의 노드를 잇는 네트워크로 구성되었다'는 이 연구의 특징은 각 노드 간의 신호 전달이 확률론적으로 이뤄지도록 했다는 겁니다. 다시 말해 확률론적 신호 전달을 통제하는 매개 변수를 정교하게 개발했다는 게 이 연구의 핵심이지요. 예를 들어 각 노드에서 신호를 걸러 내는 '여과 확률'이 1일 때 신호는 100퍼센트 노드를 통과하고 0일 때에는 통과하지 못합니다. 그 사이 값에서 신호가 각 노드를 지나 전달되느냐 아니냐는 매개 변수의 확률값에 따라 확률론적으로 결정됩니다. 이렇게 컴퓨터로 나타낸 수학적 신경망 모형이 마취 상태에 빠지는 실제 환자의 뇌 상태를 어느 정도 모사할 수 있다는 것이고, 또 실제로 환자가 전신 마취 동안에 의식을 잃으며 무의식 상태로 빠질 때 나타나는 뇌파도의 주요 특성을 이 컴퓨터 모형으로 재현할 수 있다는 거지요.

그렇다면 마취에 의해 유도되는 무의식 상태에서 나타나는 다양하고 특징적인 뇌 현상을 이렇게 단순한 통계적 모델로 설명하는 게 무엇 때문에 큰 의미가 있다고 보는 걸까요?

그 답은 미시건 의대에서 의식과 무의식 상태를 연구하는 물리학자인 이운철 교수의 설명으로 대신하겠습니다. 컴퓨터 모델링을 이용해 의식과 무의식의 상태 전이를 연구하는 게 어떤 의미를 지니는지, 또 물리학자들이 왜 이런 연구를 하는지 묻는 오철우 기자의 질문에 설득력 있게 답했을 뿐만 아니라 비교적 쉽고 정확한 설명으로 바다를 매혹했기 때문입니다.

뇌를 구성하는 수많은 스케일의 복잡한 구조와 기능, 그리고 그 상호 작용까지 고려하면, 모든 뇌 구조와 기능을 밝히고 이해한다는 것은 사실 불가능할지도 모릅니다. 그렇다면 이런 질문을 할 수 있겠지요. 정말 뇌는 우리가 이해하기 불가능한 복잡 난해한 생화학적 혹은 수학적 구조로 작동하는 것일까, 아니면 아주 단순한 어떤 수학적 원리로 작용하는 것일까?

물리학자가 후자와 같은 질문을 할 수 있는 것은 볼쯔만에 의한 통계 물리학의 눈부신 성공이 있기 때문입니다. 이젠 히터의 온도가 왜 오르고 내리는지를 설명하기 위해서 히터 안에 가열된 공기 원자/분자의 운동을 하나하나 알 필요는 없습니다. 볼쯔만의 열역학 공식으로 통계적 처리를 통해서 거시적 스케일에서 히터의 열을 잘 설명할 수 있습니다. 같은 관점으로 뇌의 의식이 깨어 있고 없는 상태를 이해하기 위해서 100억 개 이상의 신경 세포들과 100조 개 이상의 시냅스 연결을 통한 상호 작용을 다 이해할 필요는 없다는 겁니다. 이번 피츠버그 의대에서 발표한 논문에서 연구진은 아주 간단한 수학적 모델percolation model, 즉 뇌 전체를 동일한 네트워크의 노드와 그것들을 연결하는 독특한 뇌의 연결 구조, 그리고 그 연결을 결정하는 확률만으로, 실제 의식이 있을 때 혹은 마취를 통해 의식을 잃었을 때에 나타나는 특징적 뇌 활동(뇌파도)을 모사했습니다. 예를 들어 의식을 잃었을 때 전형적으로 나타나는 알파파

(8-13Hz)라는 뇌파의 특정 주파수 성분이 머리 앞쪽의 이마엽(전두엽)으로 쏠리는 현상을 잘 설명하고, 또 의식 상태부터 의식을 잃기까지 과정에서 보이는 특징적 뇌 활동 변화를 이 논문 저자들이 사용한 간단한 모델에서 여러 뇌 영역들의 연결 확률을 결정하는 매개 변수 하나만으로 잘 보여 주었다는 점입니다.

물론 이 연구로 '의식이 무엇이냐'는 질문에 답을 할 수는 없겠지요. 하지만 적어도 의식에서 무의식으로 가는 상태 전이에서 나타나는 다양한 뇌 활동을 만들어 내는 원리가 기존의 뇌 활동 모델에서 보여 주는 것처럼 수십 개의 복잡한 신경화학적 작용을 고려할 필요는 없다는 겁니다. 단지 뇌 구조와 그 위에서의 정보 흐름을 결정하는 연결 확률만을 조절함으로써 의식을 설명할 수 있다는 점을, 의식/무의식을 일으키는 뇌의 작용이 생각과는 달리 아주 단순할 수 있다는 점을 보여 줍니다. 그렇다면 좀 더 나가서 의식이라는 것이 뇌의 특정한 연결 구조와 그 연결 구조 위의 정보 흐름의 상호 작용을 통해서 창발적으로 나타나는 어떤 것이 아닌가 하는 생각을 할 수 있겠지요. 물론 이 논문에서 깊이 다루진 않았지만, 뇌에서 그런 창발적 발현emergence이 일어나는 조건들을 통계물리학의 임계 조건으로 설명하려는 연구들이 진행되고 있습니다.

의식이란 것이 우리가 생각하는 그런 복잡다단한 신경생리학적, 수학적 원리들에 의해 나타나는 어떤 현상이 아니라, 단순히 뇌의 연결 구조와 그 구조 위에서의 통계적 상호 작용이 만들어 내는 어떤 것일 수도 있다는 점이 이번 연구가 의식 연구에 주는 중요한 의미인 것 같습니다.

(한겨레 과학웹진 '사이언스온', 2015년 9월 15일)

의식과 무의식의 상태 변이가 복잡한 과정이 아니라 매개 변수 하나의 변화에 의해 이뤄질 수 있다는 내용을 읽고 하늘이가 어떤 반응을 보일지 궁금해지는군요. 일단 '뇌의 연결 구조와 그 구조 위에서의 통계적 상호 작용이 만들어 내는 어떤 것'에 대해 관심을 보일 듯합니다. 그리고 이런 질문을 하지 않을까요?

　"의식이 단순히 뇌의 연결 구조 위에서 통계적 작용이 만들어 내는 어떤 것일 수 있다는 것으로 우리의 무의식적 정신 과정과 의식적 정신 과정의 사이가 어떻게 되는지도 설명할 수 있나요? 우리 뇌에서는 무의식적인 감각 정보 처리가 일어나는가 하면 의식적인 주의 집중이 일어난다고 하잖아요? 제가 보기엔 여러 뇌 영역들의 연결 확률을 결정하는 매개 변수 하나만으로 설명하는 뇌 신경망 모형으로는 이런 것들을 도저히 알 수가 없을 것 같아요. 우리가 앞에서 본 선택적인 주의 집중은 그 자체로 기억 형성 원리의 핵심적인 문제일 뿐 아니라 의식에 접근하기 위한 왕도라고 했는데, 그렇다면 주의 집중 문제도 단순히 뇌의 특정한 연결 구조 간의 통계적 상호 작용이 만들어 내는 어떤 것일 수 있나요?"

　이 질문에 대해서는 에릭 캔들의 말로 대신할까 합니다. "우리가 지금 있는 곳에서 우리가 있고자 하는 곳으로 나아가기 위해 문턱을 넘으려면(우리가 다른 곳으로 가기 위해 문지방을 넘는 것을 뜻하는 동시에 신경 세포의 활동 전위가 일어나기 위해 문턱을 넘어서는 것을 뜻한다. 234쪽 이하 참고 바람.) 뇌를 연구하는 방식과 관련한 커다란 개념적 전환들이 일어나야 한다."

그 전환 중 하나는 단일 세포에 대한 연구에서 신경 세포들의 복잡한 시스템, 즉 전체 유기체의 기능과 유기체 간의 상호 작용에 대한 연구로 나아가는 겁니다.

우리가 앞서 잠깐 봤고 뒤에서 좀 더 자세히 살필 세포 분자적 접근법은 앞으로도 중요한 정보를 제공할 게 분명합니다. 그러나 그것만으로는 신경 회로나 신경 회로 사이의 상호 작용 속에서 일어나는 내적 표상의 비밀, 곧 기억의 결합 문제를 비롯한 의식의 표상이나 마음이 작동하는 원리 등을 파헤칠 수 없다는 뜻이지요.

따라서 신경 시스템을 복잡한 인지 기능과 연결할 수 있는 접근법을 개발하려면 연구의 초점을 신경 회로 수준으로 옮겨야 한다는 게 핵심입니다. 즉, 어떻게 다양한 신경 회로의 활동 패턴들이 하나의 심적 표상으로 종합되는지를 알아내야 한다는 뜻입니다.

앞서도 강조했지만, 우리가 어떻게 복잡한 경험을 지각하고 회상하는지를 연구하려면 우리의 신경 연결망이 어떻게 조직되고, 또 어떻게 의식적 자각과 그에 따른 주의 집중이 연결망 속 신경 세포들의 활동을 조절하고 재편성하는지 알아낼 필요가 있습니다. 이를 위해서는 개별 신경 세포들의 활동과 신경 연결망들의 활동을 분해할 수 있는 방법이 필요하고요. 이때 뇌의 특정한 연결 구조와 그 연결 구조 위의 정보 흐름의 상호 작용에서 어떤 창발적 발현(세포 내부의 요소와 기능으로는 설명되는 않는 특징을 세포가 보이기 시작한 데서 창발적 특성emergence attribute이라는 용어가 처음 사용되었고, 넓게는 이전의 관습이나 상식으로 이해할 수 없는 새로운 체계나 사고가 발생된 현상을 일컫

는다.)이 일어나는 조건들을 통계물리학의 임계 조건으로 설명하려
는 연구 방법도 그중 하나가 될 수 있다고 봅니다. 뇌 영상화 기법
이 필요한 건 말할 것도 없고요.

그래서 뇌 영상화 기법을 포함해 지금껏 이루어진 뇌 연구가 어
떻게 과거 과학자들의 이론과 관찰에서 비롯되어 어떠한 연구 방
법으로 실험 과학에 진입하는가를 하나하나 살펴보는 일은 꽤 의미
있는 작업이 되지 않을까 생각합니다.

그런데 그 위대한 과학적 노력과 방법을 제대로 알아보는 일은
뇌 과학사를 톺아보는 공부와는 또 다르게 간단치가 않아서 하늘이
와 바다는 이제 유성에 있는 연구 단지를 찾아가게 됩니다.

# 3.
# 뇌 과학 연구 방법
# 따라잡기


바다 나무처럼 생긴 저 그림, 신경 세포의 연결망 맞죠?

김샘 신경 세포 연결망을 금방 알아보다니 공부를 많이 했네!

바다 단일 뉴런을 연구하는 데는 패치 클램프patch clamp 기술을 쓴다는 자료도 본걸요. 그런데 설명을 봐도 패치 클램프가 뭔지, 왜 그런 기술을 쓰는지는 잘 이해가 안 돼요.

김샘 패치 클램프를 아는 것만도 대단한걸! 이 기술은 우울증 치료제 등으로 먹는 약물이 인체에 어떤 영향을 끼치는지를 세포 단위에서 연구 조사하기 위해 쓰는 방법이야. 예전엔 뇌에 직접 자극을 가해서 뇌 기능을 알아내려는 실험을 했지만, 추측만 할 수 있었고 대부분 결론을 내리기가 쉽지 않았어. 그런데 이 패치 클램프 기술을 쓰면서 상황이 달라졌지. 이 기술 덕분에 그동안 제기된 이론이나 가설이 맞는지를 정확히 알게 됐는데, 여기서 핵심은 세포 단위

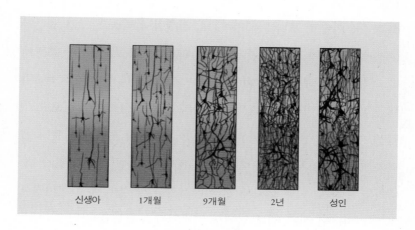

**신경 세포의 연결망**

신경생물학자 피터 허텐로커Peter Huttenlocher는 태아와 아기, 노인의 사체를 부검해 얻은 뇌의 표본을 현미경으로 관찰한 결과, 7만개의 세포가 들어 있다는 사실과 함께 세포 간 연결망의 개수가 각각 다르다는 사실을 발견한다. 24주 된 태아의 뇌 표본에서는 1억 2,000만 개, 신생아는 2억 5,000만 개, 8개월 된 아기는 5억 7,000만 개의 세포 간 연결망이 관찰된다.

라는 거야. 모든 생명의 기본 단위는 세포고, 그중 뇌와 신경을 구성하는 가장 작은 단위가 신경 세포라는 건 잘 알지? 말이 나온 김에 이 기술을 이용해서 연구하는 방으로 가 볼까?

하늘 미세 피펫을 다뤄야 하는 만큼 연구실도 세분화되어 있네요.

김샘 미세 피펫micro-pipette을 안다는 말이구나?

하늘 패치 클램프 기술을 쓰려면 미세 피펫이 필요하다고 하니까요. 그게 미세한 유리관이고 머리카락 굵기의 100분의 1이라는데 사실 저로서는 상상조차 안 돼요.

김샘 그럼 상상하는 데 도움이 되게 그림으로 먼저 볼까?

**하늘** 아, 이렇게 보니 이해가 돼요. 전해질 용액을 담느라 유리관 (피펫)을 쓰는 거고, 유리관이 떨어져나가지 않도록 신경 세포막에 딱 접착시켜야 해서 패치 피펫이 되는 거네요? 미세 전극을 세포막에 꽂아 밀착시키려면 머리카락 굵기의 100분의 1이어야 하고요!

**김샘** 이 유리관을 신경 세포에 붙이면 세포막이 위쪽으로 빨려 올라가. 그래서 패치 클램프 기술을 '세포막 빨기 법', '조각 집게 법'이라고도 하지. 이렇게 미세 전극 유리관을 딱 붙여 놓고 현미경으로 들여다보면 신경 세포 안에서 이루어지는 활동을 거의 다 관찰할 수 있어.

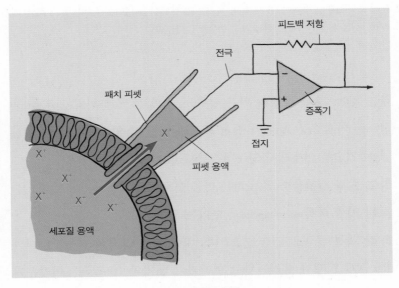

**패치 클램프 실험**

전해질 용액이 들어 있는 미세 전극 유리관을 세포막에 떨어지지 않게 붙인 다음 유리관을 출입하는 전류에 의해 발생하는 세포막의 전압을 측정한다.

## 몰라봐서 미안해: 현미경과 염색법의 힘

**김샘** 바꿔 말해 여기 있는 이 현미경이 없다면 이 모든 실험이 불가능하다는 얘기겠지?

**바다** 와, 직접 보니까 현미경의 힘이 팍팍 실감돼요. 알고 보니 현미경도 망원경의 발명만큼이나 대단한 거네요!

**김샘** 그래, 망원경이 천문학에 일대 혁명을 가져온 것처럼 17세기 후반에 현미경이 발명되면서 뇌 과학 연구가 크게 달라진 게 사실이야. 그런데 우리가 이렇게 신경 세포의 모양이며 구조와 기능을 팍팍 실감하기까지 과학자들은 이 현미경 말고도 또 다른 어려운 숙제를 극복해야 했어.

**하늘** 그 숙제도 세포 크기가 너무 작다는 거와 연관 있겠네요?

**김샘** 맞아. 현미경으로 신경 세포를 관찰하려면 세포 조직을 아주 얇고 작은 조각으로 쪼개는 법을 알아야 했거든. 이 문제도 해부학의 발달로 신경 세포를 크게 손상시키지 않으면서 작은 조각으로 만들 수 있는 기구의 발명으로 해결돼. 이게 바로 조직학인데, 세포 조각을 포름알데히드 용액에 넣고 마이크로톰microtome이라는 절단기를 이용해 세포 시편을 만들어 내는 방법이지. 조직학자들이 신경 세포의 모습을 보게 된 건 19세기 후반에 이루어진 니슬 염색법 덕이야. 이 염색법은 독일의 신경학자 프란츠 니슬Franz Nissl이 염료를 이용해서 신경 세포를 염색하는 기술로 발전시킨 거고, 그 뒤에 이탈리아의 신경생리학자 카밀로 골지Camillo Golgi, 1843~1926가

신경 세포를 질산염 용액에 고정시키는 골지 염색 기술을 개발하게
돼. 1873년에 나온 이 골지 염색법 덕에 과학자들이 신경계의 미세
구조와 신경 세포를 눈으로 직접 보게 됐으니 그 중요성이 어떤지
짐작이 가지?

바다 신경 세포를 눈으로 직접 보게 된 게 그렇게 중요한 건가요?

김샘 뇌를 연구하는 과학자들은 뇌를 실제로 열어 보지 않고 주
로 실험실에서 인공적으로 배양한 신경 세포를 관찰해. 아까도 말

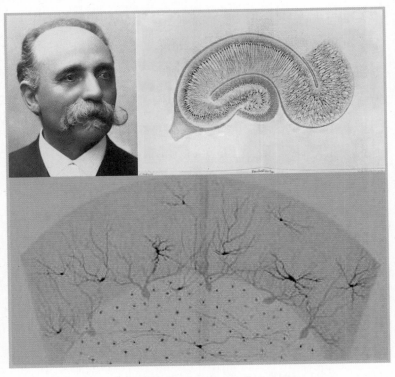

골지가 염색한 해마(위)와 소뇌 (아래) 그림

했지만, 신경 세포 하나하나가 어떠한 원리로 어떻게 작동하는가를 이해하는 게 아주 기본적이고 중요하기 때문이야. 그 중요한 신경 세포를 골지 염색법 덕분에 직접 확인하게 되었으니 중요할 수밖에 없지. 골지는 1906년에 질산은 염색법을 개발한 공로로 노벨 생리의학상을 받기도 해. 이때 재미있는 사실은, 골지와 함께 노벨상을 받은 신경해부학자가 바로 산티아고 카할Santiago Ramón y Cajal, 1852~1934이고, 그 두 사람이 과학적 적수였다는 거지.

**바다** 과학적 적수요? 무슨 뜻이에요?

**김샘** 두 과학자의 의견 차이가 그만큼 컸다는 뜻이야. 함께 노벨상을 받는 자리에서, 신경계의 기본 구조로 신경망을 내세운 골지가 신경 세포를 기본 단위로 삼은 카할의 뉴런주의가 마음에 들지 않는다며 싸움을 건 유명한 일화도 있어. 사실 최고의 과학자들이라도 과학적 발견의 초기 단계에선 의견의 불일치를 보이는 경우가 많아. 그런데 두 사람의 의견 차이는 아주 심했어. 신경 세포를 이해하는 게 그만큼 어려웠다는 뜻이지. 사실 카할이 등장하기 전까지 생물학자들은 골지 염색법을 통해 뇌세포 모양을 보고 무척 곤혹스러워했어. 우리 몸의 다른 세포들은 모양이 동그랗거나 납작한데, 신경 세포는 세포체 모양만 비슷하고 세포체 바깥쪽으로 당시에는 돌기라 부른 것들이 튀어나와 있었거든. 당시 생물학자들은 돌출된 그 돌기들이 신경 세포의 일부인지 아닌지조차 몰랐어. 그 돌기들이 어느 세포에서 나와서 어느 세포로 가는지는 더더욱 알 길이 없었고. 아까 우리가 미세 피펫에서 확인했듯이, 돌기의 굵기가 머리카락 굵기의 100분의 1 정도로 가늘잖아? 당시엔 그 돌기들의 표면 막을 관찰하고 분리할 방법이 없었기 때문에 골지를 비롯한 많은 생물학자들은 그 돌기에 표면 막이 없다고 결론 내려. 그것을 근거로 신경 세포가 뇌를 이루는 기본 단위라는 카할의 뉴런주의neuron doctrine에 맞서서, 신경계의 기본 단위는 돌기들 내부의 세포질이 섞여서 거미줄처럼 연결된 신경망이어야 한다고 주장했던 거고.

**바다** 신경 세포가 기본 단위로 밝혀졌으니까 카할이 이긴 거네요?

**김샘** 골지는 기술적으로는 꽤 유능하지만 과학자로서의 통찰력은 부족했던 걸로 보여. 바꿔 말하면 카할의 통찰력이 뛰어났다는 얘기지.

**하늘** 그래서 카할이 역사상 가장 중요한 뇌 과학자로 꼽히는 거죠? 신경 세포가 뇌를 이루는 기본 단위라는 뉴런주의를 선포하고 신경계 연구의 토대를 마련해서요.

**김샘** 맞아. 그 토대는 뇌의 세포적인 해부학을 상세히 아는 게 뇌 연구의 핵심이라는 것을 간파한 데서 마련돼. 1890년대에 신경 세포 전체를 눈으로 직접 볼 수 있는 방법을 찾기 위해 그가 기울인 노력과 방법을 보면 감탄이 저절로 나와. 전자 현미경도 없는 그 시대에 어떻게 신경 세포가 서로 연결되어 있는 것을 발견하고 또 그것을 그토록 생생한 그림으로 그려 냈을까?

## 뉴런주의를 선포하다: 뇌 과학의 아버지 카할

생리학자들이 카할에게 바친 찬사만 봐도 카할이 남긴 업적의 중요성을 알 수 있다. "죽은 신경 세포에서 살아 있는 신경 세포의 속성들을 추론하는 초인적인 능력을 발휘했다."는 평가도 그중 하나다. 생리학자 찰스 셰링턴은 1949년에 쓴 회고록에서 이렇게 단언하고 있다. "카할이 신경계가 만난 가장 위대한 해부학자라면 너무 과할까?"

카할의 뛰어난 통찰력은 남다른 그림 솜씨와 표현 능력과도 관계가 있는 것으로 보인다. 그가 관찰한 신경 세포의 핵심 요소를 생

카할이 그린 소뇌 세포 그림

생한 그림으로 포착해 내고, 그것의 본질을 상상력이 풍부하면서도 정확한 표현으로 파악해 내서 동료 후학들이 신경 세포를 이해하는 데 큰 도움을 준 것만 봐도 그렇다.

카할은 어려서부터 그림에 남다른 소질을 보였지만, 학교생활에 잘 적응하지 못하고 말썽을 부려서 이 학교 저 학교를 배회한 일화로도 유명하다. 외과 의사인 그의 아버지가 고대 묘지에서 파낸 유골들을 카할이 정교하게 그려 낸 것이 계기가 되어 그의 그림 재능은 비로소 빛을 발휘하게 된다. 뼈 그림을 시작으로 유골에 관심을 갖게 되고, 1868년에는 해부학과에 들어가서 뇌 해부학에 집중하게 되었기 때문이다.

카할이 해부학에 몰두한 것은 '합리적 심리학'을 개발하고 싶어서였고, 그러기 위해서는 뇌의 세포적인 해부학을 상세히 아는 것이 필요했다. 그런 판단 아래 신경 세포를 눈으로 볼 수 있도록 시각화할 수 있는 방법을 계속해서 찾은 결과, 갓 태어난 동물은 신경 세포 수가 적고 덜 조밀하며 돌기들이 짧다는 사실을 발견하게 된다. 여기에 골지가 개발한 특수한 은 염색법을 적용해 신경 세포의 본체와 모든 돌기를 관찰하게 된 것이다.

카할은 신경 세포가 모양이 복잡해도 단일하고 정합적인 대상이라는 것을 확신한다. 그리고 마침내 신경 세포에서 축삭 돌기와 가지 돌기를 구별해 낸다. 더 나아가 몸체(세포체)와 축삭 돌기와 가지 돌기로 나누어 고찰한 세포를 '뉴런'이라 이름 짓게 된다. 1890년대에는 그 결과를 종합하여 '뉴런주의'를 구성하는 네 가지 원리를 규정한다. 그 중요한 원리를 정리하면 다음과 같다.

첫째, 뇌의 기본적인 요소는 신경 세포다. 신경 세포는 뇌의 기초적인 구성 단위이자 기본적인 신호 전달 단위이다. 신호 전달 과정에서 축삭 돌기와 가지 돌기는 서로 다른 역할을 한다. 즉 신경 세포는 가지 돌기를 이용해 다른 신경 세포들로부터 신호를 받아들이고, 축삭 돌기를 이용해 다른 세포에 신호를 전달한다.

둘째, 신경 세포의 축삭 돌기 말단들은 다른 신경 세포의 가지 돌기들과 특수한 부위인 '작은 틈'에서만 소통한다. 그 작은 틈에서 신경 세포의 말단들은 다른 신경 세포의 가지 돌기들로 뻗어 나가지만, 틈을 사이에 두고 있기 때문에 서로 닿지는 않는다. 이 작은 틈이 바로 시냅스 틈새다. 이 놀라운 추론의 증좌인 시냅스 틈새는 1955년에 전자 현미경이 나오고서야 입증된다.

셋째, 각각의 신경 세포들은 아무렇게나 연결되는 게 아니라 특정한 신경 세포들과 작은 틈을 형성하면서 소통한다. 이것이 바로 연결 특이성 원리다. 신경 세포들이 특정 경로로 연결되어 신경 회로를 이루는 그의 그림을 따르면, 신호들은 신경 회로들을 따라서 예측 가능한 패턴으로 이동한다. 뇌를 특수하고 예측 가능한 회로들로 구성된 기관이라고 본 이 원리는 골지가 주장한 산만한 뇌 신경망 견해와는 확연히 구별된다.

넷째 원리는 역동적인 분극화다. 신경 회로 속의 신호는 오직 한 방향으로만 이동한다는 원리다. 신호가 한 방향으로 흐른다는 추론은 그야말로 놀라운 직관력에 따른 결과이며, 그 중요성은 아무리 강조해도 부족하지 않다. 바로 이 원리가 신경 세포의 모든 요소들을 뇌의 핵심적 기능인 신호 전달 기능과 관련짓기 때문이다.

카할의 발견 이후, 연결 특이성 원리와 한 방향 신호 흐름 원리는 일련의 논리적 규칙을 산출하게 된다. 이 규칙은 오늘날까지 신경 세포 사이의 신호 전달 지도를 그리는 데 유용하게 쓰이고 있다.


## 신경 세포는 말한다: 전기 신호, 활동 전위, 이온 통로

하늘 뇌 공부를 하는데 패치 클램프 기술이 나오고 미시 수준의 연구 방법 얘기가 자꾸 나와서 답답했는데, 그런 기술이며 방법이 왜 필요한지 이제 알겠어요. 신경 세포가 신호를 잘 전달하고 잘 전달받기 위해서잖아요. 그럼 거꾸로 신경 세포 하나하나를 잘 관찰하면 뇌 기능이 작동하는 원리를 확인할 수 있으니까 미세한 신경 세포에 보다 잘 접근할 수 있는 방법을 찾게 된 거고, 그래서 패치 클램프 같은 기술 얘기가 자꾸 나오게 되는 거 아닌가요? 신경 세포들이 서로 신호를 주고받는 방법을 자세히 살펴볼 필요도 있는 거고요?

바다 저도 신경 세포의 특징을 알고 나니까 신경 세포가 정보를 전달하는 전문가라는 뜻은 좀 알겠어요. 그런데 정보 전달을 위해 화학과 물리의 원리를 동시에 이용한다는 건 잘 모르겠어요.

김샘 그럼 구체적으로 어떤 원리가 어떻게 적용되는지 볼까? 먼저,

하나의 신경 세포가 다른 신경 세포에 정보를 전달할 때는 화학 원리가 적용돼. 이때 사용되는 신경 전달 물질이 화학 물질이라서 그래. 도파민, 세로토닌, 노르아드레날린이라는 이름 들어 봤지? 바로 이게 화학적인 신경 전달 물질이야. 그런데 하나의 신경 세포가 다른 신경 세포에 정보를 전달하기 전에는, 그러니까 하나의 신경 세포 안에서는 물리의 원리가 작용해. 이때의 신경 세포는 전기적 성질을 띠고 있기 때문이지.

**바다** 제가 모르는 것 중 하나가 그거예요. 어떻게 우리 몸이 전기적 성질을 띤다는 건지 잘 이해가 안 돼요.

**김샘** 우리 뇌를 구성하는 신경 세포는 정보를 전달하는 중요한 역할을 맡고 있어. 그래서 다른 세포에는 없는 기능을 몇 가지 갖고 있는데, 그중 하나는 신경 세포가 흥분을 한다는 거야.

**바다** 흥분이요?

**김샘** 그래, 흥분. 흥분해서 활동 전위action potential라는 전기 신호를 만들어 낸다는 뜻이야. 신경 세포가 하는 주된 일은 정보를 전달하는 거잖아? 정보를 전달하려면 도구가 있어야 하는데, 우리는 정보를 주고받기 위해 언어라는 도구를 쓰지? 신경 세포들은 정보를 주고받기 위해 전기 신호라는 도구를 쓴다는 얘기야.

**바다** 그 전기가 220볼트의 전류는 아닐 테고…… 어떤 거예요?

**김샘** 그런 전류는 아니고, 세포 안팎의 활동 전위 차이에서 발생하는 아주 미미한 전기 파동 같은 거야. 하나의 신경 세포가 다른 신경 세포가 보낸 신호를 받아서 이를 계산하고 멀리 떨어진 부위에 보낼 때 전기 파동 신호인 활동 전위를 사용한다고 보면 돼.

**바다** 그럼 신경 세포는 어떻게 전기 신호를 만들어 내는 거예요? 그러니까 활동 전위는 어떻게 해서 일어나는 거예요?

**김샘** 좋은 질문인데! 신경 세포는 어떻게 전기 신호를 만들어 내는 걸까?

우리 뇌와 신경계의 신호는 신경 세포의 세포막을 따라서 흐르는 전기 신호로, 활동 전위라고 부른다. 활동 전위는 우리의 감각, 사고, 감정, 기억에 관한 정보를 전달하는 핵심 신호이다. 그렇다면 신경 세포는 전기 신호를 어떻게 만들어 낼까? 즉, 어떻게 해서 활동 전위가 일어나는 걸까?

신경 세포의 신호 전달 기능에 대한 생각은 1791년 이탈리아의 생물학자 루이지 갈바니Luigi Galvani가 개구리 다리에서 전기 작용을 발견하면서 시작된다. 갈바니는 개구리 다리에 전기 충격을 주어 움직임이 일어나게 만드는 실험을 계속한 끝에, 신경 세포와 근육 세포는 자체적으로 전기를 만들 수 있고 따라서 근육의 움직임은 근육 세포가 만들어 낸 전기 때문에 일어난다는 견해를 밝힌다.

갈바니의 통찰은 1859년에 헬름홀츠가 동물의 내부에서 전기 신호가 전달되는 속도를 측정하는 데 성공하면서 구체화된다. 헬름홀츠는 물리학의 방법을 뇌 과학에 처음 적용한 과학자로, 살아 있는 축삭 돌기를 따라 전달되는 전기 흐름은 구리선을 따라 전달되는 전기 흐름과 근본적으로 다르다는 것을 발견한다. 전기 신호는 금속선에서 광속에 가까운 속도로 전달되고 또 수동적으로 전달되기 때문에 거리가 멀수록 신호의 세기가 급속히 약해진다. 그 때문에 축삭 돌기에 전달되는 전기 신호가 수동적으로 전달된다고 가정하면, 엄지발가락 근육에 닿은 신경에서 나온 신호는 뇌에 닿기도 전에 사라져 버리게 된다.

헬름홀츠는 실험을 계속해서 신경 세포의 축삭 돌기가 금속선보다 훨씬 느리게 전기를 전달하며, 그 전달은 최고 초속 27미터 정도의 속도로 전파되는 파동과 비슷하다는 것을 보여 준다. 더 나아가 신경의 전기 신호는 전파되어 나가면서 약해지지 않는다는 사실도 입증한다. 즉 금속선의 전기 신호와 달리 신경은 빠른 속도 대신 능동적인 전달을 선택한 것이고, 바로 이 능동적인 전달이 엄지발가락에서 발생한 신호가 약화되지 않고 척수까지 도달하게 한다는 것이다.

이러한 발견은 다음 질문을 낳게 된다. 그 전파 신호들은 어떤 모양이고, 어떻게 정보를 감지하며, 또한 생물학적 조직이 어떻게 전기 신호를 산출할 수 있는 걸까? 무엇보다 전기 신호의 흐름을 무엇이 어떻게 운반하는 걸까?

1920년대에 이르러서야 에드거 에이드리언Edgar Douglas Adrian이 그 신호의 형태와 역할을 발견하게 된다. 에이드리언은 피부에 있는 감각 세포의 축삭 돌기를 따라 전파되는 활동 전위를 기록하고 증폭하는 방법을 개발해서 최초로 신경 세포들의 기초적인 신호를 듣게 된다. 그 과정에서 활동 전위에 관한 것도 알아낸다. 그중엔 활동 전위의 중요한 법칙인 '실무율 법칙all or none law'도 있다. 활동 전위는 전부all 아니면 전무none인 신호라는 것으로, 신경 세포에서 산출된 활동 전위는 거의 동일하며, 그것을 일으킨 정보 자극의 세기나 모양, 지속 시간, 위치에 상관없이 그 전위의 모양과 진폭이 거의 같다는 것이다.

자극의 세기가 신호를 산출할 수 있는 문턱에 도달하면, 자극이 더 커져도 신호가 작아지거나 커지지 않고 거의 동일하다는 것도 발견한다. 이 문턱은 역치 값threshold value을 말한다.(이해를 돕기 위해 현재까지 정리된 내용을 보면, 외부 자극에 반응해 활동 전위를 만들 때 신경 세포는 실무율을 따른다. 신경 세포에는 역치 값이라는 게 있는데, 문턱을 넘어설 수 있는 임계값 또는 한계값의 개념이다. 활동 전위는 역치 값보다 약한 자극에는 반응을 보이지 않다가 역치 값 이상이 되면 신호를 만들어 낸다. 그런데 가지 돌기의 수용체에서 발생하는 전위는 받아들이는 자극이 커질수록 전위도 함께 커진다. 이것이 바로 차등 전위다. 자극이 셀수록 반응이 커지는 차등 전위와 달리, 활동 전위에서는 역치 값을 넘는 자극에 맞추어 전위가 발생하는 빈도가 잦아진다.)

에이드리언은 전부 아니면 전무인 활동 전위의 특징을 발견한 뒤에 더 많은 질문을 제기한다. 전부 아니면 전무의 신호를 산출하는 원리는 무엇이고, 활동 전위가 만들어지는 데 필요한 전하를 무엇이 어떻게 운반하는 걸까? 그에 따른 연구도 계속해서 1932년에 찰스 셰링턴과 공동으로 노벨 생리의학상을 받게 된다.

헬름홀츠의 제자인 율리우스 베른슈타인Julius Bernstein은 스승이 남긴 질문에 매달린 끝에 1902년에 '막 가설membrane hypothesis'을 제시한다. 즉, 축삭 돌기는 세포막에 싸여 있고, 신경 활동이 전혀 없는 안정 상태에서도 막을 경계로 나뉜 세포 내부와 외부에는 일정한 전위차가 존재한다는 것이다.

베른슈타인은 오늘날 '안정 막전위resting membrane potential'라 부르는 그 전위차가 매우 중요하다는 것을 깨닫는다. 왜냐하면 모든 신호는 그 안정 막전위의 변화에 토대를 두고 있기 때문이다. 그 깨달음을 계기로 베른슈타인은 안정 상태에서 세포막 안팎의 전위차는 약 70밀리볼트이며, 세포 내부가 세포 외부보다 더 많은 음전하를 가진다는 것을 발견한다.

실제로 앞서 패치 클램프 기술에서 본 미세 유리관으로 된 전극을 신경 세포에 꽂으면, 세포 내부는 −70밀리볼트 정도의 전하를 띤다. 이때 세포 외부는 0밀리볼트다. 이렇게 형성된 세포막 안과 밖의 전압의 차를 막전위라고 한다. 즉, 세포 내부가 외부보다 음전하를 띠어서 활동 전위가 일어나지 않는 상태가 안정 막전위다.

신경 세포는 음(−)의 값을 가지는 안정 막전위 상태에 있다가 어느 순간 자극에 반응하면서 전압이 양(+)의 값으로 올라가는 현상이 일어나는데, 이것이 바로 활동 전위다. 양의 값으로 변한, 곧 흥분한 막전위는 여러 과정을 거쳐 다시 안정 막전위로 되돌아간다. 그렇다면 이 전위 변화는 왜 생기는 걸까?

전위 변화의 원인을 묻는 질문에 답하기 위해 베른슈타인은 무언가가 세포막을 관통하면서 전하를 운반해야 한다고 추론한다. 이때 이미 우리 몸속의 모든 세포가 세포 외 액에 담겨 있다는 사실을 알고 있던 베른슈타인이 추론한 내용은 다음과 같다.

먼저, 유체(세포 외 액)는 금속 도체와 달리 전류를 운반할 자유 전자 대신 이온을 포함하고 있다는 것이다. 이때의 이온은 전하를 띤 나트륨($Na^+$), 칼륨($K^+$), 염소($Cl^-$) 등의 원자를 말한다. 세포 내부의

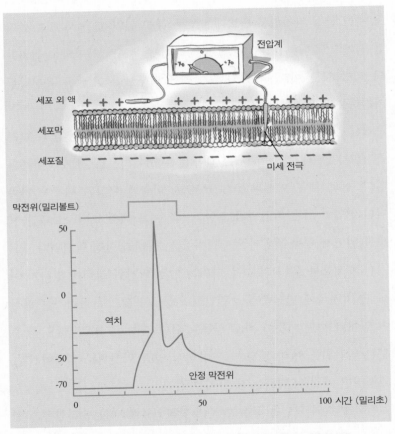

신경 세포 내부에 미세 전극을 꽂아 측정한 −70밀리볼트의 안정 막전위

세포질도 다량의 이온을 포함하고 있다고 보고, 이온들이 전류를 운반한다고 추론한다.(이온의 이동으로 전기가 발생한다는 것이다.) 나아가 '세포 내부와 외부의 서로 다른 이온 농도 불균형'이 막을 가로지르는 전류를 발생시키는 거라는 대단한 통찰을 보인다.

베른슈타인은 이전 연구를 통해 이미 세포 외 액이 짜다는 사실을 알고 있었다. 세포 외 액은 양전하를 띠는 나트륨 이온과 음전하를 띠는 염소 이온을 높은 농도로 갖고 있는 반면, 세포질은 음전하를 띠는 단백질과 양전하를 띠는 칼륨 이온을 높은 농도로 갖고 있다. 그에 따라 막 안팎에서 양전하와 음전하를 띤 이온들이 균형을 이루게 되지만, 그 균형에 관여하는 이온들은 세포 내부와 세포 외부에서 각각 다르게 나타난다.

전하가 세포막을 통과해 흐르려면, 막이 세포 외 액이나 세포질에 있는 특정 이온을 통과시켜야 한다. 그렇다면 어떤 이온을 통과시킬까? 이때 베른슈타인은 세포막이 안정 상태에서는 칼륨 이온을 제외한 모든 이온들의 통과를 막는다고 추론한다.(세포막은 오늘날 '이온 통로ion channel'라 부르는 특별한 구멍들을 갖고 있다. 칼륨 이온이 농도가 높은 세포막 내부에서 농도가 낮은 세포막 외부로 흐른다는 것을 말해 주는 것이 바로 이 이온 통로들이다.)

칼륨 이온은 양전하를 띠기 때문에 그것이 세포 외부로 움직이면 세포 내부에 있는 단백질 때문에 전체적으로 음전하가 많은 상태가 된다. 이렇게 되면 세포 내부의 전하 총량이 음이기 때문에 세포막 바깥으로 나간 양전하의 칼륨은 다시 세포막 외부 표면 쪽으로 끌려든다. 그래서 세포막 외부 표면에는 세포막 내에서 방출됐던 칼륨의 양전하들이 늘어서게 되고, 세포막 내부 표면에는 칼륨을 세포막 내로 다시 끌어들이는 단백질의 음전하들이 늘어서게 된다. 베른슈타인은 이러한 이온들의 균형이 일정하게 -70밀리볼트 상태를 유지하는 막전위를 산출한다고 본 것이다.

신경 세포가 어떻게 안정 막전위를 유지하는가를 발견하고 나자 다음의 질문이 이어진다. 신경 세포가 활동 전위를 산출할 만큼 충분히 자극되면 무슨 일이 일어날까?

베른슈타인이 제기한 이 질문은 에이드리언의 제자인 앨런 호지킨과 그의 제자인 앤드루 헉슬리가 받게 된다. 그 답은 1939년에 오징어의 축삭 돌기에서 활동 전위가 어떻게 산출되는가를 연구하는 데서 마련된다. (유럽창꼴뚜기의 일종인 오징어의 축삭 돌기는 굵기가 1밀리미터다. 우리 축삭 돌기보다 1,000배나 굵어서 거대하다는 표현을 쓴다. 오징어가 포식자로부터 재빠르게 도망치기 위해 발달된 이 거대 축삭은 맨눈으로도 관찰할 수 있다.)

활동 전위가 어떻게 발생하는지를 알아내려면 세포 외부뿐만 아니라 내부에서도 탐지해야 한다. 굵기가 1밀리미터에 달하는 거대 축삭 돌기의 세포질 내부와 외부에 각각 미세 전극을 넣어 측정한 결과, 안정 막전위는 -70밀리볼트이며 칼륨 이온이 세포막의 이온 통로를 통과한다는 베른슈타인의 추론이 입증된다.(이때 축삭 돌기에 자극을 가해 활동 전위를 산출한 결과는 베른슈타인이 예측한 70밀리볼트가 아니라 110밀리볼트(전위차)로 나타난다. 활동 전위가 세포막의 전위를 최저 −70밀리볼트에서 최고 +40밀리볼트로 증가시킨 측정 결과는, 베른슈타인이 추론한 막 가설과 다르다. 막은 활동 전위를 발생시킬 때도 선택적으로 작용하여 특정한 이온들만 통과시키고 다른 이온들은 막는다.)

1945년에 호지킨과 헉슬리는 세포막을 통과하는 이온의 흐름을 측정하기 위해 새로 개발된 '전압 고정법voltage clamp'을 오징어의 거대 축삭 돌기에 적용한다. 그 결과 안정 막전위는 세포막 안팎의 칼륨 이온 분포가 다르기 때문에 발생한다는 베른슈타인의 발견을 입증한다.(세포막에 충분히 자극을 주면 나트륨 이온이 약 1,000분의 1초 동안에 급격하게 세포 내부로 이동하고, 내부 전위를 −70밀리볼트에서 +40밀리볼트로 변화시켜서 활동 전위의 상승을 일으킨다는 과거의 발견도 다시 입증한다.) 나트륨이 유입된 다음엔 거의 즉각적으로 칼륨의 유출이 일어나 활동 전위의 하강이 이루어지고 세포 내부 전위의 초깃값인 −70밀리볼트로 되돌아간다.

그렇다면 이때 세포막은 나트륨과 칼륨 이온이 넘나드는 것을 어떻게 통제하는 걸까? 호지킨과 헉슬리는 그때까지 아무도 생각하지 못한 '이온 통로'에서 그 답을 찾게 된다.

그 내용을 보면, 이온 통로에는 열리고 닫히는 '문gate'이 있다. 활동 전위가 축삭 돌기를 따라 전파될 때 나트륨 문에 이어서 칼륨 문이 신속하게 열리고 닫힌다. 또 여닫히는 것이 신속한 것을 보면 세포막 안팎의 전위차에 의해 제어되는 것이 분명하다. 그래서 나트륨 통로와 칼륨 통로를 '전압 감응성 통로voltage-gated channel'로 부르게 된다.(앞서 베른슈타인이 발견한 안정 막전위의 원인이 되는 칼륨 통로는 '문 없는 칼륨 통로'라 불렀다. 일단 문이 없고 세포막 안팎의 전위차에 영향을 받지 않는다고 보았기 때문이다.)

신경 세포가 안정 막전위 상태에 있을 때 전압 감응성 통로들은 닫힌다. 그러다가 자극이 세포의 안정 막전위를 충분히 변화시키면(−70밀리볼트에서 −55밀리볼트로 변화시키면), 전압 감응성 나트륨 통로가 열려서 나트륨 이온이 세포 내부로 들어온다. 그리고 그 잠깐 사이에 세포 내부에 양전하가 급격히 증가해서 막전위가 −70밀리볼트에서 +40밀리볼트로 치솟게 된다. 그 같은 막전위의 변화에 반응하기 위해 나트륨 통로가 닫히고 칼륨 통로가 아주 잠깐 동안 열린다. 그에 따라 양전하를 띤 칼륨 이온의 유출이 증가하여 세포 내부는 −70밀리볼트의 안정 상태로 복귀한다.

'이온 가설'로 정식화된 연구에 대한 공로로 1963년에 호지킨과 헉슬리는 노벨 생리의학상을 수상한다.(호지킨은 자신이 받은 노벨상이 거대 축삭 돌기를 제공한 오징어에게 돌아가야 한다고 말한 바 있다. 이 말은 단지 유머에 그치지 않는다. 이온 가설 실험을 위해 태어난 듯한 거대 축삭을 만나지 못했더라면 '이온 가설'은 훨씬 늦게 제자리를 찾았을 테니 말이다.)

이온 가설은 신경 세포를 모든 세포가 공유하는 물리적 원리로 설명할 수 있다는 점에서 카할의 뉴런주의에 버금가는 자리를 차지한다. 또 이온 가설이 분자 수준의 메커니즘에 대한 탐구의 장을 열었다는 점에서 생물학에서 DNA 구조가 한 것과 같은 역할을 세포 생물학에서 한 것으로도 평가된다.(그로부터 50년이 지난 2003년에 로더릭 매키넌Roderick MacKinnon이 '문 없는 칼륨 통로'와 '전압 감응성 칼륨 통로'를 이루는 단백질의 3차원 구조를 밝혀내 노벨 화학상을 받게 된다. 이때 밝혀진 특징은 호지킨과 헉슬리가 예견한 내용이다.)

호지킨은 활동 전위에서 세포 내부엔 나트륨이 더 많고 외부엔 칼륨이 더 많은 상태로 남겨 놓는 불균형이 잉여 나트륨 이온을 세

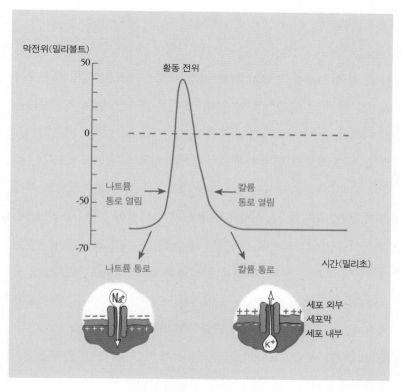

**활동 전위에 대한 호지킨-헉슬리 모형**

양전하를 띤 나트륨 이온(Na$^+$)의 유입은 세포 내부의 전위를 변화시키고 활동 전위의 상승을 일으킨다. 이와 거의 동시에 칼륨 통로가 열려 칼륨 이온(K$^+$)이 세포 외부로 나가면서 활동 전위의 하강이 일어나고, 세포막 안팎의 이온들이 재배열되어 원래의 안정 막전위를 되찾는다.

포 밖으로 나르고 칼륨 이온을 세포 안으로 가져오는 단백질에 의해 조절되어 결국 나트륨과 칼륨의 농도가 원래 상태로 돌아간다는 것도 알아낸다. 이렇게 해서 신경 세포 내부에서 전기 신호가 어떻게 발생하는가에 대한 오래된 의문이 해결된다. 전압 감응성 나트륨 통로와 전압 감응성 칼륨 통로가 단백질이라는 사실은 분자생물학이 밝혀낸다.

하늘 활동 전위를 만들기 위해 신경 세포가 세포막에 이온 통로를 가지고 있는 건 알겠어요. 그런데 그 이온 통로가 막 단백질이라는 건 이해가 잘 안 돼요.

김샘 신경 세포의 경계는 세포막이 담당하고 있어. 이 세포막은 두 층의 얇은 지방질로 되어 있고. 이 세포막을 전자 현미경으로 확대해서 보면, 지방질 분자 사이사이에 막 단백질이 떠 있는 게 보여. 막 단백질은 세포액으로 채워진 이온 구멍을 가지고 있어서 거기로 이온들이 통과하는 거야. 이온 통로들은 신경 세포에만 있는 게 아니라 인체의 모든 세포에도 있어. 베른슈타인이 제시한 것과 같은 메커니즘으로 안정 막전위를 산출하는 거고.

바다 전 그 메커니즘이란 게 어떤 건지, 그러니까 안정 막전위가 어떻게 산출되는 건지 그 과정을 잘 모르겠어요.

김샘 그럼 찬찬히 볼까? 우리 몸에는 크게 나트륨($Na^+$), 칼륨($K^+$), 칼슘($Ca^{++}$), 염소($Cl^-$)에 해당하는 네 가지 이온 통로가 있어. 우리 몸의 70퍼센트는 물로 이루어졌지? 우리 몸에서 이 네 가지 이온들은 물에 녹아 있는 상태로 존재해. 이온이 녹은 물은 세포 내 액이나 세포 외 액에도 있고 세포 사이사이나 혈관 속에도 있어. 세포 내 액엔 칼륨 이온이 많고 세포 외 액엔 나트륨 이온이 많아. 일반적으로 모든 물질은 농도가 높은 데서 농도가 낮은 데로 확산되는 성질이 있어. 그런데 이 성질을 거스르면서 세포 내부는 칼륨 이온의 농도가 높고 세포 밖은 나트륨 이온의 농도가 높은 음전하를 띠지. 이 성질을 거스르는 것은, 세포막 단백질 중의 하나인 나트륨-칼륨 펌프가 에너지를 사용하면서, 세포막 내부엔 칼륨 이온 농도가 높고 세포막 밖에는 나트륨 이온 농도가 높도록 만들기 때문이야. 그 때문에 세포막 내부가 −70밀리볼트의 음전하를 지니는 거고. 여기서 나트륨-칼륨 펌프가 사용하는 에너지원이 ATPAdenosine TriPhosphate라는 아데노신3인산이야. 신경 세포는 이 ATP를 사용해서 나트륨-칼륨 펌프를 계속 돌리는 데 대부분의 에너지를 써. 이온 통로는 항상 열려 있는 게 아니라 세포막의 전위 상태나 신경 전달 물질 등에 의해 여닫히는 것이 조절돼. 그에 따라 막전위의 변화가 생기면서 차등 전위나 활동 전위를 만들게 되는 거지. 아직도 좀 어렵다는 표정들이네?

하늘 그럼 신경 세포의 세포막에는 다른 세포보다 막 단백질로 된 이온 통로가 훨씬 많아야겠네요? 신호를 전달해야 하니까요!

김샘 그래 맞아. 신호를 전달하기 위해 이온 통로가 많은 건데 그게 바로 신경 세포의 특징을 이루게 돼. 다시 말하면 신경 세포는 DNA에서 이온 통로를 만드는 유전자를 활발하게 드러내 보이는 특징이 있는데, 이 특징이 신경 세포가 활동 전위나 다른 전기적인 활동을 할 수 있게 만든다는 얘기야. 신경 세포의 특징은 알면 알수록 참 신기하지?

**바다** 흥분하면 찌릿찌릿 전기가 오른다고 하잖아요? 그 말이 그냥 비유인 줄 알았는데 활동 전위에 따른 진짜 전기 신호라니까 제 몸이 막 찌릿찌릿해요. 진짜 신기한 정보가 들어왔다고, 전하를 띤 신경 전달 물질들이 단백질 이온 통로를 마구 왔다 갔다 하나 봐요.

**김샘** 신경 세포는 신호를 보내는 방법으로 전기 자극을 사용해. 빛이든 소리이든 간에 외부에서 들어오는 정보를 우리가 느끼기 위해서는 모든 신호를 전기 신호를 바꾸어 전달한다는 뜻이지. 감각 기관을 통해 들어온 정보를 전달하기 위해서, 세포체에서 만들어진 전기 신호는 축삭 돌기를 따라 길게는 1미터를 넘는 곳까지 먼 길을 떠나. 속도는 그렇게 빠르지 않아. 신경 세포에 흐르는 전기는 전자가 아니라 전하를 가진 이온들로 만들어지기 때문이지. 빠를 때는 1초에 100미터고 느릴 때는 1초에 수 미터 정도이지만, 우리 몸의 구석구석까지 필요에 따라 알맞게 신호를 전달하는 엄청난 능력을 갖고 있지. 자, 이렇게 하나의 신경 세포에서 전기 신호가 발생하는 원리를 알고 나자마자 다음 질문이 기다리고 있네.

**하늘** 신경 세포와 신경 세포 사이의 신호 전달은 어떻게 이루어질까 하는 거죠?

**바다** 그 신호가 바로 화학 신호겠네요.

## 신경 세포와 신경 세포는 대화한다: 시냅스 건너기

우리는 이미 그 신호의 정체가 화학 신호라는 것을 알고 있다. 그런데 1950년대까지만 해도 그 신호를 전기 신호로 알았다. 그 신호가 화학적이라는 증거는 1920~30년대 초반에 자율 신경계(자율 신경계의 신경 세포 본체들은 척수와 뇌줄기 바로 바깥에 자율 신경절이라는 무리를 지어 있기 때문에 말초 신경계의 일부로 간주된다.)에 대한 연구에서 시작된다.

영국의 약리학자 헨리 데일Henry Dale과 독일의 신경학자 오토 뢰비Otto Loewi는 자율 신경계에서 심장과 특정 분비샘으로 가는 신호를 연구하는 과정에서 자율 신경계 세포의 활동 전위가 축삭 말단에 도달하면 시냅스 틈새로 화학 물질이 방출된다는 것을 발견한다. 먼저 뢰비는 개구리 실험을 통해 자율 신경계의 한 세포에서 시냅스를 건너 다른 세포로 가는 신호가 특수한 화학적 전달 물질에 의해 운반된다는 것을 입증한다. 데일은 개구리의 미주 신경에서 방출된 화학 물질이 아세틸콜린이라는 것을 밝혀낸다. 이 공로로 두 사람은 1936년에 노벨 생리의학상을 수상한다.

이때 재미있는 사실은, 약리학에 관심 있는 신경생리학자들은 신경 전달 물질이 화학 물질이라는 확신을 가진 반면, 존 에클스John Eccles같은 전기생리학자들은 여전히 회의를 보인 점이다. 시냅스 소통을 전기적이라고 믿은 '스파크spark 파'와 화학적이라고 믿은 '수프soup 파' 사이의 논쟁은 1950년대까지 지속된다.

전기 신호를 포착하는 기법이 발전하면서, 개구리의 운동 세포와 골격 근육 사이의 시냅스에서 작은 전기 신호가 발견된다. 이때 시냅스 전 세포의 활동 전위는 근육 세포의 활동 전위를 직접 유발하지 않으며, 활동 전위보다 훨씬 느리고 그 세기도 다양하다는 사실도 밝혀진다. 시냅스 전위의 발견은 신경 세포가 두 가지 전기 신호를 사용한다는 것을 보여 준다. 즉, 세포 내부에서의 신호 전달에는 상대적으로 원거리인 활동 전위를 사용하고, 시냅스를 건너가는 작은 신호 때에는 시냅스 전위를 사용한다.

스파크 파의 대표 격인 존 에클스는 시냅스 전위가 셰링턴이 말한 신경계 통합 작용의 원인이라는 사실을 깨닫게 된다.(셰링턴은 카할이 발견한 신경 세포의 연결 구조를 생리학과 행동학에 도입해 고양이 척수를 대상으로 반사 행동을 연구하는 과정에서 카할이 해부학적 연구만으로 추론할 수 없던 것을 발견한다. 즉, 모든 신경 세포가 시냅스 전 축삭 돌기 말단을 이용하여 다음번 세포의 가지 돌기 수용체를 흥분시키지 않으며, 일부 신경 세포는 다음 신경 세포 가지 돌기 수용체로의 정보 전달을 억제한다는 것을 알아낸다. 이를 토대로 신경 통합의 원리를 밝혀내 노벨상을 받은 것이다.)

시냅스 전위가 화학적인지 전기적인지에 대한 논쟁은 1951년에 영국의 생리학자 버나드 카츠Bernard Katz가 운동 세포에서 방출된 아세틸콜린이 시냅스 전위의 모든 단계를 일으킨다는 직접적인 증거를 제시하면서 종결된다. 아세틸콜린이 시냅스 틈새 너머로 신속히 확산되고 근육 세포의 수용체와 빠르게 결합해 이온 통로가 열림으로써 시냅스 전위를 일으킨다는 것을 입증한 공로로 카츠는

1970년에 노벨 생리의학상을 수상한다.

카츠는 화학 전달 물질에 의해 문이 여닫히는 그 이온 통로가 전압 감응성 통로와 다르다는 것도 입증한다. 그 내용을 보면, 먼저 새로운 이온 통로는 특정 화학 전달 물질에만 반응하며 나트륨과 칼륨을 모두 통과시킨다. 나트륨과 칼륨이 동시에 통과하면 근육 세포의 안정 막전위는 −70밀리볼트에서 0으로 바뀐다. 이때 시냅스 전위는 화학 물질에 의해 산출된다. 그 속도는 앞서 데일이 추측한 것처럼 신속하다. 또 시냅스 전위는 충분히 클 경우 활동 전위를 산출하여 근육 섬유의 수축을 일으킨다. 이렇게 해서 신경 전달 물질 감응성 통로는 시냅스 전위를 만들 때 실제로는 운동 세포에서 온 화학 신호를 근육 세포 내의 전기 신호로 변환시킨다.

카츠는 시냅스 전위에 쏟았던 관심을 신호를 보내는 세포에서 일어나는 신경 전달 물질의 방출로 돌린 뒤에 놀라운 발견을 한다. 활동 전위가 축삭 돌기를 따라 시냅스 전 말단으로 전파되면 칼슘 이온을 통과시키는 전압 감응성 통로가 열리고, 시냅스 전 말단에 칼슘 이온이 유입되면 일련의 분자적 단계들을 거쳐 신경 전달 물질이 방출된다는 것이다.

그림에서 보듯, 신호를 보내는 세포에서 전기적 신호를 화학적 신호로 번역하는 과정을 시작하는 것은 활동 전위에 의해 열린 전압 감응성 칼슘 통로들이다. 이것은 신호를 받는 세포에서 전달 물질을 감응하는 감응성 통로들이 화학적 신호를 다시 전기적 신호로 번역하는 것과 짝을 이룬다.

척수와 뇌의 시냅스 전달은 운동 신경과 근육 사이의 신호 전달
보다 훨씬 더 복잡하다. 1935년에 셰링턴과 함께 척수를 연구한 에
클스는 그 연구를 계속해서 1951년에 셰링턴의 발견을 입증한다.
운동 신경은 흥분 신호와 억제 신호를 모두 수용하며, 그 신호들은
특정 수용체들이 작용하는 특정 신경 전달 물질에 의해 만들어진다
는 게 그것이다.(운동 신경의 경우, 시냅스 전 세포에 의해 방출된 흥분 신경

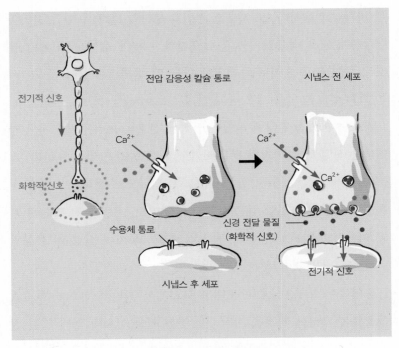

**전기적 신호에서 화학적 신호로**

활동 전위가 시냅스 전 말단에 진입하면 칼슘 통로가 열려 칼슘 이온들이 세포 내부로 들어온다. 이
어 신경 전달 물질이 시냅스 틈새로 방출된다. 신경 전달 물질은 시냅스 후 세포 표면의 수용체들과
결합하고 화학적 신호는 다시 전기적 신호로 전환된다.

전달 물질은 시냅스 후 세포의 안정 막전위를 −70밀리볼트에서 활동 전위 유발의 문턱인 −55밀리볼트로 변화시킨다. 반면에 억제 신경 전달 물질은 그 막전위를 −70밀리볼트에서 −75밀리볼트로 변화시켜 세포가 활동 전위를 발생시키는 걸 훨씬 더 어렵게 만든다.)

에클스는 전기적 가설을 버림으로써 흥분 시냅스 전달이 화학적으로 매개된다는 카츠의 발견을 입증하게 된다. 더 나아가 억제 시냅스 전달 역시 화학적으로 매개된다는 것을 보여 줌으로써 화학 가설의 보편성을 주장하는 과학자로 거듭난다. 그리고 1963년에 호지킨, 헉슬리와 함께 노벨 생리의학상을 수상한다.

**김샘** 카츠는 아세틸콜린 같은 전달 물질이 축삭 말단에서 개별 분자들로 방출되지 않고, 5,000개 정도의 분자들이 담긴 작은 꾸러미로 방출된다는 것도 발견해. 그 꾸러미를 양자quantum라 이름 짓고, 각각의 양자는 자신이 시냅스 소포vesicle라 이름 지은 막-결합형 주머니에 싸여 있다고 추론하지. 그 추론은 1955년에 록펠러 연구소의 샌퍼드 펄레이Sanford Pallay 연구팀이 전자 현미경으로 시냅스 사진을 찍어서 시냅스 전 말단에 작은 꾸러미들이 들어찬 모습을 직접 보여 줌으로써 입증돼. 시냅스 소포 꾸러미들 속에 신경 전달 물질이 들어 있다는 것은 더 나중에 밝혀지고.

**바다** 전자 현미경으로 보지도 않고 그런 걸 추론한 카츠 같은 과학자들이 얼마나 큰일을 해낸 건지 이제 좀 알겠어요. 그런 점에서 오징어의 거대 축삭을 찾아낸 것도 큰 행운으로 보이고요.

**김샘** 큰 행운이지! 실제로 카츠의 경우도 실험 대상을 개구리의 시냅스에서 오징어의 거대 시냅스로 바꾸면서 더 큰 발견을 했어. 카츠가 1945년에 호지킨, 헉슬리와 함께 연구를 하면서 알게 된 오징어의 시냅스 덕분에 시냅스 전 말단으로 유입된 칼슘 이온들이 하는 역할을 추론해 낼 수 있었거든. 오징어의 거대 시냅스가 아니었더라면, 시냅스 소포가 시냅스 전 말단의 표면 막과 융합하면서 그 막에 구멍을 만들어 신경 전달 물질을 시냅스 틈새로 내보낸다는 그 중요한 발견도 훨씬 늦어졌겠지. 오징어의 시냅스만큼이나 중요한 역할을 한 시냅스가 또 있어.

**하늘** 아, 달팽이의 시냅스 아니에요? 에릭 캔들 박사가 민달팽이라는 군소의 신경 세포를 가지고 시냅스가 바뀌는 걸 알아냈잖아요?


### 기억과 학습의 다른 이름: 시냅스 바꾸기


1894년에 카할이 제안한, 시냅스 변화가 학습에서 중요한 의미를 갖는다는 가설은 1948년에 파블로프의 제자인 신경생리학자 예르지 코르노르스키 Jerzy Kornorski에 의해 새롭게 제기된다. 감각 자극이 신경계에 두 가지 변화를 일으킨다는 것으로, 흥분성excitability 변화와 가소성plasticity 변화가 그것이다. 흥분성 변화는 감각 자극에 대한 반응으로 신경 회로에 하나 이상의 활동 전위가 발생할 때 생긴다. 가소성 변화는 적절한 감각 자극이나 조합의 결과로 특정한 신경 세포 시스템에 영구적인 기능 변화를 일으킨다.

캐나다의 심리학자 도널드 헵Donald Hebb도 1949년에 시냅스 가소성 개념을 제시했다. 신경들의 연결인 시냅스가 강화되면 나중에 연결된 신경 중 하나만 자극해도 나머지가 함께 발화한다는 것이다.

에릭 캔들은 이 가소성 변화에 주목해 이런 질문을 던진다. 학습에서 중요한 의미를 갖는 가소성 변화는 어떻게 일어나는 걸까?

카할은 학습을 단일한 과정으로 생각했지만, 파블로프와 밀너의 연구를 알고 있던 캔들은 가소성 변화가 학습과 연관되려면 시냅스들이 장기간 변화해야 한다고 생각한다. 그리고 그것을 확인하기 위해 파블로프의 단순한 반사 학습 실험 방법을 군소의 신경 세포에 적용한다. '학습의 신경 유사물 탐구'로 불린 그 실험은 군소의 배 신경절에서 가장 큰 세포(나중에 R2라 불림)에 미세 전극을 삽입하고, 그 신경 경로에 다양한 자극을 가하면서, 그에 따른 세포의 반응을 기록하는 것이다. 여기서 핵심은 파블로프의 습관화, 민감화, 고전적 조건화의 유사물을 얻는 것이다. 따라서 이 세 가지 유형의 자극 내용을 먼저 살펴볼 필요가 있다.

동물은 가장 단순한 형태의 학습인 습관화를 통해서 자극을 인지하는 것을 배운다. 예를 들어 동물이 갑작스러운 소음을 처음 듣는 경우를 보자. 그때 동물은 동공이 커지고 심장 박동과 호흡이 빨라지는 식으로 자율 신경계에 방어적인 변화를 일으킨다. 그런데 그 소음을 반복해서 들려주면, 동공도 커지지 않고 심장도 빨라지지 않는다. 반복 경험에 의해 그 자극을 무시해도 된다는 것을 학습한 것이다. 한동안 자극을 주지 않다가 다시 자극을 가하면, 동물은 그 자극에 다시 반응하게 된다.

우리가 어느 정도 잡음이 있는 환경에서 더 효율적으로 일할 수 있는 것도 이 습관화 때문이다.(공부방의 시계 소리나 자신의 심장 박동 같은 신체적 감각에 익숙해지는 것도 이 습관화 때문이다.) 습관화는 지각 능력을 형성하는 데 중요한 역할을 하고, 익숙한 대상을 인지하는 검사를 통해 간단히 확인되기 때문에 유아의 시각과 기억 발달을 연구하는 데도 쓰인다. 예를 들어 영유아에게 원을 반복해서 보여 주면 원을 무시하지만, 사각형을 보여 주면 동공이 다시 확장된다. 이것은 유아가 원과 사각형을 구별하는 초보적인 인지 능력을 가졌다는 증거가 된다.

이러한 습관화를 모형화하기 위해 군소에서 R2로 이어진 축삭 돌기 다발 하나에 약한 전기 자극을 10회 가하면, 그 자극에 대한 반응으로 세포가 산출한 시냅스 전위는 점차 약해진다. 10회째 자극에 대한 반응의 세기는 첫 반응의 20분의 1밖에 안 된다. 이 단계는 '시냅스 저하homo-synaptic depression'로 불린다. 10~15분 후에 다시 자극을 가하면, 세포의 반응은 처음 강도를 거의 회복한다. 이 단계는 '시냅스 저하로부터의 회복'으로 불린다.

민감화는 습관화의 거울상이다. 동물에게 자극에 대한 무시가 아닌 두려움을 가르치기 때문에 민감화는 학습된 공포로 볼 수 있다. 동물이 위협적인 자극을 받고 나면 모든 자극에 과도한 주의를 기울이게 된다. 예를 들어 개의 발에 충격을 가한 직후에, 개에게 작은 종소리만 들려줘도 개는 심하게 움츠러들거나 도망간다. 습관화처럼 민감화도 우리에게 흔히 일어나는 반응이다. 방금 전에 큰 소리를 들은 사람에게 말을 걸거나 어깨를 만지면 소스라치게 놀라는 것처럼 말이다.

군소에서 민감화를 모형화하기 위해 R2로 이어진 신경 회로에 약한 자극을 준다. 그 경로를 한두 차례 자극하여 시냅스 전위를 발생시키고, 그 시냅스 전위를 자극 반응에 대한 기준으로 삼는다. R2로 이어진 다른 경로에 강한 자극을 주면 첫 번째 경로의 자극에 대한 시냅스 반응이 커진다. 그 경로의 시냅스 연결이 강화되었다는 증거다. 30분간 지속되는 이 반응은 '시냅스 강화hetero-synaptic facilitation'로 불리게 된다.(이때 약한 자극과 강한 자극을 어떻게 조합하는가는 아무 상관 없다.)

민감화 실험은 '혐오적인 고전적 조건화'의 모형화로 이어진다. 중립 자극을 무조건 자극과 연결시켜 조건 반사를 일으키는 파블로프의 고전적 조건화에서 '종소리와 먹이 제공' 대신 '종소리와 충격 자극'을 짝지으면 '혐오적인' 조건이 된다.

혐오적인 고전적 조건화는 연결 형태의 학습된 공포로 볼 수 있다. 이 조건화는 한 감각 경로의 활동이 다른 감각 경로의 활동을 강화시킨다는 점에서 민감화와 유사하지만, 짧은 시차를 두고 반복되는 두 자극 사이에 연결이 형성된다는 점이 다르다. 또 실험에 사용된 중립적 자극에 대해서만 방어 반응을 강화한다는 점도 다르다. 따라서 군소의 조건화 실험에서는 한 신경 경로에는 약한 자극을, 또 다른 경로에는 강한 자극을 함께 반복해서 가한다. 이때 약한 자극을 먼저 가해 강한 자극에 대한 경고를 하고 이어 두 자극을 함께 가하면, 약한 자극에 대한 세포의 반응이 민감화 때보다 훨씬 크게 나타난다.

이 결과는 시냅스 세기가 고정되어 있지 않다는 것을 보여 준다. 곧 시냅스 세기가 다양한 활동 패턴에 의해 다양하게 바뀔 수 있다는 것이다. 자극 패턴을 바꿈으로써 시냅스 세기를 변화시킬 수 있다는 것은 시냅스 가소성이 시냅스의 분자적 구조 자체라는 것을 암시한다. 이를 넓게 보면, 뇌의 다양한 신경 회로 속의 정보 흐름을 학습을 통해 교정할 수 있다는 뜻이다.

캔들과 그의 동료 앨든 스펜서Alden Spencer는 1967년에 「학습 연구에서 세포신경생리학적 접근법」이라는 논문으로 위의 실험 결과를 발표한다. 캔들은 이 글이 자신이 쓴 가장 중요한 글이며, 그 충격파가 오늘날에도 지속되고 있다고 단언한다. 실제로 이 글에 고무된 연구자들이 학습과 기억 연구에 환원주의적 방법을 쓰게 되고 학습 연구에 단순한 실험동물이 등장하게 된다.

이 연구를 토대로 캔들 연구진은 1980년에 고전적 조건화에서 무해한(조건화된) 자극과 유해한(조건화되지 않은) 자극에서 비롯된 신경 신호들이 정확한 순서로 발생해야 한다는 것을 발견하는 과정에서, 발생 및 발달 과정이 경험과 어떻게 상호 작용하여 정신 활동의 구조를 결정하는가를 알게 된다. 다시 말해, 뇌의 발생 및 발달 과정에서 어떤 세포들이 언제 어떤 세포들과 시냅스 연결을 형성하는지를 지정한다는 것이다. 이때 시냅스 연결의 장기적 효율성은 경험에 의해 규제된다. 이 견해는 유기체의 행동의 여러 잠재력이 뇌에 선천적으로 내장되어 있고, 그런 만큼 발생 및 발달의 통제 아래 놓인다는 것을 뜻한다. 그런데 유기체의 새로운 환경과 새로운 학습은 기존 경로의 효율성을 변화시키고, 그에 따라 새로운 행동 패턴을 표출시킨다.

군소의 '아가미 움츠림 반사' 실험에서 발견한 결과가 이 견해를 뒷받침한다. 가장 단순한 형태의 반사 학습에서, 학습은 미리 준비된 수많은 연결들 중에서 몇몇을 선택적으로 강화한다. 군소의 아가미 반사 실험을 따르면, 학습이란 여러 기초적인 형태의 시냅스 가소성을 조합해서 더 복잡한 형태의 시냅스 가소성을 만드는 것이다. 마치 우리가 여러 자음과 모음을 조합해 단어를 만드는 것처럼 말이다. 이러한 발견의 의의를 캔들의 생생한 목소리로 들어 보자.

우리의 연구 결과를 돌아보면서 나는 17세기 이후 서양 사상을 지배한 상반되는 두 철학, 경험론과 합리론을 떠올리지 않을 수 없었다. 영국의 경험론자 존 로크는 정신이 선천적인 지식을 가지고 있지 않으며, 오히려 경험에 의해 채워지는 빈 서판과 같다고 주장했다. 우리가 세계에 관하여 아는 모든 것은 학습된 것이며, 우리가 어떤 관념을 더 자주 만나고 그것을 다른 관념들과 더 효율적으로 연결할수록 그 관념이 정신에 가하는 힘은 더 지속적이게 된다는 것이다. 반면에 독일의 합리론 철학자 임마누엘 칸트는 우리가 특정한 앎의 틀을 내장하고 태어난다고 주장했다. 칸트가 선험적 지식이라 부른 그 틀은 감각 경험을 수용하고 해석하는 방식을 결정한다.

정신분석과 생물학 사이에서 진로를 고민하던 나는 정신분석과 그 조상인 철학이 뇌를 미지의 블랙박스로 대하기 때문에 생물학을 선택했었다. 철학도 정신분석도 정신에 대한 경험론적 견해와 합리론적 견해 사이의 분쟁을 해결하지 못했다. 그 해결이 뇌에 대한 직접적 탐구를 요구하는 한에서 말이다. 군소라는 아주 단순한 유기체의 아가미 움츠림 반사에서 우리는 경험론과 합리론이 모두 타당하다는 것을 확인했다. 실제로 그 두 견해는 상호 보완적이다. 신경 회로의 해부학은 칸트가 말한 선험적 지식의 단순한 예이며, 신경 회로 속 특정 연결들의 세기 변화는 경험의 영향을 반영한다. 더 나아가 연습이 완벽함을 만든다는 존 로크의 생각에 맞게, 기억의 기반에는 그런 세기 변화의 지속성이 있다.

래슐리를 비롯한 형태심리학자들은 복잡한 학습에 대한 연구가 실질적으로 불가능하다고 생각했지만, 달팽이의 아가미 움츠림 반사가 지닌 깔끔한 단순성은 나와 동료들이 처음에 나를 생물학으로 이끈 여러 철학적·정신분석학적 질문들에 실험적으로 접근할 수 있게 해 주었다. 나는 이 사실이 경이롭고 또한 해학적이라고 느꼈다.

(『기억을 찾아서』, 230쪽)


바다 군소의 아가미 움츠림 반사에서 경험론과 합리론이 맞는다는 것을 확인한 게 왜 그렇게 중요해요? 새로운 사실을 발견한 것도 아니고, 철학자들이 말해 놓은 것을 확인한 것뿐이잖아요? 또 그전에 군소를 가지고 실험한 습관화, 민감화, 고전적 조건화도 파블로프가 이미 발견해서 우리가 다 알고 있는 사실 아닌가요?

**김샘** 세상에 없는 것을 발견하는 것뿐만이 아니라 확인되지 않은 가설을 입증하거나 그 가설의 원리를 규명하는 것도 과학의 중요한 역할이야. 또 가설을 입증하는 과정에서 새로운 발견을 하게 되는 것이 과학이라는 건 우리가 앞에서도 봤지? 캔들 연구진이 군소를 통해 환원주의 방법으로 이룬 성과가 왜 중요한지는 1967년에 쓴 「학습 연구에서 세포신경생리학적 접근법」이라는 논문 제목으로도 알 수 있어. 학습이 이루어지는 과정을 세포 및 신경생리학적인 실험 과학으로 입증해 냈다는 데 그 중요성이 있으니까. 군소의 시냅스 세기가 고정되어 있지 않고 자극 패턴에 따라 시냅스 세기가 바뀌는 것이 곧 시냅스 가소성 변화의 신경생리학적 원리고, 그 변화는 시냅스의 분자적 구조라는 것을 암시해. 그것을 넓게 보면, 우리 뇌의 다양한 신경 회로 속의 정보 흐름을 학습을 통해 교정할 수 있다는 뜻이 되지.

**하늘** 군소 실험으로 알아낸 시냅스 가소성 변화 원리의 핵심이 '연습은 달팽이도 완벽하게 만든다'라는 건 이해하겠는데, 그 결과를 그렇게 넓게 해석할 수 있나요? 다시 말해, 달팽이의 아가미 움츠림 반사 실험 결과를 가지고 우리가 연습하면 완벽해진다는 존 로크의 생각이 맞는다고 할 수 있는 건지 의문이 들어요. 일단 달팽이랑 우리 인간은 완전히 다르잖아요?

**김샘** 캔들 연구진이 시도한 환원주의 연구 방법에는 그에 대한 전제 원리가 있어. '신경 세포들은 저마다 각각 유일무이하며, 동일한 세포는 각각의 개체 속의 동일한 위치에 있다.' 이 원리는 독일의 생물학자 리하르트 골트슈미트Richard Benedict Goldschmidt, 1878~1958 가 처음 발견한 거야. 골트슈미트는 1908년에 소화관에 기생하는 원시적인 선충류인 회충의 신경절을 연구하다가 모든 선충이 똑같은 위치에 똑같은 개수의 세포를 가지고 있는 걸 발견하고 이렇게 말해. "모든 중앙 신경절 세포들은 더도 덜도 아닌 딱 162개다." 뇌 속의 특수한 신호 전달 분자들은 수백만 년간의 진화 기간에도 계속 사용되었고, 단순한 다세포생물에서도 그 분자가 발견되었기 때문에 그렇게 넓게 해석할 수 있다는 뜻이야. 모든 유기체의 신경 세포 분자 구조가 같다는 전제 아래 캔들은 자신이 가장 잘 아는 군소의 배 신경절을 택한 거야. 배 신경절이 겨우 2,000개의 신경 세포로 이루어졌는데도, 그것이 심장 박동, 호흡, 산란, 색소 방출, 점액 분비, 아가미와 수관의 움츠림을 다 통제한다니 얼마나 환상적이었겠어? 1968년엔 그중에서도 가장 단순한 행동인 아가미 움츠림 반사를 최종적으로 선택해서, 극히 단순한 그 반사조차도 두 가지 형태의 학습인 습관화와 민감화에 의해 교정될 수 있다는 걸 발견해. 각각의 학습이 몇 분 동안 지속되는 단기 기억을 발생시킨다는 것을 발견했다는 뜻이지.

바다 예? 그런 단순한 반사가 어떻게 단기 기억이 돼요?

김샘 군소의 아가미는 군소가 호흡할 때 쓰는 기관이야. 이 아가미는 외투강mantle cavity 속에 숨어 있고 외투선반mantle shelf이라는 껍질로 덮여 있어. 군소의 수관을 살짝 건드리면, 수관과 아가미가 외투강 속으로 신속하게 움츠러드는 방어 반응을 일으켜. 이 움츠림 반사는 연약한 기관인 아가미를 보호하기 위해 일어나는 필수적인 반응이지. 그래서 처음에 수관을 가볍게 건드리면, 아가미가 크게 움츠러들어. 그러다가 가볍게 건드리기를 반복하면, 습관화가 일어나. 그 자극이 별게 아니라는 걸 배우면서 군소의 반사는 점차 약해져. 그리고 다시 군소의 머리나 꼬리에 강한 충격을 가하면, 민감화를 일으켜. 군소가 그 강한 자극이 해롭다는 것을 인지하고 나면, 몇 분 뒤에 수관을 가볍게 건드리기만 해도 과도한 아가미 움츠림 반응을 일으키게 돼.

**바다** 아, 그렇게 해서 단순한 아가미 움츠림 반사조차도 습관화와 민감화라는 학습 방법에 의해 교정될 수 있다고 하는 거군요. 습관화와 민감화가 몇 분 동안 지속되기 때문에 그것을 두고 군소가 단기 기억을 일으킨다고 보는 거고요. 막상 알고 나니까 좀 싱겁긴 하지만, 군소의 아가미 반사로 학습이나 단기 기억을 실험하는 방법 자체는 참 대단한 것 같아요.

**하늘** 그럼 연습은 달팽이도 완벽하게 만든다는 건 장기 기억 원리와 관계있겠네요? 우리가 장기 기억을 잘 하려면 휴식 시간을 가지면서 반복 학습을 하는 것처럼, 군소에서 장기 기억 실험을 하기 위해 중간에 휴식 기간을 두면서 반복 훈련을 시키는 건가요?

**김샘** 맞아. 구체적인 방법을 한번 볼까? 군소의 아가미에 자극을 연속해서 40회 가하면, 하루 동안 지속되는 아가미 움츠림 습관화를 일으켜. 그런데 나흘에 걸쳐 하루에 10회씩 자극을 주면, 몇 주일이나 지속되는 습관화가 일어나. 훈련과 훈련 사이에 쉬는 기간을 두면 군소가 장기 기억을 확립하는 능력이 향상된다는 증거야. 이 방법을 토대로 캔들 연구진은 1983년에 중요한 발견을 해. 아가미 움츠림 반사에 대한 고전적 조건화를 산출하거든. 가장 단순한 형태의 반사 학습에서도 미리 준비된 수많은 연결들 중에서 몇몇 연결을 선택적으로 강화한다는 게 고전적 조건화의 핵심이야. 군소의 실험을 따르면, 여러 기초적인 형태의 시냅스 가소성을 조합해서 더 복잡한 형태의 시냅스 가소성을 만드는 게 학습이 돼. 한마디로, 무언가를 새로 배우면 뇌 속의 시냅스 연결이 변한다는 걸 입증해 냈다는 뜻이야.

하늘 시냅스 연결이 변한다는 게 핵심인 것 같은데, 뇌 과학사에서 본 웨이드 마셜은 영장류의 몸감각 겉질 지도는 고정적이며 평생 바뀌지 않는다고 했거든요. 그럼 마셜의 가설이 틀린 건가요?

김샘 마셜이 틀렸다고 봐야겠지? 그 지도는 경험에 의해 끊임없이 바뀌고 교정되니까. 이와 관련된 연구는 1990년대에 본격적으로 나오기 시작해. 그 결과를 잠깐 볼까? 특별한 학습이 이루어지지 않더라도, 시냅스를 통해 이루어지는 신경 세포들의 연결과 신호 전달은 일상생활 속에서도 계속해서 변화해. 아까 우리가 점심에 구내식당에서 카레라이스를 먹었지? 우리가 그것을 기억한다면, 우리-점심-구내식당-카레라이스에 대한 신경 세포의 연합이 새로 생겨나서 우리의 시냅스가 바뀌었다는 뜻이야. 일상에서도 쉽게 일어나는 이 변화가 바로 기억이나 습관의 원인이 되는 근본적 메커니즘이야. 그리고 신경 세포들이 이 시냅스의 세기와 개수를 바꾸는 능력이 학습과 장기 기억의 메커니즘이 돼. 이러한 특성이 바로 시냅스 가소성이고. 신경 세포들이 경험을 통해 시냅스를 강화하거나 새로운 시냅스를 만들면서 네트워크를 형성하는 이 가소성 때문에 우리 뇌가 어제가 다르고 오늘이 다른 것이 돼. 나의 뇌도 어제와 오늘이 다를진대, 나와 다른 사람의 뇌 경우는 말할 것도 없겠지?

**하늘** 우리가 저마다 각자 다른 환경에서 성장하고 다른 경험을 하기 때문에 개개인의 뇌 구조가 다 다르고, 심지어 동일한 유전자를 가진 일란성 쌍둥이의 경우도 뇌 구조는 다르다는 뜻이죠? 삶의 경험이 다르기 때문에요.

**바다** 그래서 내가 나인 것은 내가 배우고 기억하는 것 때문이라는 말이 나온 것 같은데, 실감은 잘 안 돼요.

**김샘** 군소의 A라는 신경 세포에서 B로 가는 신호가 항상 정해진 게 아니라는 걸 하나하나 살펴보면 실감이 날 거야. 몇몇 형태의 학습은 진화 과정 내내 보존되어 유기체의 단순한 신경 회로에서도 발견될 거라는 바람에서부터 그 모든 것이 시작돼. 어떻게 중추 신경계에서 학습이 일어나고 기억이 저장되는가 하는 질문을 넘어서, 어떻게 다양한 형태의 학습과 기억이 세포 수준에서 서로 연관되는가 하는 질문으로 나아갈 수 있었던 것도 마찬가지야. 이 원리를 이해하려면 신경 전달 물질을 먼저 살펴볼 필요가 있어.

## 캐고 캐도 끝이 없다: 신경 전달 물질의 정체

신경 전달 물질을 알기 위해 신경 세포의 고유한 기능인 신호 전달 과정을 다시 보자. 먼저 신경 세포의 가지 돌기 수용체에서 차등 전위라는 형태로 입력받은 신호는 활동 전위로 통합 계산된다. 이 신호는 축삭 돌기를 거치면서 마침내 신경 전달 물질이라는 화학 신호로 출력된다. 이렇게 축삭 말단의 시냅스 소포에서 분비되어 시냅스 틈새를 건너간 신경 전달 물질은 다음 신경 세포의 가지 돌기에 있는 수용체에 결합해 이온 통로에 영향을 미친다.

이렇게 해서 분비되는 신경 전달 물질은 그 종류만 해도 수백 가지로 추정된다. 지금까지 밝혀진 물질은 60가지 정도다. 이때 신경 전달 물질의 총량이 변하거나 제 기능을 다하지 못하게 되면 신경 세포가 그 영향을 받아서 비정상적인 정신 상태가 된다. 신경 전달 물질의 기능이 정상이어야 뇌 기능이 정상적인 상태를 유지한다는 뜻이다.

이온 통로에 영향을 미치는 신경 전달 물질은 흥분성 전달 물질, 억제성 전달 물질, 조절성 전달 물질로 구분된다. 또 화학적 형태에 따라 아미노산 계열, 아민 계열, 펩타이드 계열로 나뉜다. 우리 귀에 익숙한 도파민, 세로토닌, 아세틸콜린, 노르아드레날린 등은 아민 계열에 속하면서 조절성 물질에 해당한다.

조절성 물질은 신경을 흥분시키거나 억제시키면서 감정과 정신 증상에 큰 영향을 미친다. 조절성 물질이 발휘하는 기능은 수용체에 따라 달라진다. 세포마다 다른 물질을 내보내는데, 이때 받는 쪽에서 보면 같은 신경 전달 물질이 오더라도 어떤 수용체를 갖고 있느냐에 따라 흥분할지 억제할지가 결정된다. 예를 들어, 조절성 물질의 대부분을 차지하는 아세틸콜린은 두 가지 수용체에 작용한다. 니코틴성 수용체와 무스카린성 수용체다. 담뱃잎 등에 많이 들어 있는 니코틴이 몸속에 들어오면 아세틸콜린의 수용체를 활성화시켜서 신경 세포가 흥분하는 식이다. 무스카린성 수용체는 흥분에서 억제까지 다양한 효과를 보인다.

1960년에 제프리 왓킨스Geoffrey Watkins과 데이비드 커티스David Curtis는 흔한 아미노산인 글루타메이트glutamate가 척추동물 뇌의 중요한 흥분 전달자라는 것을 발견한다. 대표적인 흥분성 물질인 글루타메이트는 신경 세포에서 일어나는 정보 전달에 반 이상이나 관여한다. 글루타메이트는 대표적인 억제성 신경 전달 물질인 GABA Gamma-Amino Butyric Acid, 가바와 함께 기억에도 큰 영향을 미친다.

이제 기억에 대한 생물학적 연구를 통해 신경 전달 물질의 역할과 중요성을 짚어 볼 차례이다. 캔들 연구진은 1973년에 세포생물학자 크레이그 베일리Craig Bailey를 영입해, 단기 기억에서 장기 기억으로의 구조적 변화를 탐구하게 된다. 그리고 그 과정에서 장기 기억이 단기 기억의 확장에 불과하지 않다는 것을 발견한다.(이는 앞서 본 기억 모형에서도 확인된 사실이다.) 단기 기억은 기능적 변화에서 비롯되고, 장기 기억은 해부학적인 구조 변화에서 비롯된다.

장기 기억이 고착되면 시냅스 세기의 변화가 더 오래 지속될 뿐 아니라 회로 속 시냅스의 개수도 달라진다는 것을 발견한다. 구체적으로, 군소의 장기 습관화에서 감각 신경 세포와 운동 신경 세포 사이의 시냅스 전 연결의 개수는 줄어드는 반면(이하 감각 신경 세포는 감각 세포, 운동 신경 세포는 운동 세포로 표기), 장기 민감화에서는 감각 세포들이 새 연결들을 형성한다. 운동 세포에서도 유사한 변화가 일어난다. 즉 시냅스의 개수가 학습에 따라 바뀐다. 더 나아가 장기 기억은 해부학적 변화가 유지되는 만큼 지속된다. 이러한 발견은 더 많은 질문을 낳게 된다. 그렇다면 기억 고착화의 정체는 무엇일까? 왜 그 과정은 새 단백질의 합성을 필요로 하는 걸까?

캔들 연구진은 기억 저장의 분자적 토대를 탐구하기 위해 군소의 어느 신경 회로에서 일어난 시냅스 변화가 단기 기억과 연결되는지 알아낸다. 군소의 수관에서 온 건드림 정보를 전달하는 감각 세포와 활동 전위를 점화하여 아가미가 움츠러들게 만드는 운동 세포 사이에 있는 시냅스에 관심을 집중한 결과다.

그 시냅스를 구성하는 두 세포가 학습에 따른 시냅스의 세기 변화에 어떻게 기여하는지를 보자. 먼저 감각 세포는 몇 분 동안 지속되는 단기 습관화 과정에서는 소량의 신경 전달 물질을 방출한다. 그런데 단기 민감화에서는 다량을 방출한다. 그 신경 전달 물질이 바로 글루타메이트다. 민감화는 감각 세포가 운동 세포에 보내는 글루타메이트 양을 증가시킴으로써 운동 세포에 유발되는 시냅스 전위를 강화한 것이다. 감각 세포와 운동 세포 사이의 시냅스 연결 강화는 감각 세포에서 발견되는 매우 느린 시냅스 전위를 동반한다. 그 전위는 운동 세포에 있는 시냅스 전위가 몇 밀리초만 유지되는 것과 달리 몇 분 동안 유지된다.

군소의 꼬리에 가한 충격은 또 다른 유형의 감각 세포들을 활성화한다. 이 꼬리 감각 세포들은 일군의 중간 세포들을 활성화하고, 그 중간 세포들은 수관으로 연결된 감각 세포에 작용한다. 매우 느린 시냅스 전위는 중간 세포들에 의해 산출된 것이다. 그럼 중간 세포들은 어떤 신경 전달 물질을 방출할까? 바로 세로토닌이다. 중간 세포들은 감각 세포의 세포체뿐만 아니라 시냅스 전 말단에도 시냅스를 형성하여 느린 시냅스 전위를 산출한다. 또 감각 세포가 운동 세포로 글루타메이트를 방출하는 것도 촉진한다. 실제로 감각 세포와 운동 세포 사이의 시냅스에 세로토닌만 따로 투입해도 느린 시냅스 전위와 시냅스 전위의 강화와 아가미 움츠림 반사의 강화를 볼 수 있다.

이 발견으로 행동과 학습에 중요한 신경 회로가 두 종류인 것을 알게 된다. 매개 회로와 조절 회로가 그것이다. 매개 회로는 직접 운동을 산출한다. 즉 칸트가 말한 선천적인 성격을 지니고 있다. 이 회로는 유전적으로(발생적으로) 결정된 신경 구조다. 학습이 일어날 때 매개 회로는 학생이 되어 새 지식을 획득한다. 반면에 조절 회로는 존 로크의 경험론에 어울리는 성격을 갖고 있다. 행동 산출에 직접 관여하지 않는 대신 선생 노릇을 하면서 감각 세포와 운동 세포 사이의 시냅스 연결의 세기를 조절한다. 조절 회로가 바로 군소를 흥분시키거나 안정시키는 장본인이라는 뜻이다. 더 복잡한 고등동물에서도 이와 유사한 조절 회로가 기억의 핵심 요소를 이룬다.

캔들 연구진은 군소의 꼬리에 가한 충격 반응으로 방출된 세로토닌이 감각 세포 속에서 특수한 생화학 반응의 연쇄가 일어나게 만들어서 글루타메이트의 방출을 촉진한다는 생각에 초점을 맞추게 된다. 그리고 생화학 반응의 연쇄가 일어나는 근본적인 특징을 바탕으로 환상 AMPcyclic adenosine monophosphate, 고리 모양 아데노신 1

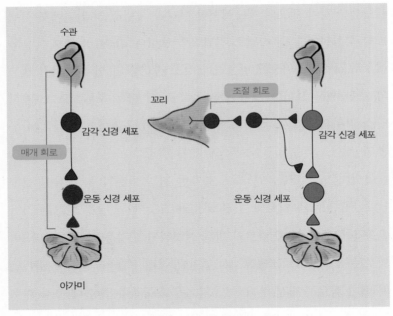

**군소 뇌 속의 두 회로**
군소를 통해 연구한 매개 회로는 수관과 연결된 감각 세포들과 중간 세포들, 아가미 움츠림 반사를 통제하는 운동 세포들로 이루어진다. 매개 회로는 직접 운동을 만들어 낸다. 조절 회로는 매개 회로에 작용하여 그 속에 있는 시냅스 연결의 세기를 조절한다.

인산라는 특수한 분자가 생화학 반응의 연쇄에 관여한다고 추론한다.(이때 환상 AMP에 주목한 이유는, 그 작은 분자가 근육과 지방 세포 내부에서 주된 신호 전달 조절자로 기능한다는 것이 알려져 있었기 때문이다. 자연이 보수적이라는 것에 착안해, 한 조직의 세포에서 쓰이는 메커니즘이 다른 조직에서도 쓰일 가능성이 높다고 생각한 것이다.)

환상 AMP가 단기 기억 형성에 관여한다는 가설의 입증은 1976년에 이루어진다. 환상 AMP를 군소의 감각 세포에 직접 주입하자 글루타메이트의 방출량이 크게 증가하고 감각 세포와 운동 세포 사이의 시냅스 세기도 증강하는 것을 입증한 이 실험은 학습의 분자적 메커니즘에 대한 통찰도 보여 준다. 단기 기억의 분자 요소들을 포착해, 기억 형성을 시뮬레이션할 수 있게 되었기 때문이다.

이 과정에서 생화학자 폴 그린가드Paul Greengard의 도움을 받게 된다. 그린가드는 뇌 속 신호 전달 메커니즘의 새로운 유형을 발견할 가능성을 포착하고 1970년에 쥐의 뇌에서 대사성 수용체를 찾아 분류한 바 있다. 스웨덴의 약학자인 아비드 칼슨Arvid Carlsson은 1958년에 도파민이 신경계 속의 전달 물질이라는 것을 발견했다. 그 후 토끼에서 도파민 농도가 감소하면 파킨슨병과 유사한 증상이 발생한다는 것도 입증했다. 그린가드는 뇌 속의 대사성 수용체들을 탐구할 때 이 도파민 수용체를 출발점으로 삼고, 그 수용체가 어떤 효소를 자극하면 그 효소가 뇌 속의 환상 AMP 농도를 높이고 단백질 키나아제 A를 활성화시킨다는 것을 발견하게 된 것이다.

폴 그린가드, 아비드 칼슨, 에릭 캔들은 이렇게 우연히 통합해서

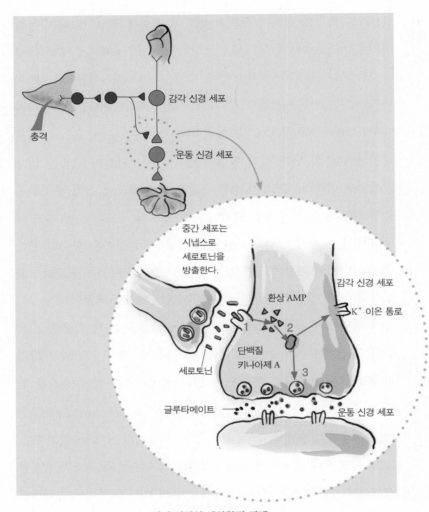

**단기 기억의 생화학적 단계**

군소 꼬리에 충격을 주면 중간 세포를 활성화하여 화학적 전달자인 세로토닌을 시냅스로 방출하게 만든다. 1. 세로토닌이 시냅스 틈을 건너 감각 세포에 있는 수용체와 결합하여 환상 AMP가 만들어 진다. 2. 환상 AMP는 단백질 키나아제 A의 촉매 단위체를 자유롭게 만든다. 3. 단백질 키나아제 A의 촉매 단위체는 신경 전달 물질인 글루타메이트의 방출을 촉진시킨다.

'신경계 내 신호 변환에 대한 연구'를 한 공로로 2000년에 노벨 생리의학상을 공동으로 수상하게 된다.

세로토닌과 환상 AMP가 어떻게 그 느린 시냅스 전위를 산출하는지, 또 시냅스 전위가 어떻게 글루타메이트 방출 촉진과 연결되는지는 1980년에 생물물리학자 스티븐 시겔봄Steven Siegelbaum이 캔들 연구진에 합류하면서 분명해진다.

환상 AMP에 관한 성과는 초파리의 학습에 대한 유전학적 연구들에 의해서도 보완된다. 시모어 벤저Seymour Benzer는 1967년에 단일 유전자에 무작위 돌연변이를 일으키기 위해 고안한 화학 물질을 초파리에 가해서 그 돌연변이들의 학습과 기억에 미치는 효과를 관찰했다. 그때 벤저의 제자들이 초파리의 기억 연구에 고전적 조건화를 이용한 방법은 다음과 같다. 먼저 초파리들을 작은 통에 넣고 냄새1과 냄새2에 차례로 노출시킨다. 냄새1에 노출시킬 때는 초파리들에게 전기 충격을 주어 녀석들이 그 냄새를 피하도록 학습시킨다. 나중에 초파리들은 상자 양 끝에 냄새1과 냄새2를 묻혀 놓은 상자로 옮겨진다. 그 상자로 들어가자 조건화된 초파리들은 냄새1이 있는 쪽을 피해 냄새2 쪽으로 몰린다. 이 실험을 통해 냄새1이 충격을 준다는 것을 기억하지 못하는 초파리들을 골라내기 시작해서 1974년에는 수천 마리의 초파리를 골라낸다. 곧 단기 기억에 결함이 있는 돌연변이체를 얻는 데 성공한 것이다. 벤저는 그 돌연변이체에게 '열등생dunce'이라 이름 붙인다.

1981년에 벤저의 제자 덩컨 바이어스Duncan Byers는 군소 연구를 모방해서 열등생들에게서 환상 AMP 경로를 탐구한다. 그리고 환상 AMP 처리를 담당하는 유전자에서 돌연변이를 발견한다. 그 돌연변이 유전자 때문에 열등생 초파리는 환상 AMP를 지나치게 많이 축적해서 시냅스들이 포화 상태가 된 것이고, 그 결과 변화에 둔감해져서 제 기능을 하지 못한 것을 알아낸다.

군소와 초파리에서 이룬 발견은 다음과 같은 생물학적 원리를 강조한다. 진화는 새로운 적응 메커니즘을 만들어 내기 위해 새롭고 특수한 분자들을 필요로 하지 않는다는 것이다.(분자유전학자 프랑수아 자코브François Jacob의 표현을 따르면, 진화는 새 문제를 완전히 새로운 해법으로 풀려고 하는 독창적인 설계자가 아니다. 진화는 서투른 땜장이다. 똑같은 유전자들을 약간씩 다른 방식으로 반복해서 이용할 뿐이다.)

또한 환상 AMP 경로는 기억 저장에만 한정되지 않는다. 게다가 그 경로는 신경 세포만 가지고 있는 것도 아니다. 창자와 콩팥, 간도 지속적인 대사적 변화를 만들어 내기 위해 환상 AMP 경로를 이용한다. 다시 말해, 기억의 바탕에 있는 생화학적 작용들은 기억을 위해서만 발생하지 않는다. 그렇기보다는 오히려 신경 세포들은 다른 세포들이 다른 목적에 쓰는 효과적인 신호 전달 시스템을 채택해서 기억 저장에 필요한 시냅스 세기 변화를 만들어 낸다.

오래전부터 인간의 정신 과정은 인간에게만 고유하다고 생각해 왔기 때문에 초기의 연구자들은 우리 뇌 속엔 다른 동물 종에는 없는 단백질들이 많이 있을 거라고 예상했다. 그런데 인간의 뇌에만 있는 단백질은 놀라울 정도로 적다. 인간의 뇌에만 있는 신호 전달

시스템도 전혀 없다. 뇌 속의 거의 모든 단백질은 신체의 다른 세포에서 기능하는 다른 단백질과 유사하며, 뇌 기능이 작동하는 데만 쓰이는 단백질, 곧 신경 전달 물질의 수용체로 기능하는 단백질도 예외가 아니다. 우리의 생각과 기억의 기반을 이루는 생명까지 포함해서 모든 생명은 똑같은 구성 요소로 이루어졌다는 뜻이다.

## 유전자와 시냅스 사이의 대화: 기억 강화의 원리

**바다** 환상 AMP의 발견은 진짜 환상적이에요! 우리 인간의 뇌에만 있는 단백질이 놀라울 정도로 적다는 사실도 진짜 놀랍고요!

**하늘** 그럼 우리한테만 있는 단백질 종류와 그 기능을 알아내면 우리의 정신 작용에 대해 많은 걸 알 수 있겠네요? 유전학자들이나 생물정보학자들이 우리한테만 있는 유전자 목록을 찾아내서 우리 지능의 비밀을 밝혀내려고 하는 것처럼요.

**김샘** 좋은 생각인걸! 그 가능성을 보기 전에, 장기 기억에 중요한 단백질이 무엇인지 알 필요가 있는 시점에서 캔들 연구진이 현대 생물학의 가장 큰 지적 모험 중 하나와 마주치는 걸 보자. 그 지적 모험이란 유전자를 조절하는 분자적 장치를 해명하는 일을 말해. 즉, 지구 상의 모든 생명체들의 핵심에 있는 암호화된 유전 정보를 해독하는 일이지. 그 모험은 1961년에 파리에 있는 파스퇴르 연구소에서 프랑수아 자코브와 자크 모노Jacques Monod가 박테리아에서 유전자들이 조절될 수 있다는 발견을 하면서 시작돼. 유전자들이 마치 전등 스위치처럼 켜지거나 꺼질 수 있다는 거야. 세포가 최적의 기능에 도달하는 데 도움 되는 방향으로 유전자가 켜지고 꺼진다는 거지. 그 발견에 따르면, 어떤 유전자들은 거의 꺼져 있는데 에너지 생산에 관여하는 유전자들은 항상 켜져 있어. 암호화된 단백질이 생존에 필수적일 경우에는 특히 발현해 있어. 또 모든 세포의 유형에서 어떤 유전자들은 특정한 시기에만 발현하고, 또 어떤 유전자들은 신체 내부나 환경에서 온 신호에 따라 켜지기도 하고 꺼지기도 해.

**바다** 왜 그런 거예요? 유전자들이 어떻게 해서 켜지고, 꺼져요?

**김샘** 유전자들은 다른 유전자들에 의해서 켜지고 꺼져. 그게 자코브와 모노가 발견한 거야. 그 발견을 토대로 '실행 유전자'와 '조절 유전자'를 구분했지. 실행 유전자는 특수한 세포 기능을 매개하는 효소와 이온 통로 등의 실행 단백질들에 대한 암호를 가지고 있어. 유전자 조절 단백질이라 불리는 조절 유전자는 실행 유전자를 켜거나 끄는 기능을 하는 단백질들에 대한 암호를 가지고 있고.

**바다** 조절 유전자의 단백질이 실행 유전자를 조절한다는 거네요? 이름대로요. 그럼 조절 유전자는 실행 유전자를 어떻게 조절해요?

**김샘** 일단 자코브와 모노는 모든 실행 유전자가 자신의 DNA에 특정 단백질을 암호화한 구역뿐 아니라 조절 구역도 가지고 있다고 추측했어. 조절 단백질이 실행 유전자의 조절 구역에 결합하여 유전자가 켜지거나 꺼지는 것을 결정한다는 뜻이야. 이 연구는 대장

균이 환경에 대한 반응으로 특정 유전자의 전사transcription를 조절한다는 것도 보여 줘.

**바다** 유전자의 전사요?

**김샘** 전사는 DNA의 유전 정보가 전령 RNA에 옮겨지는 과정으로, 유전 정보의 복사물인 전령 RNA가 단백질을 합성한다는 뜻이야. 크릭과 왓슨이 유전자 복제 메커니즘을 발견한 뒤에, 크릭은 DNA으로부터 RNA가 합성되고 이렇게 만들어진 RNA가 단백질을 만들어 낸다는 '중심 교리central dogma'를 내놓았어. 이 학설의 핵심은 유전 정보의 도움을 받아 생명에 필수적인 단백질을 합성할 때 세포가 어떤 기능을 수행하는지를 보여 준다는 데 있어. 이 과정은 유전자 암호에 의해 조절돼. DNA를 이루는 구성 요소들의 배열 순서는 유전자 암호를 통해서 단백질의 구성 요소로 전달돼. 단백질과 DNA는 화학적으로 완전히 달라. 구성 요소가 전혀 다르다는 뜻이야. 그런데 구성 원리는 근본적으로 똑같아. 둘 다 사슬 형태로 되어 있거든. 세포는 하나의 사슬을 다른 사슬로 바꾸어야만 하는데, 이때 적어도 첫 단계의 접근에서는 크릭의 도그마를 그대로 따르고 있어. 이 중심 교리의 뒤를 이어 자코브와 모노가 대장균에서 '오페론(operon, 실행 유전자, 조절 유전자, 구조 유전자 등에 의해 통일적으로 조절되어 있는 서로 이웃한 유전자군)'이라는 유전자 발현의 조절 단위를 밝혀냈고, 그 후에 분자생물학의 발전은 가속 페달을 밟게 돼. 그리고 마침내 약 30억 개의 뉴클레오티드 염기쌍의 서열을 모두 밝힌 '인간 게놈 프로젝트'가 완수되지. 그 결과는 충격적이었어. 우리 인간

의 유전자 수는 초파리나 꼬마선충보다는 확실히 많지만, 작은 종
자식물인 애기장대의 25,000개보다 적은 23,000개로 밝혀졌거든.
충격적인 건 유전자 개수만이 아니라, 수정란도 유전체도 생명체의
모든 정보를 담고 있지 않다는 것이었어. 인간의 모든 유전자 염기
서열을 규명한 인간 게놈 프로젝트는 역사에 길이 남을 업적이지
만, 그 결과는 맥 빠질 정도로 허망했어. 아무런 의미 설명 없이 그
냥 23,000개의 단어를 나열해 놨을 뿐이거든.

**바다** 인간의 모든 유전자 염기 서열을 알았으니까 일단 그걸로 할
수 있는 것부터 하나하나 해 나가면 되잖아요?

**김샘** 그렇겠지? 그럼 유전의 역할과 상호 작용을 규명하는 긴 여
행길의 첫걸음을 뗀 것만으로도 큰 의미가 있겠는걸. 사실, 30억 개
의 염기쌍 중 단 하나의 위치가 잘못되거나 필요 없이 반복되면 팔
과 다리를 제어하지 못하고 경련을 일으키는 헌팅턴 환자가 돼. 유
전자 서열 중 0.0000001퍼센트만 잘못돼도 전체 서열이 불량이 된
다는 뜻이야. 그래서 유전자 치료법을 연구하는 과학자들은 하나의
유전자 변이를 찾는 데 주력하고 있어. 이것도 유전자 서열을 알았
기 때문에 가능해진 거겠지?

**하늘** 제 생각이 실현 가능한지 알아보기 위해 이제까지 밝혀진 단
백질의 기능부터 하나하나 추적해 볼 필요가 있겠네요? 유전자 발
현을 조절하는 단백질부터 시작해서요.

**김샘** 그럼 이제부터 캔들 연구진이 1985년에 장기 기억 연구를 하
는 과정을 살펴볼까? 유전자 발현을 조절하는 단백질에 대한 정보

를 토대로 장기 기억 연구가 이루어지거든. 장기 기억은 새 정보가 등록된 뒤에 고착화되어 더 영구적인 저장소로 들어가는 과정을 필요로 하잖아? 그 영구적인 저장소가 새 시냅스 연결의 성장(변화)을 필요로 한다는 것만 약간 알고, 그 중간에 있는 분자적이고 유전적인 단계들이 기억 고착화의 본성이라는 걸 알지 못한 상태에서 캔들은 이렇게 질문해. 단기 기억이 어떻게 해서 안정적인 장기 기억이 되는 걸까?

자코브-모노 모형에 따르면, 세포의 환경에서 온 신호는 조절 단백질을 활성화하고 이 단백질은 특정 단백질을 암호화한 유전자를 켠다. 이 점에 착안해서 캔들은 이런 추론을 한다. 민감화에서 장기 기억을 켜는 결정적인 단계도 그와 유사한 신호 및 유전자 조절 단백질과 관련 있지 않을까? 즉, 반복적인 학습이 신호를 핵으로 보내 조절 단백질의 암호를 보유한 조절 유전자를 활성화하라고 말하고, 조절 단백질은 새 시냅스 연결의 성장에 필요한 실행 유전자를 켜는 게 아닐까? 그렇기 때문에 장기 민감화에서 반복적인 학습이 중요한 게 아닐까?
그리고 기억이 고착화되는 단계는 조절 단백질이 실행 유전자를 켜는 동안이라고 가정한다. 따라서 학습 중과 학습 직후에 일어나는 새 단백질의 합성을 막으면, 새 시냅스 연결의 성장과 단기 기억에서 장기 기억으로의 전환이 차단되는 것을 유전학적으로 설명할 수 있을 거라고 생각한다.(조절 단백질의 합성을 막는 것은 시냅스 성장과 장기 기억 저장에 필수적인 단백질 합성을 촉발하는 유전자의 발현을 막는 것이기 때문이다.)

단기 기억에서 시냅스는 더 많은 신경 전달 물질을 방출하기 위해 세포 내부에서 환상 AMP와 단백질 키나아제 A를 사용한다. 장기 기억에서는 그 키나아제 A가 시냅스에서 세포핵으로 움직여 유전자 발현을 조절하는 단백질을 활성화한다는 가설을 세운다. 이 가설을 검증하려면 시냅스에서 핵으로 가는 신호를 찾고, 그 신호에 의해 활성화되는 조절 유전자를 찾아야 한다. 그리고 그 조절 유전자에 의해 켜지는 실행 유전자, 곧 장기 기억 저장의 바탕에 있는 새 시냅스의 성장을 관장하는 유전자들을 찾아야 한다.

위의 가설을 검증하는 생물학적 시스템으로 캔들 연구진은 조직 배양으로 창조한 단순화된 신경 회로(시냅스로 연결된 단일 감각 세포와 단일 운동 세포)를 사용한다.(고농도의 환상 AMP를 시냅스로 연결된 단일 감각 세포와 운동 세포에 주입하면 시냅스 세기의 단기적인 강화뿐만 아니라 장기적인 강화도 산출된다.)

이 방법은 로저 첸Roger Tsien이 개발한 기법을 이용한 것이다. 그 기법으로, 배양한 신경 세포 속에서 환상 AMP와 단백질 키나아제 A의 위치를 볼 수 있게 된다. 그리고 배양된 신경 회로에 세로토닌을 한 번 주입하면 시냅스에서 환상 AMP와 키나아제 A의 양을 증가시키지만, 세로토닌을 반복해서 주입하면 더 높은 농도의 환상 AMP를 산출하여 단백질 키나아제 A가 핵으로 진입해 유전자들을 활성화하게 만든다는 것을 발견한다.(키나아제 A가 또 다른 키나아제인

MAP Mitogen Activated Protein 키나아제를 동원한다는 것은 나중에 다른 연구들이 밝혀낸다. 이 MAP 키나아제도 세포핵으로 진입해서 시냅스 성장에 관여한다.)

이렇게 해서 연습은 군소도 완벽하게 만드는 민감화 훈련의 효과 중 하나는 키나아제 형태의 신호가 세포핵에 들어가게 만드는 것이라는 추론을 입증한다. 그렇다면 세포핵에 진입한 키나아제들은 구체적으로 무슨 일을 할까?

당시에 발표된 비신경 세포에 관한 논문을 통해 캔들 연구진은 단백질 키나아제 A가 CREBcyclic AMP response element-binding protein, 환상AMP 반응 요소 결합 단백질라는 조절 단백질을 활성화시켜서 특정한 촉진 유전자(촉진제promoter, RNA 중합 효소가 결합하는 DNA 가닥의 한 부위로 전사가 시작되는 부위)에 결합한다는 것을 알았기 때문에 CREB가 시냅스 결합의 단기 강화를 장기 강화로 전환하는 핵심 성분이라고 추론한다. 그리고 1990년에 CREB가 군소의 감각 세포 속에 존재하며 민감화의 바탕이 되는 장기적인 시냅스 연결 강화에 필수적인 요소라는 것을 발견한다. 배양된 감각 세포의 핵 속에 있는 CREB의 작용을 차단하는 방법을 통해 시냅스 연결의 단기 강화는 허용하면서 장기 강화만 막을 수 있었기 때문이다.(나중엔 CREB를 감각 세포의 핵에 주입하는 것만으로도 시냅스 연결의 장기 강화를 산출하는 유전자를 켤 수 있다는 것을 발견한다.)

1995년에는 자코브-모노 모형과 비슷하게 CREB에도 두 가지 형태가 있다는 것을 발견한다. CREB 활성제와 CREB 억제제가 그것이다. 활성제인 CREB-1은 유전자 발현을 활성화하고, 억제제인

CREB-2는 유전자 발현을 억제한다. 배양된 군소의 신경 회로에서 반복적인 자극은 단백질 키나아제 A와 MAP 키나아제가 세포핵으로 이동하게 만들고, 핵에서 단백질 키나아제 A는 CREB-1을 활성화하고 MAP 키나아제는 CREB-2를 억제한다. 따라서 시냅스 연결의 장기 강화는 일부 유전자들이 켜지는 것뿐만 아니라, 다른 유전자들이 꺼지는 것도 필요로 한다.(이것은 매우 중요한 발견이다. 신경 세포가 통합적으로 작용한다는 셰링턴의 발견이 세포핵에도 똑같이 적용된다는 것이 확인되었기 때문이다.) 세포 수준에서 흥분 시냅스 신호와 억제 시냅스 신호는 하나의 신경 세포로 수렴하는 반면, 분자 수준에서 CREB-1 조절 단백질은 유전자 발현을 촉진하고 CREB-2 조절 단백질은 유전자 발현을 억제한다. 그리고 두 CREB 조절자들의 상반되는 조절 작용은 통합된다.

**김샘** CREB 활성제와 CREB 억제제의 상반되는 조절 작용은 실제로 기억 저장에 문턱이 설정되게 만들어. 그래서 이런 조절 작용이 중요하고 가치 있는 경험만 기억되도록 하기 위한 장치가 아닐까 추론할 수 있는 거지.

**바다** 세포 수준을 넘어 분자 수준에서 장기 기억이 발현되는 걸 알게 되니까 군소의 꼬리에 반복해서 가한 충격이 군소에게 중요한 학습 경험이라는 게 실감 나는데요!

**하늘** 저도 장기 기억을 위한 CREB 스위치가 단기 기억의 세포적 메커니즘과 마찬가지로 진화 과정에서 보존되어 모든 동물에 적용

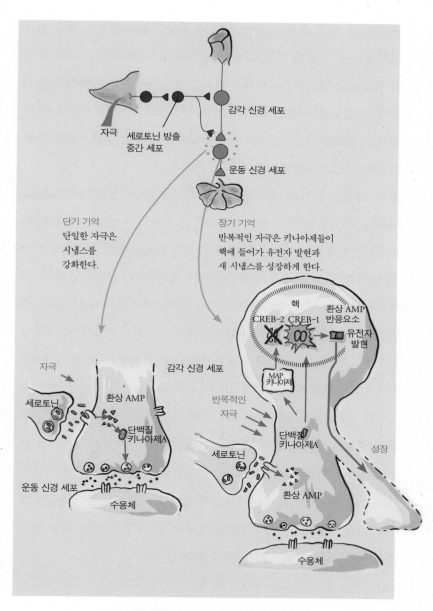

단기 강화와 장기 강화의 분자적 메커니즘

된다는 걸 잘 알겠어요. 장기 기억이 중간에 휴식 간격을 두고 이루어지는 반복 훈련을 필요로 한다는 것도 잘 이해되고요. 그런데 그런 전형적인 장기 기억이 아닌 경우도 있잖아요? 예를 들어 교통사고 같은 놀라운 일을 당하면 그게 순간적으로 뇌 속에 뚜렷하게 박혀서 저장되잖아요. 그리고 의식적으로 반복하지 않았는데도 자꾸 기억나고 또 오랫동안 기억되기도 하잖아요.

**김샘** 하늘이가 말한 기억을 심리학 용어로 하면 '섬광 기억flashbulb memory'이라고 할 수 있어. 아주 놀라운 소식이나 사건을 접했을 때의 경험이 마치 순간적으로 포착된 사진snapshot처럼 눈 깜짝할 사이에 뇌에 뚜렷하게 새겨졌다가 오랜 세월이 흐른 뒤에도 매우 자세하고 생생하게 되살아나는 기억을 말해.(한편 '9.11 세계무역센터 테러 사건'에 대한 섬광 기억과 그 테러 참사와 관련 없는 그 즈음의 일상생활 사건에 대한 기억을 비교한 결과, 섬광 기억이 일반적인 자전 기억보다 더 정확하거나 더 오래 지속된다는 증거를 찾을 수 없었다는 보고가 2003년 이후에 나오고 있다.) 그런 경우는 일단 장기 기억의 제약을 원리적으로 건너뛰는 것으로 나타나. 그런 상황에서는 충분한 양의 MAP 키나아제 분자들이 신속하게 핵으로 보내져서 모든 CREB-2 분자들을 억제시켜. 그에 따라 단백질 키나아제 A가 쉽게 CREB-1을 활성화해서 해당 경험을 곧바로 장기 기억에 집어넣을 수 있게 돼. 초파리를 대상으로 이 원리를 실험한 게 있는데 한번 볼까?

## 벼락치기 공부는 왜 효과가 없을까?

1993년에 행동유전학자 티머시 툴리Timothy Tully는 초파리의 학습된 공포에 대한 장기 기억을 탐구하기 위한 실험 계획을 세우고, 1995년에 분자유전학자인 제리 인Jerry Yin과 손을 잡는다. 그리고 초파리를 대상으로 CREB 활성제와 CREB 억제제가 장기 기억을 위해 필수적이라는 것을 발견한다. 이때 흥미로운 사실은, CREB 활성제를 더 많이 산출하도록 교배한 돌연변이들이 사람의 섬광 기억에 해당하는 기억력을 가지게 되었다는 것이다.

예를 들어 특수한 냄새를 충격과 함께 가하는 훈련을 몇 차례 반복할 경우, 일반 초파리들은 그 냄새에 대한 공포를 단기적으로만 기억한다. 그런데 돌연변이들은 그 공포를 장기적으로 기억한 것으로 나타난다. 또 일반 초파리에게 냄새 감지 같은 특정 행동 반응을 일으키려면 평균 10회 정도의 반복 훈련이 필요한데, 돌연변이들은 단 한 번의 연습으로도 특정 임무를 수행한다.

이런 현상은 초파리에 국한되지 않는다. 꿀벌에서부터 생쥐와 사람에 이르기까지 다양한 동물 종에서 CREB 스위치가 여러 형태의 암묵 기억에 관여한다는 사실이 연이어 밝혀진다.

콜드스프링하버 연구소의 알치노 실바Alcino Silva는 쥐를 대상으로 동일한 실험을 한 결과, CREB 활성제가 결핍된 쥐는 대부분 장기 기억 능력을 잃는다는 것을 알아낸다. 이것과 함께 알아낸 흥미로운 사실은, 장기 기억을 잃은 쥐도 잠시 쉰 뒤에 다시 훈련을 거치면 간단한 행동을 습득할 수 있다는 것이다. 이를 통해 우리 뇌 속에는 특정한 양의 CREB 활성제가 들어 있으며, 이 양에 따라 무언가를 습득하는 능력이 결정된다는 것을 추론할 수 있다.

이 추론을 넓게 해석하면, 시험을 코앞에 두고 벼락치기 공부를 할 경우 별 효과를 얻지 못한다는 뜻이 된다. 일정한 양의 CREB 활성제가 빠르게 소진되어 한 번에 많은 양을 암기하는 게 어려워지기 때문이다. 따라서 CREB 활성제를 재생산하기 위해서라도 간간이 휴식을 취할 정도의 여유를 가지고 시험공부를 하는 게 훨씬 더 효율적이라는 얘기다.

실제로 티머시 툴리는 자신의 실험 결과를 확장해서 이렇게 조언한 바 있다. "이제 우리는 벼락치기 공부가 비효율적인 이유를 생물학적 관점에서 설명할 수 있게 되었다. 기말고사를 가장 잘 준비하는 방법은 매일 주기적으로 학습 내용을 습득해서 단기 기억이 아닌 장기 기억 저장고에 저장하는 것이다."

이러한 발견은 갑작스런 정신적인 충격이 수십 년간 지속되거나 혹은 아예 지워져 버리는 이유에 대해서도 어느 정도 설명한다. 즉, CREB 억제제가 일종의 필터처럼 필요 없는 기억을 수시로 지운다는 것이다. 이런 과정에서 강렬한 기억은 CREB 억제제에 의해 통째로 지워지거나 혹은 CREB 활성제에 의해 더욱 강렬해질 수 있다. 보통 사람과 비교해 월등히 뛰어난 기억력을 보이는 사람의 경우도 어떤 유전적인 차이로 인해 억제 단백질인 CREB-2의 작용이 제한되는 데서 월등한 기억력이 나타나는 것으로 보기도 한다.

러시아의 암기사인 솔로몬 셰레셉스키Solomon Shereshevsky를 보자. 그는 무작위적인 단어(숫자)가 30개, 50개, 70개 적힌 목록을 딱 한 번 보고(듣고) 정확한 순서대로(거꾸로도) 외웠다. 무엇이든 해마에 고착시키는 데 필요한 3초만 주면 그의 기억에 자리 잡았고, 한 번 외운 건 10년이 지나도 기억했다. 자신의 남다른 기억력을 알기 전에 기자였던 그는 1920년대 중반 이후 여러 직업을 전전하다가 관객 앞에서 무의미한 단어를 암송하는 재주를 보였을 뿐이다. 머릿속에 너무 많은 기억이 들어차 있어서(그의 기억은 첫돌 이전까지 뻗어 있었다고 한다!) 점점 더 멍해지고 무력해졌다는 그의 증상은 '과잉기억 증후군hyperthymestic syndrome'으로 밝혀진다.

미국의 질 프라이스Jill Price 경우도 기억력이 과하게 좋으면 살아가는 데 큰 장애를 겪는 사례가 된다. 그녀는 수십 년 전에 일어난 일까지 마치 사진을 보는 것처럼 생생하게 기억할 수 있었다고 한다. 그런데 '사진 같은 기억력을 가지고 있어서 좋은 점보다 나쁜 점이 훨씬 더 많다'고 고백한 바 있다. 특히 '지워 버리고 싶은 기억까지 머릿속에 가득 차 있어서 매우 고통스럽다'는 그녀의 고백엔 일리가 있는 것으로 밝혀진다. 과잉기억 증후군에 따른 "사진 같은 기억력"은 어떤 기능이 뛰어나서 생기는 능력이 아니라, 어떤 기능이 부족해서 생기는 증상이기 때문이다. 즉, 망각하는 기능이 부족해서 기억력이 비정상적으로 월등해졌다는 뜻이다.

과실파리를 대상으로 기억이 형성되고 망각되는 과정을 실험하는 단계에서 사진 같은 기억력의 원인이 입증된 바 있다. 미국 스크립스 연구소의 과학자들이 이 기억을 실험한 방법은 간단하다. 과실파리가 특정한 냄새가 나는 곳을 따라가면 먹이를 얻고, 다른 냄새를 따라가면 전기 충격을 받는 식이다.

신경 전달 물질인 도파민이 기억을 형성하는 데 핵심적인 역할을 한다는 것은 그전에 밝혀진 사실이다. 그런데 스크립스의 연구원들은 도파민이 기억을 산출하게 할 뿐만 아니라 망각하게 한다는 사실도 알아낸다. 즉, 새로운 기억이 형성될 때는 DCA1이라는 수용체가 활성화되고, 망각할 때는 DAMB라는 수용체가 활성화된다는 것이다. 이 연구에 따르면, 망각은 뇌의 '능동적인' 기능이다. 그리고 이 과정에 도파민이 작용한다. 실제로 과실파리의 수용체를 인위적으로 조절하면서 행동을 관찰한 결과, DCA1을 억제하면 과실파리의 기억 능력이 감퇴하고, DAMB를 억제하면 망각 능력이 감퇴하는 것으로 나타났다고 한다.

스크립스 연구원들은 도파민 효과가 서번트의 뛰어난 능력을 설명할 수 있을 것으로도 기대하고 있다. 자폐적 서번트들이 비범한 능력을 지닌 데에는 '망각 기능의 결핍'이 작용했을 거라는 것이다.(자폐적 서번트autistic savant는 자폐증 환자 중 특정 분야에서 초인적 능력을 발휘하는 사람을 말한다. 현재 자폐증 환자 중 약 10퍼센트가 서번트 증세를 보이는 것으로 알려져 있다. 자폐성 서번트들은 3~4세부터 탁월한 능력을 보이기 때문에 자폐증 자체가 초인적 능력의 원인이라고 보기도 한다. 그런데 평범한 사람이 뇌의 특정 부위를 다친 뒤에 서번트 능력을 발휘하는 경우도 종종 있다. 그래서 그 능력의 원천에 관해서는 아직도 의견이 분분한 상태이다.)

이에 대한 스크립스 연구원의 말을 들어 보자. "서번트들의 기억력은 확실히 뛰어나지만, 그들의 능력이 기억력에서 비롯되었다고 장담하긴 어렵다. 서번트들은 망각 체계에 이상이 생겨 뛰어난 능력을 지니게 되었을 가능성이 높다. 이 점을 잘 활용하면 인지력이나 기억력을 향상시키는 약을 개발할 수도 있다. 망각 기능을 억제하면 인지력이 좋아질 수 있지 않을까?"

## 세상에서 가장 수상한 단백질과 장기 기억 원리

**바다** 어휴, 전 잘 나가다가 한 대 맞은 기분이에요. 과잉기억 증후군을 보고 망각도 필요하다고 확신했는데, 망각 기능을 억제해서 기억력과 인지력을 좋아지게 하는 약을 만들다니요?

**김샘** 어? 바다가 망각 기능에 특별한 관심이 있는 줄은 몰랐네. 그런데 바라던 거 아니었나? 기억력을 좋게 만드는 파란 알약!

**바다** 그게 망각 능력을 억제하는 그런 방법이면 안 될 것 같아요.

**하늘** 망각 기능을 억제하는 방법으로 기억력이나 인지력을 좋아지게 할 수는 있나요? 도파민이 개입된 DAMB를 억제하면 망각 능력이 감퇴한다는 건 과실파리로 한 실험 결과일 뿐이잖아요?

**김샘** 그래 맞아. 그런데 만일 그 원리가 사람한테도 똑같이 적용된다는 게 입증되면, 망각 과정을 둔화시키는 약이나 신경 전달 물질을 만들 수는 있을 거야. 그리고 서번트 증후군을 앓는 사람들은 지나치게 많은 기억 때문에 정상적인 사고를 할 수 없는 게 사실이니까, 그런 방법을 적용하면 일단 과도한 정보 때문에 신경 회로에 과부하가 걸리는 일은 없지 않을까 가정해 볼 수는 있겠지.

**바다** 다른 방법으로 파란 알약을 만들 수는 없나요? 또 망각 기능을 억제하는 방법이야말로 기억력이 더 나빠지지 않게 하는 빨간 알약과 관계있는 것 같은데 아닌가요? 망각 기능을 억제하면 인지력이 좋아질 수 있다는 게 치매하고 관련된 거잖아요?

**김샘** 치매 같은 노화에 따른 기억력 감퇴의 한 특징은 장기 기억을 고착화하는 능력이 없어진다는 거야. 그 결과로 망각이 일어나는 거고. 그러니까 과잉기억 증후군과는 반대라고 볼 수 있겠지? 실제로 노화로 인한 기억 감퇴 문제는 CREB-1을 활성화하는 능력이 약해지는 현상뿐만 아니라, CREB-2의 기억 고착화 차단 작용을 제거하는 신호가 부족해지는 현상으로 나타나. 이러한 발견으로 기억을 연구하는 학자들은 병이나 나이 때문에 약해진 기억력을 향상시키는 빨간 알약에 관심을 가지게 되었고, 또 그 약을 개발하는 데 직접 참여한 경우도 많아. 우리가 지금 살펴보고 있는 에릭 캔들의 경우도 마찬가지야.

**바다** 캔들 할아버지도요? 그럼 빨간 알약에 대해 많은 걸 알아냈겠네요? 근데 효능이 입증된 빨간 알약에 대한 자료는 못 봤는데, 제가 못 찾은 건가요?

**김샘** 바다가 그 자료를 못 찾은 건지, 효능이 입증된 빨간 약이 아직 개발되지 않은 건지 캔들의 연구로 다시 돌아가서 하나하나 알아보는 게 어떨까? 현대 생물학이 알아낸 가장 수상한 단백질인 프리온이 기억 저장에 관여한다는 것을 발견하는 과정에서 아주 많은 걸 알아내거든.

**하늘** 알츠하이머병의 원인이 되는 베타 아밀로이드 단백질 대부분이 프리온 아닌가요? 그래서 프리온이 기형적인 단백질인 걸로 아는데 어떻게 그 프리온이 기억 과정에 관여해요?

**김샘** 그걸 알기 위해서라도 신경 세포에서 CPEB라는 새 형태를 발견하면서 프리온의 정상적인 기능을 알아내는 과정을 따라가 볼까?

캔들 연구진은 단백질 키나아제 A가 세포핵으로 이동하는 것을 추적하고 핵 속에서 CREB 조절자를 발견함으로써 시냅스에서 핵으로 이어진 분자적 경로를 파악한 상태에서 그 반대 방향의 이동을 알아내고자 한다. 그러기 위해선 자극되어(학습되어) 장기적인 구조 변화를 겪는 시냅스가 자극되지 않은 시냅스와 어떻게 다른지를 단일 감각 세포에서 탐구할 필요가 있어서 새로운 세포 배양 시스템을 개발한다.(크게 두 갈래로 갈라져 두 개의 운동 세포와 시냅스 연결을 형성한 축삭 돌기를 가진 단일 감각 세포를 키워야 했기 때문이다.)

그리고 세로토닌을 주입함으로써 행동 훈련을 시뮬레이션한다.(전과 달리 이 경우엔 세로토닌을 두 개의 시냅스 연결의 집합체 중 하나에만 선택적으로 주입할 수 있게 된다.) 한 시냅스 집합체에 세로토닌을 1회 주입하니, 그 집합의 시냅스들만 단기적으로 강화된다. 이는 예상한 대로다. 다른 시냅스 집합에는 5회 주입하자, 오직 그 시냅스에서만 장기적인 연결 강화와 새로운 시냅스 말단들의 성장이 일어난다. 이 결과는 예상 밖이다. 왜냐하면 장기 강화와 성장은 CREB에 의한 유전자 활성을 필요로 하고 이 작용은 세포의 핵 속에서 일어나기 때문에 이론적으로 그 효과는 세포의 모든 시냅스에 미쳐야 한다. 그래서 세포핵 속 CREB의 작용을 차단하는 실험을 하게 된다. 그 결과 그 차단으로 인해 세로토닌으로 자극된 시냅스에서 연결 강화와 말단 성장이 일어나지 않는다는 것을 발견한다.

결과적으로 이 발견은 뇌의 계산 능력에 대해 매우 중요한 사실을 일깨워 준다. 즉, 하나의 신경 세포는 다양한 표적 세포들과 1,000개 이상의 시냅스 연결을 형성할 수 있지만, 개별 시냅스는 단기 기억과 장기 기억에 의해 각각 독립적으로 변화할 수 있다는 것이다. 그리고 바로 이러한 시냅스의 독립성이 신경 세포에게 엄청난 계산적 융통성을 제공하는 요인이라는 것이다.

그렇다면 이 대단한 선택성은 어떻게 확보되는 걸까?

전령 RNA와 단백질들은 모든 시냅스로 운반되는데 오직 '표시된' 시냅스들만 그 표시들을 이용하여 성장한다는 게 그 답이다.(앞서 캔들 연구진은 주어진 시냅스에 단기 기억에 의해 생긴 일시적 변형이 모종의 방식으로 표시를 남긴다는 가설을 세웠고, 그 '시냅스 표시'가 시냅스가 단백질을 인지하고 안정화시킨다는 것을 발견한다.)

'시냅스 표시'의 발견은 국소적 단백질 합성의 한 가지 기능이 시냅스 연결의 장기 강화를 유지하는 것임을 시사한다. 특정 시냅스에서 국소적 단백질 합성을 억제하는 실험을 했는데, 그 억제에도 불구하고 장기 강화 과정이 시작되어 새 말단들이 성장했기 때문이다. 이것은 세포체에서 시냅스로 전달된 단백질이 사용되었다는 증거다. 그런데 새로운 성장은 하루가 지나면 원상태로 복귀한다. 요약하면, 세포체에서 합성되어 말단으로 운반된 단백질만으로도 시냅스 성장이 시작될 수 있지만, 그 성장이 유지되려면 국소적으로 합성된 단백질이 필요하다는 것이다.

이 결론은 장기 기억에 또 다른 원리가 있다는 것을 말해 준다. 즉, 장기 기억에 두 개의 독립적인 메커니즘이 작동한다는 것이다. 한 메커니즘은, 우리가 아는 대로, 단백질 키나아제 A를 핵으로 보내 CREB를 활성화하고 새 시냅스 연결의 성장에 필요한 단백질이 암호를 가진 실행 유전자들을 켬으로써 장기 시냅스 강화 과정을 시작한다. 다른 메커니즘은 새로 성장한 시냅스 말단을 유지함으로써 기억 저장을 영속화한다. 이 메커니즘은 그 과정에서 국소적 단백질 합성을 필요로 한다. 장기 기억이 시작되는 메커니즘과 유지되는 메커니즘은 별개라는 뜻이다. 그렇다면 두 번째 메커니즘은 어떻게 작동하는 걸까?

1999년에 코시크 시Kausik Si라는 연구원이 캔들 연구진에 합류하면서 새로운 형태의 기억 단백질을 발견하게 된다. 기억의 밑바탕에 놓인 분자적 과정을 추적하는 단계에서 새로운 CPEBcytoplasmic polyadenylation element-binding protein, 세포질 폴리아데닐화 요소 결합 단백질의 아미노산 서열을 검토하다가 매우 특이한 점을 발견한 것이다.

바로 CPEB 단백질의 한 끝이 프리온prion의 모든 특징을 갖고 있다는 점이다.

프리온은 지금까지 현대 생물학이 알아낸 단백질 중에서 가장 수상한 단백질이다. 처음에 프리온은 소의 광우병과 인간의 크로이츠펠트야코프병을 비롯한 여러 가지 신경 퇴행성의 병원체로 발견되었다. 단백질 분자는 대개 원자로 이루어진 리본처럼 생겼고, 이 리본이 정확하게 반으로 접혀야 정상적으로 기능한다. 그런데 프리온은 일단 기능적으로 서로 다른 두 개의 모양(구조)으로 접힌다는 점부터가 다른 단백질과 다르다. 또 이 두 개의 모양 중 하나는 우성이고 다른 하나는 열성을 띤다. 프리온의 암호를 지닌 유전자들은 열성 형태를 산출한다. 그 열성 형태는 우연적으로(또는 활성 형태의 프리온이 포함된 음식을 먹을 경우에) 우성 형태로 변환되어, 다른 세포에 치명적으로 작용한다. 게다가 우성 형태의 프리온은 자기 영속적이고, 열성 형태의 프리온이 모양을 바꿔 우성이 되도록 만든다. 이 점이 프리온의 큰 특징이다.

놀랍게도, 코시크는 CPEB가 프리온과 유사한 성질을 가졌다고 추론한다. 단백질이 끊임없이 교체되는데도 불구하고 장기 기억이 유지되는 이유를, CPEB라는 자기 영속적인 단백질 분자가 시냅스에 계속 머물면서 새로 성장한 시냅스 말단을 유지하는 데 필요한 국소적 단백질 합성을 제어했기 때문이라고 본 것이다.

그리고 실제로 군소의 아가미 움츠림 반사를 매개하는 감각 세포에서, 세로토닌의 통제에 의해 비활성(비증식성) CPEB 형태가 활성

(증식성) CPEB 형태로 변환된다는 것을 발견해 낸다.

알다시피, 세로토닌은 단기 기억이 장기 기억으로 변하는 데 필수적인 물질이다. 자기 증식성 형태의 CPEB는 국소적인 단백질 합성을 유지할 뿐만 아니라 쉽게 열성 형태로 변환되지 않는다. 바로 이러한 특징 때문에 CPEB라는 새로운 단백질은 기억 저장에 매우 적합하다. 단백질의 자기 영속성은 국소적 단백질 합성에 결정적으로 중요하며, 정보가 선택적으로 한 시냅스에 영속적으로 저장되게 한다. 그리고 그 정보는 신경 세포가 이미 다른 표적 세포들과 형성한 다른 시냅스에는 저장되지 않는다.

그동안 프리온은 주로 효모에서 연구되었기 때문에 신경 세포에서 CPEB의 새 형태를 발견할 때까지는 아무도 프리온의 정상적인 기능을 알지 못했다. 이 발견은 학습과 기억에 대한 심오한 통찰을 보여 주었을 뿐만 아니라, 뇌 질환의 바탕에 있는 분자적 과정이 정상적인 뇌 기능(장기 기억)에도 적용된다는 걸 보여줌으로써 생물학의 새 장을 여는 출발점이 되기도 한다.

단백질 분자가 비유전적이고 자기 영속성 변화를 겪는 것은 발달과 유전자 전사를 비롯한 다른 생물학적 맥락에도 적용될 수 있다는 점에서 특히 그렇다.(알츠하이머병은 1906년에 처음 이 병을 발견한 알츠하이머 박사가 관찰한 대로 아밀로이드판과 신경 섬유 소체가 중요 원인이다. 아밀로이드판은 아밀로이드 단백질이 엉겨 붙고 신경 섬유 소체는 타우 단백질이 엉겨 붙은 것이다. 그런데 2012년에 타우 아밀로이드 단백질에서 끈끈한 액체인 베타 아밀로이드가 만들어지고, 이 액체가 마구잡이로 엉겨 붙으면서 시냅스가 손상되고 결국 신경 세포가 죽게 된다는 게 밝혀진다. 이 베타 아밀로이드 단백질 대부분이 바로 프리온으로 이루어져 있다. 이 기형적 프리온은 자기 영속적이다. 정상적인 단백질 분자가 이 프리온의 기형 분자와 접촉하면 모두 기형적인 프리온으로 변하게 된다. 이런 연쇄 반응을 통해 수십억 개의 분자가 프리온으로 엉겨 붙으면서 뇌를 점령해 버리는 것이다. 이를 치료하는 방법으로 변종의 기형 프리온 단백질만을 골라서 없애 버리는 항체나 백신을 개발 중에 있는 것으로 알려져 있다. 그런데 무엇보다 프리온의 자기 증식성 때문에 쉽지 않은 상황이라는 건 앞서 살펴본 내용이다.)

지금까지 살펴본 장기 저장에 관한 원리를 정리하면 다음과 같다.

첫째, 장기 기억의 활성화는 유전자가 켜지는 것을 필요로 한다.

둘째, 어떤 경험이 기억에 저장되는 데는 생물학적 제약이 따른다. 즉 장기 기억을 위한 유전자를 켜기 위해서는 CREB-1 단백질이 활성화되어야 하고, 기억 촉진 유전자를 억제하는 CREB-2 단백질은 억제되어야 한다.

셋째, 새 시냅스 말단들의 성장과 유지는 기억을 영속하게 한다. 우리가 학습한 것을 모두 기억하지 못하는 것(모두 기억할 필요도 없고, 때에 따라서는 기억하길 원하지 않는 것도 있다.)을 보면, 억제 단백질의 암호를 지닌 유전자들은 단기 기억이 장기 기억으로 변환되는 것에 높은 문턱을 설정하는 것이 분명하다. 그래서 우리는 특정한 사건이나 특정한 경험만 오랫동안 기억하고, 대부분의 일들은 그냥 잊어버린다.

그러한 생물학의 제약을 제거하면, 장기 기억으로의 스위치가 켜진다. CREB-1에 의해 활성화된 유전자들은 새 시냅스들의 성장과 유지에 필요하다. 장기 기억 형성을 위해 유전자가 켜져야 한다는 사실은 유전자가 단순히 행동의 결정자일 뿐만 아니라 학습과 같은 환경적 자극에 반응하기도 한다는 것을 명백히 보여 준다. 학습과 경험의 결과로 새 시냅스 연결들을 성장시키는 능력은 진화 과정 내내 보존된 것이다.

### 나는 나의 시냅스다: 주의 집중의 비밀

**바다** 그러니까 우리가 지금까지 알아본 기억 저장 원리를 조금이라도 기억한다면 우리 뇌의 시냅스가 달라졌다는 뜻이고, 그것은 장기 기억으로의 스위치가 커져서 CREB-1에 의해 활성화된 유전자들이 새 시냅스들의 성장을 가져왔다는 거네요. 웨이드 마셜은 영장류의 몸감각 겉질 지도는 평생 바뀌지 않는다고 했지만, 알고 보니 우리의 시냅스 지도는 감각 경로에서 온 입력 변화에 반응하여 끊임없이 바뀌는 거고요. 시냅스 연결을 통해 어떻게 다른 종류의 기억이 신경 회로에 저장되는지를 알아내고 또 단기 기억과 장기 기억의 생물학적 차이가 어떻게 다른지도 다 알아내려면, 밀너 박사처럼 30년이 아니라 4,50년은 걸리겠는데요!

**하늘** 맞아. 젊은 캔들 박사가 군소를 찾고 나서 세로토닌을 알게 되고 다시 처음의 해마로 돌아오기까지 50여 년이 걸렸다고 하니까. 이제 우리도 노년의 캔들 박사를 따라서 해마로 돌아갈 차례죠?

**바다** 응? 해마로 돌아가다니? 기억 저장 원리를 다 살펴본 거 아니었어요?

**김샘** 가장 중요한 관문이 남아 있어. 캔들 자신이 '60세 생일을 맞으면서 해마와 외현 기억에 대한 연구로 되돌아갈 용기를 짜냈다'고 표현할 정도로 까다로운 관문이지. 단기 기억과 장기 기억의 저장 원리가 다르듯이 암묵 기억과 외현 기억의 저장 원리도 다르거든. 이제 그 원리를 살펴볼 차례야.

1989년에 일어난 세 가지 중요한 발견을 계기로, 캔들은 60세에 이르러 자신의 오래된 질문을 탐구하게 된다.

그 중요한 발견은 다음과 같다. 첫째, 쥐의 해마에서 발견된 추체 세포들이 동물의 공간 지각에 결정적인 역할을 한다는 것이다. 둘째, 장기 증강이라는 시냅스 강화 메커니즘이 쥐의 해마에서 발견된다.(당시 많은 연구자들은 이 공간 기억의 메커니즘이 외현 기억의 기반을 이룰 거라 생각했다.) 셋째, 분자생물학적 학습 연구에 가장 직접적으로 연관된 혁신으로, 생쥐를 유전적으로 변형시키는 신기술이 발명된 것이다. 캔들 연구진은 분자적인 수준에서 해마의 외현 기억을 탐구하기 위해 그 신기술을 적용한다.

장기 기억과 공간 기억을 연결하려는 시도는 1980년대 후반에 시작되었다. 생리학자인 리처드 모리스Richard Morris가 NMDAN-Methyl-D-Aspartate, N-메틸–D-아스파르트산염 수용체를 약리적으로 막는 방법으로 쥐의 장기 증강을 막고 따라서 공간 기억을 방해할 수 있다는 것을 보여 준 것이다.

캔들 연구진은 MIT의 도네가와 스스무Tonegawa Susumu 연구진과 합류해서 모리스의 분석을 한 단계 더 발전시킨다. 장기 증강에 관여하는 핵심 단백질 하나가 없는 유전자 변형 생쥐 혈통을 만든 게 그 시작이다. 그리고 유전자 변형이 생쥐의 학습과 기억에 어떤 영향을 끼치는지를 정상 생쥐와 비교하며 관찰한다.

이때 생쥐에게 부과된 공간적 과제가 어떻게 이루어지는지 보자. 먼저 흰색에 커다랗고 둥그런 모양의 틀 가장자리에 40개의 구멍을 뚫어 놓는다. 40개의 구멍 중 단 하나만 다른 방으로 통하는 탈출구다. 대형 틀은 작은 방 안에 놓여 있고, 그 방의 벽들은 서로 구별되는 표시로 꾸며져 있다. 조명을 환히 밝힌 상태에서 생쥐들을 흰색 원형 틀 한가운데 갖다 놓는다. 생쥐는 열린 공간이나 밝은 공간을 싫어한다. 때문에 그 공간에 놓인 생쥐들은 도망가려고 한다. 생쥐가 그 틀을 벗어나는 길은 다른 방으로 통하는 구멍을 찾는 길밖에 없다. 결국 생쥐들은 그 구멍을 찾아낸다.

40개의 구멍과 벽의 표시 사이의 공간적 관계를 학습함으로써 탈출에 성공하기까지, 생쥐들은 세 가지 전략을 차례로 쓴다. 무작위로 찾기, 순차적으로 찾기, 공간적으로 찾기가 그것이다. 어떤 전략을 써도 탈출구를 찾을 수는 있지만, 각각의 효율성은 다르다. 처음에 녀석들은 아무 구멍으로나 무작위로 다가갔다가 이내 그 전략이 비효율적이라는 것을 배운다. 그다음엔 한 구멍에서 시작하여 인접한 구멍들을 순차적으로 조사해 탈출구를 찾아낸다. 처음보다 나은 전략이지만, 공간적이지 않다.(생쥐가 공간 방향을 정하거나 일정한 방향성을 가지는 것에 대한 내적인 지도를 뇌 속에 저장할 것을 요구하지 않는다. 따라서 해마를 필요로 하지 않는다.)

생쥐는 마지막에 해마를 필요로 하는 공간적 전략을 쓴다. 어떤 벽의 표시가 탈출구와 같은 방향에 있는지 알아내는 법을 학습하고 나면, 녀석들은 그 벽의 표시를 길잡이로 이용해서 곧장 탈출구로 나아간다. 대부분의 생쥐들은 앞의 두 전략을 급하게 거치고 난 다음에야 공간적 전략을 쓰는 법을 학습한다.

그다음 방법으로 '섀퍼 곁가지 경로Shaffer collateral pathway'에 초점을 맞추게 된다.(이 경로는 해마에 있는 경로로 외현 기억 저장에 중요하다. 따라서 기억에 필수적인 시냅스 변화를 연구하는 데도 중요한 실험 모형의 역할을 한다. 래리 스콰이어는 이 경로 중 하나의 손상이 HM과 유사한 기억 장애를 일으킨다고 추론한 바 있다.) 그리고 장기 증강에 중요한 단백질 암호를 지닌 특정 유전자를 억제시키면, 섀퍼 곁가지 경로에서 시냅스 증강을 막을 수 있다는 것을 발견한다.

이어진 실험에서 그 특정한 유전적 결핍은 생쥐의 공간 기억의 결핍과 맞물리는 것으로 나타난다. 그에 따라 유전자 변형 생쥐에서 정제한 해마를 얇게 썬 해마 박편을 관찰한다. 그 결과, 해마의 세 가지 주요 경로에서 일어나는 장기 증강이 군소에서의 장기 강화와 유사하게 두 단계를 가진다는 것을 발견한다. 즉, 군소와 생쥐 모두에서 장기 증강의 나중 단계는 조절 중간 세포들의 영향을 강하게 받는다는 것이다. 생쥐에서 조절 중간 세포들은 단기 '같은 시냅스 변화'를 장기 '다른 시냅스 변화'로 전환하는 데 동원된다. 이때 생쥐에서 조절 중간 세포들은 도파민을 방출한다.

알다시피, 도파민은 포유류 뇌에서 주의 집중과 재강화를 위해 흔히 쓰이는 신경 전달 물질이다. 도파민은 해마에서 환상 수용체가 환상 AMP의 양을 늘리는 효소를 활성화하게 만든다. 쥐 해마에서 환상 AMP 증가의 상당 부분은 시냅스 후 세포에서 일어난다.(군소에서 그 증가는 시냅스 전 세포에서 일어난다.) 각각의 경우에 환상 AMP는 단백질 키나아제 A와 다른 단백질 키나아제들을 동원하여 CREB를 활성화하고 실행 유전자들을 켠다.

앞서 봤다시피, 캔들 연구진이 군소에서 기억을 연구하면서 이룬 중요한 발견 중 하나는 CREB-2 단백질을 생산하는 기억 억제 유전자의 존재다. 군소에서 그 유전자의 발현을 봉쇄하면 장기 강화와 관련된 시냅스 개수와 세기의 증가가 촉진된다. 생쥐의 경우에도 그와 유사한 기억 억제 유전자들을 막으면 해마에서의 장기 증강과 공간 기억이 모두 촉진된다는 것을 발견한다. 이때 생쥐의 공간 기억은 군소와 초파리의 암묵 기억처럼 두 가지 요소를 가진다. 단백질 합성을 필요로 하는 장기 기억과 필요로 하지 않는 단기 기억이 그것이다.

그렇다면 외현 기억은 어떨까? 단기 외현 기억과 장기 외현 기억 저장도 독특한 분자적 메커니즘을 갖는 걸까?

이 연구를 하면서 캔들 연구진은 특정 이온 통로에 해당하는 유전자가 없는 생쥐를 키운다. 그 생쥐들의 경우, 관통 경로의 자극에 대한 반응으로 생기는 장기 증강이 부분적으로 가지 돌기 활동 전위에 의해 크게 촉진된다는 것이 발견된다. 그 녀석들이 똑똑해졌다는 뜻이다. 실제로 녀석들은 정상 생쥐보다 훨씬 뛰어난 공간 기억력을 보인다.

그것을 토대로 포유류 뇌에서의 외현 기억은, 군소나 초파리에서의 암묵 기억과 달리, CREB 외에도 여러 유전자 조절자를 필요로 한다는 것을 발견한다. 생쥐에서 이 유전자들의 발현은 해부학적 변화, 특히 새 시냅스 연결의 성장도 산출하는 것으로 볼 수 있다.(추론일 뿐 명확한 증거는 확보되지 않은 상태다.)

쥐에서의 공간에 대한 외현 기억 연구는 이런 질문을 낳게 된다. 어떻게 뇌 속에 공간(생쥐가 돌아다니는 환경)이 표상되고, 어떻게 그 표상이 주의 집중에 의해 교정되는 걸까?

공간에 대한 복잡한 기억과 해마 속 표상을 숙고하기 위한 첫걸음으로 캔들은 행동주의를 버리고 인지심리학을 택한다. 30여 년 전에 이미 정신분석에 매혹되었던 캔들이 이 시점에서 인지심리학을 택한 것은 운명적인 귀결로 보인다.

앞서 봤듯이, 인지심리학의 전제 중 하나는 뇌가 외부 세계의 내적 표상, 곧 인지 지도를 발전시키고 그것을 이용해 보이고 들리는 바깥 세상에 대한 이미지를 산출한다는 것이다. 이러한 인지 지도는 과거의 정보와 결합되고 주의 집중에 의해 교정되어 바뀐다.(인지 지도의 개념은 정신에 대한 행동주의의 관점보다 훨씬 넓고 흥미로운 관점을 제공하기 때문에 행동에 대한 연구에서 중요한 진보로 평가되지만, 인지심리학이 추론한 내적 표상이 단지 정교한 추측에 불과하다는 문제가 있다. 즉 내적 표상은 직접 검사할 수 없다. 인지 지도는 객관적인 분석으로 쉽게 접근할 수 없기 때문에 정신이라는 블랙박스 속을 들여다보기 위해 생물학과 손을 잡게 되고, 무척추동물의 단순한 행동 반사 실험에서부터 정신분석의 주된 관심사인 주의 집중이나 자유 의지, 나아가 의식에 이르기까지 다양한 행동에 초점을 맞추게 된다는 건 앞서 살핀 내용이다.)

캔들 연구진이 1992년에 공간 지도를 연구하기 시작했을 때, 공간 지도 형성의 분자적 단계들에 대해서는 알려진 것이 전혀 없었다. 그래서 장소 세포 연구의 선구자 중 하나인 로버트 멀러Robert Muller와 공동 연구를 한다. 그리고 장기 증강을 일으키는 분자적 작용의 일부가 공간 지도를 장기간 보존하는 데 필수적이라는 것을 발견한다.(단백질 키나아제 A는 유전자들을 켜서 장기 증강의 나중 단계에 필수적인 단백질 합성을 촉발한다. 그와 유사하게, 최초의 지도 형성에는 단백질 키나아제 A나 단백질 합성이 필요하지 않지만, 그 지도가 장기간 '고정되어' 생쥐가 동일한 공간에 진입할 때마다 그 동일한 지도를 되살리려면 단백질 키나아제 A와 단백질 합성이 필수적이라는 것을 발견한다.)

그 발견은 이런 질문을 불러일으킨다. 해마에서 포착한 공간 지도가 동물이 외현 기억을 가질 수 있게 만드는 걸까? 그렇다면 그 지도는 실제로 내적 표상일까?

초기의 공간 지도 이론에서 오키프는 그 인지 지도를 동물이 위치를 알고 있는 상태에서 돌아다니기 위해 쓰는 내적인 공간 표상으로 여겼다. 그러니까 공간 지도를 기억 자체의 표상이라기보다는 '길 안내 표상navigational representation'에 가까운 것으로 본 것이다. 캔들 연구진은 이 공간 지도가 동물이 외현 기억을 가질 수 있게 만들 거라는 판단 아래 연구를 계속한다.

그리고 단백질 키나아제 A나 단백질 합성을 차단하면, 공간 지도의 장기적 안정성뿐만 아니라 장기 공간 기억 보유 능력도 억제된다는 것을 발견한다. 다시 말해 공간 지도가 공간 기억과 상관된다는 직접적인 유전학적 증거를 확보한 것이다. 더 나아가 군소에서 아가미 움츠림 반사의 바탕이 되는 단순한 암묵 기억에서와 마찬가지로, 공간 기억에서 지도의 그림에 처음 관여하는 과정과 그 지도를 안정적인 형태로 유지하는 데 관여하는 과정이 서로 다르다는 것도 발견한다.

이렇듯 외현 기억과 암묵 기억은 근본적으로 다르다. 외현 기억은 등록과 되살림을 위해 선택적 주의 집중을 한다. 따라서 신경 활동과 외현 기억 사이의 관계를 탐구하고자 한 캔들 연구진은 이제 주의 집중의 문제로 나아가게 된다.

앞서 봤듯이, 우리는 순간순간의 경험에서 특정한 감각 정보에만 초점을 맞추고 나머지는 배제한다. 이렇게 감각 장치를 어딘가에 집중하는 것은 모든 지각의 핵심적인 특징이다. 이때 주의 집중에는 제임스가 1890년에 분류한 자발적 주의 집중과 비자발적 주의 집중이 있다. 비자발적 집중은 자동적으로 이루어지며 암묵 기억에서 명확하게 확인된다. 반면에 자발적 집중은 외현 기억의 한 특징이며 내적인 필요성에서 비롯된다.

군소와 생쥐를 대상으로 한 분자적 연구들은 비자발적 주의 집중과 자발적 주의 집중이 존재한다는 제임스의 주장을 뒷받침한다. 이때 두 유형의 차이는 두드러지는 특징이 있는가의 여부가 아니라, '두드러짐 신호'가 의식적으로 지각되는가의 여부로 나타난다. 이 발견은 기억이 암묵적인가 외현적인가 하는 문제는 두드러지는 특징에 대한 주의 집중 신호가 동원되는 방식에 의해 결정된다는 제임스의 주장이 옳다는 것을 보여 준다.

두 유형 모두에서, 단기에서 장기 기억으로의 변환은 유전자의 활성화를 필요로 한다. 특히 조절 전달자는 자극의 중요성을 표시하는 주의 집중 신호를 운반하는 것처럼 보인다. 그 신호에 대한 반응으로 유전자가 켜지고 단백질이 생산되어 시냅스로 보내진다. 즉, 군소에서는 세로토닌이 단백질 키나아제 A를 유발하고, 생쥐에서는 도파민이 단백질 키나아제 A를 유발한다.

그런데 이때 이 두드러짐 신호들은 군소에서의 민감화의 바탕에 있는 암묵 기억을 위해 동원될 때와 쥐에서 공간 지도 형성에 필요한 외현 기억을 위해 동원될 때의 방식이 근본적으로 다르다. 암묵 기억 저장에서 주의 집중 신호는 비자발적으로(반사적으로) 아래에서 위로 동원된다. 즉, 충격을 받아 활성화된 꼬리의 감각 세포들이 세로토닌을 분비하는 세포들에 직접 작용한다. 반면에 공간 기억에서 도파민은 자발적으로 위에서 아래로 동원되는 것처럼 보인다. 즉, 겉질이 도파민을 분비하는 세포들을 활성화하고, 도파민은 해마의 활동을 조절하는 것처럼 보인다.

캔들 연구진은 이렇게 유사한 분자적 메커니즘들이 하향식 주의 집중 과정과 상향식 주의 집중 과정 모두에 쓰인다는 생각에 들어맞는 발견을 한다. 곧 두 과정 모두에서 기억의 안정화에 관여하는 것처럼 보이는 단일한 메커니즘을 발견한 것이다.

쥐의 해마는 코시크가 군소에서 발견한 것과 유사한 프리온형 단백질을 적어도 한 종은 보유하고 있다. 캔들 연구진은 군소에서 세로토닌이 CPEB 단백질의 양과 상태를 조절하는 것과 대체로 동일한 방식으로 생쥐 해마에서 도파민이 프리온 형의 CPEB 단백질(CPEB-3)의 양을 조절한다는 것을 발견한다. 이 발견은 동물의 주의 집중이 해마에서 도파민 분비를 유발하고, 그 도파민이 CPEB에 의해 매개되는 자기 영속적 상태를 촉발할 때 공간 지도가 고정된다는 추론으로 나아간다.


**그것이 알고 싶다: 신경 세포와 뇌 네트워크 사이**


하늘 그 멀고 먼 길을 돌아서 나온 게 해마와 도파민이네요! 우리가 기억 연구에서 처음 알았던 게 해마인데, 그 해마에서 도파민 분비를 유발한다는 게 주의 집중 원리의 하나이고요. 캔들 박사 같은 뇌 과학자들이 그런 식으로 군소나 생쥐에서 기억 저장의 메커니즘에 대한 걸 알게 되다 보면, 결국 사람들의 기억 장애에 대한 치료법을 개발할 수 있으리라는 희망을 품게 될 것 같아요. 그러다 보면 우리에게만 있는 신경 전달 물질을 찾을 수 있는 접근법도 점점 좁혀질 것 같고요.

**바다** 생쥐가 공간 기억 장애를 가지고 있다면 그게 녀석의 해마에 뭔가 문제가 있다는 게 그 결과로만 봤을 땐 별것 아닌 것 같았거든요. 근데 그 과정을 좀 짚어 보니까 동물의 행동 분석을 세포 신경과학과 연결하고 그다음엔 분자생물학과 연결하는 게 중요한 연구라는 게 느껴져요. 일단 동물 실험으로 기초적인 정신 과정의 분자생물학을 마련했기 때문에 다른 과학자들이 그걸 토대로 더 많은 발견을 하게 된 거잖아요?

**김샘** 맞아. 실제로 기존 연구를 토대로 노화성 기억 장애를 가진 늙은 생쥐들의 해마에서 섀퍼 곁가지 경로를 탐구한 결과, 장기 외현 기억과 큰 연관이 있는 것으로 밝혀진 장기 증강의 나중 단계에 결함이 있는 게 발견돼. 나이가 들수록 해마에서 도파민을 방출하는 시냅스들이 줄어든다는 사실이 그거야.

**하늘** 장기 증강의 나중 단계가 환상 AMP와 단백질 키나아제 A에 의해 매개되고, 그 신호 전달 경로가 도파민에 의해 활성화된다는 거죠? 그런 원리로 도파민이 해마의 추체 세포에 있는 도파민 수용체에 결합해서 환상 AMP의 농도가 높아진다는 거고요. 그럼 그 도파민 수용체들을 활성화시키는 약을 만들면 기억 장애를 고칠 수 있지 않나요? 그 약물이 환상 AMP를 증가시켜서 나중 단계에 있는 기억 결핍을 회복시킬 수 있으니까요.

김샘 하늘이가 말한 그 원리를 가지고 실제로 약을 만들었어. 그 약이 해마의 손상에 따른 기억 장애를 어느 정도 회복시킨다는 결과도 있고. 또 환상 AMP 경로를 다른 방식으로 조작해서 기억 장애를 개선할 수 있는 약도 만들었어. 환상 AMP가 어떤 효소에 의해 분해되기 때문에 신호 전달이 무한정 유지되지 않는다는 점에 착안해서, 그 분해 효소를 억제하는 방법이야. 즉, 약물로 그 분해 효소를 억제해서 환상 AMP의 수명을 연장하고 신호 전달을 강화한다는 원리야. 그런데 지금까지 확인된 건 거의 실험동물의 경우야. 사람의 기억 장애를 치료하는 게 지금 단계에선 거의 가능하지 않다는 뜻이지. 기억 형성의 분자적 메커니즘에 대해 더 많은 걸 알아야 어느 정도 가능할 거라는 뜻이고.

바다 그렇지만 현재 단계에서도 알츠하이머병이나 파킨슨병을 약물로 고치기도 하잖아요?

김샘 알츠하이머병을 치료하는 약으로 현재 네 가지 정도의 약이 쓰이고 있어. 그중의 세 가지가 신경 전달 물질인 아세틸콜린을 분해하는 효소를 억제하는 약물이야. 그 효소가 억제되면 아세틸콜린 분해가 줄어들어서 시냅스에 아세틸콜린이 더 많이 남는다는 원리를 이용한 거지. 남은 하나는 글루타메이트의 수용체 중 하나인 NMDA 수용체를 막는 원리야.

바다 NMDA 수용체를 막으면 기억력이 더 떨어지는 거 아닌가요? 우리가 배운 모리스 연구진이 발견한 게 그거잖아요? NMDA 수용체를 약리적으로 막으면 쥐의 장기 시냅스 증강을 막고 따라서 공간 기억을 방해한다는 거요.

**김샘** 이 경우는 NMDA 수용체가 차단되면 일단 신경 세포가 과다하게 흥분하면서 죽는 과정을 억제한다는 걸 이용한 원리야. 그런데도 약을 먹고 나서 병의 진행이 멈추거나 진행 속도가 늦춰진다는 증거는 아직 확실한 게 없어. 알츠하이머병과 함께 퇴행성 뇌 질환으로 이름 높은 파킨슨병을 봐도 그래. 파킨슨병은 운동 기능에 장애가 생겨서 손이 떨리고 움직임이 더뎌지면서 몸이 뻣뻣해지는 병이야. 파킨슨병 환자의 뇌를 보면 중간뇌의 흑색질substantia nigra 부분에 탈색이 되어 있어. 흑색질(흑질)은 도파민을 만드는 신경 세포가 모여 있는 부분인데 이 세포들이 죽어서 도파민을 공급하지 못한다는 뜻이야. 그래서 알츠하이머병과 마찬가지로 도파민을 분해하는 효소를 억제하거나 도파민 수용체를 자극하는 약물을 사용해. 그런데 이 약물을 오래 사용하면 효과가 점점 더 줄어들거나, 약효가 나타날 땐 너무 강해서 환자들이 과하게 행동하는 부작용이 있어. 알츠하이머병과 파킨슨병은 사회적으로도 큰 문제가 되고 있어서 치료법이 아주 절실한데, 마땅한 해결책을 찾지 못하고 있는 게 현실이야.

**바다** 어려운 문제네요! 뇌 질환이 그렇다면 정신 질환 문제는 말할 것도 없을 것 같고요. 정신 질환의 원인을 추적하는 일은 뇌 속의 구조적 손상을 찾아내는 일보다 훨씬 어렵다고 하니까요. 그런데, 시냅스의 연결 구조를 다 알면 이 문제가 좀 해결되지 않을까요? 또 기억을 연구하는 뇌 과학자들의 최종 목적은 따로따로 저장된 기억의 조각들이 한데 모여서 하나의 기억으로 다시 나타나는 과정을 규명하는 거라고 하잖아요? 기억의 결합 문제도 이러한 신경 세포의 연결과 연관이 있지 않나요?

**김샘** 저쪽에 자전거를 타고 있는 중년의 남자 분 보이지? 저 분은 내가 잘 아는 동료 교수야. 지금 내가 저 분을 볼 때, 내가 보는 건 다양한 색의 옷을 입고 자전거로 움직이고 있는 중년의 남성에다가 내가 이름이며 성격도 좀 알고 있는 모습이야. 결합 문제는 이것이 어떻게 가능한가를 묻는 거야. 이 질문을 다시 하면 이렇게 돼. 별개의 신경 경로로, 그러니까 내 감각 기관으로 따로따로 들어온 운동, 이미지, 색상, 형태에다가, 중년이고, 남자이고, 교수고, 꼼꼼한 성격이라는 관념 등에 관한 정보가 어떻게 해서 하나의 일관되고 통일된 지각으로 결합되어 나에게 인식(의식)되는 걸까?

**바다** 어떻게 보면 답이 뻔한 것 같기도 해요. 신경 경로들이 그냥 한꺼번에 모아져서 그렇게 된 것 같으니까요.

**김샘** 틀린 대답은 아니겠다. 별개의 기능을 가진 각각의 독립적인 신경 경로들이 일시적으로 연합됨으로써 이 결합 문제가 해결된다고 과학자들도 생각했으니까. 그렇다면 이때 생기는 문제는 이거야. 그 연합은 어디서 어떻게 일어나는 걸까?

**하늘** 그게 기억 연구자들이 아직까지 풀지 못하고 있는 숙제잖아요? 그걸 풀면 해결하지 못한 기억에 대한 답을 얻을 수 있을 거라고 하는 거고요. 그 문제를 풀 방법이 있나요? 바다가 아까 제시한 시냅스 연결을 다 알아내면 도움이 되지 않을까요?

**김샘** 세포 하나하나의 연결성에 주목하는 과학자들은 모든 신경 세포 하나하나의 활성을 동시에 기록할 수 있다면 우리 뇌가 어떻게 돌아가는지 알 수 있을 거라고 말해. 실제로 현재 과학자들이 하고 있는 가장 정밀한 미시 수준의 뇌 연구는 그런 방법으로 이루어져. 그 방법을 구체적으로 보면, 뇌를 가능한 만큼 작은 구획으로 나누고, 그걸 기계로 조금씩 잘게 깎아 가면서, 전자 현미경으로 찍고 또 찍고를 반복하는 거야. 문제는 폭이 200마이크로미터 정도인 구획 하나를 찍는 데도 시간과 비용이 엄청나게 많이 든다는 점이지. 예전엔 이런 작업을 일일이 다 손으로 했어. 지금은 컴퓨터의 도움을 받지만. 일단 하나하나 촬영한 걸 컴퓨터로 전송하면, 프로그램이 각각의 신경 세포의 연결 상태를 복원해 주는 식이야. 그렇게 찍은 조각 사진을 모두 연결해서 전자 현미경으로 관찰하면 그 미세 구획에 있는 신경 세포들이 어떤 시냅스를 형성하는지를 그려 볼 수는 있어. 그러니까 신경 세포 하나하나가 다른 세포들과 어디서 어떤 정보를 주고받는지를 알 수 있다는 뜻이야. 그런데 이때 신경 세포 하나가 1,000개에서 10,000개 이상의 시냅스를 만든다는 문제가 있어. 또 뇌에 있는 시냅스를 다 합치면 적게는 100조, 많게는 1,000조가 넘잖아? 이것만 해도 상상하기 어려운 숫자인데, 이 시냅스가 사람마다 다 다르다는 문제도 있어. 게다가 우리가 앞서 봤듯이 가소성 변화 때문에 같은 사람의 시냅스라도 오늘이 다르고 내일이 다르다는 치명적인 약점이 있어.

**바다** 신경 세포의 활성을 동시에 기록한다는 건 거의 불가능한 작업이겠네요. 고생고생해서 한 작업이 다 무효가 될 수도 있고!

**김샘** 그런 이유 때문에 그렇게 애를 써서 한순간의 연결을 아는 게 얼마나 큰 의미가 있는지 의문을 품는 과학자들이 많은 게 사실이야. 또 연결 구조만으로는 어떻게 정보가 처리되는지 알 수 있는 것도 아니거든. 분자유전학의 선구자인 시드니 브레너 *Sydney Brenner* 는 '예쁜꼬마선충'이라는 선형동물의 신경계를 신경 세포 단위로 나눠서, 신경 세포 수가 302개이고 시냅스가 7,000개라는 걸 알아냈어. 그 연결에 대한 것도 대부분 밝혀냈고. 그런데도 뇌가 어떻게 작동하는지는 알아내지 못했어. 단순한 생명체의 신경계 구조를 역설계를 통해 완벽하게 재현하기만 하면 사람 뇌로 들어가는 문이 열릴 거라고 생각했는데 사실은 그렇지가 않다는 얘기야. 또 신경 세포와 시냅스의 수가 명확하게 밝혀진 선충조차도 그 연결 상태가 너무나 복잡다단해서 선충의 움직임과 신호 전달 경로 사이의 관계를 밝히는 데만 몇 년이 걸렸어. 그런 식으로 사람의 뇌 속 연결을 다 밝히자면 얼마나 걸릴까?

**바다** 100년으로도 안 될 것 같은데요! 그럼 다른 방법이 있나요?

**김샘** 그래서 최근엔 신경 세포 단위를 넘어서, 보다 큰 차원에서 뇌의 네트워크를 구성하려는 연구들이 이루어지고 있어. 말하자면 뇌의 전체적인 흐름이 신경 세포 하나하나의 활동을 좌우한다고 보고, 뇌의 영역들이 서로 어떻게 연결되어 있는지 거기에 초점을 맞추는 거야. 다시 말하면 신경 세포 하나하나의 개별 활동이 뇌 전체를 결정하는 게 아니라 뇌의 전체적인 흐름이 신경 세포의 활성을 결정한다는 뜻이야.

**하늘** 그럼 신경 세포 하나하나의 연결을 아는 것보다 뇌의 전체적인 흐름에 집중하는 게 더 좋은 방법인가요?

**김샘** 어느 게 더 좋다고 딱 잘라 말하기는 어려워. 거의 모든 게 그렇지만, 둘의 융합이 필요하다고 할 수 있어. 개별 세포의 활동을 미시적으로 관찰하는 동시에 거시적으로 일어나는 세포들의 무수한 상호 작용까지 함께 보는 방법이 필요하다는 뜻이야. 그럼 우리 뇌가 실제로 어떻게 작동하는지 보다 정확하게 알 수 있지 않을까 기대하는 거고. 기억의 결합 문제도 마찬가지야. 개별 신경 세포들의 활동과, 신경 연결망들의 활동을 분석할 수 있는 뇌 영상화 기술에 동시에 기대하고 있으니까.

**하늘** 뇌를 거시적으로 보는 연구가 주로 영상 기술을 활용하는 거고, 그중 대표가 MRI라는 말씀이죠?

**김샘** 맞아. 1990년대 중반에 fMRI가 개발되면서 뇌 과학에 새로운 장이 열리게 돼. 망원경의 발명이 그랬듯이, 지난 20여 년간 뇌에 관해 새로 알게 된 지식이 지난 수천 년간 알아온 지식보다 훨씬 더 많아지거든. 예전엔 접근할 생각조차 못 한 우리의 정신세계, 그러니까 요즘 많이 거론되는 마음이며 의식이 뇌 과학의 주된 연구 분야가 된 것도 다 MRI 덕이라고 할 수 있어.

**바다** MRI의 무엇 때문에 그런 거예요? 그러니까 그 원리요?

**김샘** 일단 전자기학에 대한 이해가 깊어졌기 때문에 모든 게 가능해졌다고 볼 수 있어. (1937년에 발명된 MRI의 원리는 수소 원자의 핵인 양성자의 스핀 회전 운동을 활용한 것이다. 정상적인 상태에서 양성자는 무작위로 회전하지만, 자기장에 노출되면 그 회전축들이 일정한 방향으로 배열된다. 이때 특정 전자기파를 주입하면 전자기파의 주파수와 공명하는 특정 양성자들이 일정한 배열에서 벗어나게 된다. 이 주입을 정지하면 배열에서 벗어난 양성자들이 다시 제자리로 돌아오면서 거꾸로 특정 주파수의 전자기파를 방출한다. MRI는 이렇게 방출된 전자기파 신호를 해독해서 물체 내부의 정보를 얻는 기기이다.) 전자기학은 전기 및 자기와 관련한 현상을 연구하는 분야인데, 신경 세포를 통해 전달되는 전기 신호를 분석하려면 전자기학을 알아야 하거든. 빛이든 소리든 외부에서 들어오는 정보를 느끼기 위해서는 전기 신호로 바꾼 다음에 처리하는 과정을 거쳐야 하잖아? 이때 뇌에 전극을 꽂아 보면 그 전기 신호를 관찰할 수 있어. 어떤 자극에 대해 특정 전기 신호의 방출이 확 올라간다면, 이 신호 사이에 상관관계가 존재한다는 뜻이야. 그런데 전기 신호와 자극을 매개로 사람의 생각이 실제로 어떤 신호로 나타나는지를 유추하는 건 무척이나 어려워. 뇌 과학자들이 이러한 유추 작업을 '뇌 해독'이라고 부를 정도로.

**바다** 우리 뇌가 살아 있는 암호 덩어리라는 뜻이죠? 그 정도로 풀기 어렵다는 뜻이고요.

**김샘** 맞아. 그러다가 fMRI 기법이 복잡한 뇌 기능을 수행하는 뇌 속 위치를 드러내 보여서 살아 있는 신경 세포뿐만 아니라 신경 회로도 관찰할 수 있게 돼.(1990년대 중반에 MRI의 혁명적인 변화가 찾아온다. 미국의 벨 연구소에서 MRI가 혈중 헤모글로빈의 산화 수준에 따라 다른 이미지를 만들어 낸다는 사실을 발견한 것이다. 이 발견을 뇌에 적용하면 이렇다. 뇌 속에서 상대적으로 활성화된 신경 세포는 더 많은 혈액을 필요로 한다. 이 경우에 더 많은 혈액 속에는 그만큼 더 많은 산소, 곧 산화 헤모글로빈이 들어 있기 때문에 MRI가 이를 감지함으로써 활성화된 신경 세포를 촬영할 수 있게 된다. 이것이 바로 fMRI의 시작이다. 따라서 fMRI는 기계를 발명한 게 아니라 새로운 방법론을 찾아낸 거라고 볼 수 있다. 'BOLD Blood Oxygen Level Dependent'라 불리는 이 방법은 뇌 속에 혈액이 많이 흐르는 부위를 활성화된 뇌 영역으로 보고, 그렇지 않은 부위를 비활성화 영역으로 본다. 그에 따라 뇌와 인지 활동의 관계를 연구할 수 있게 되자, fMRI를 활용한 연구는 인지심리학 분야에서도 '바이오 혁명'을 낳으면서 뇌에 대한 연구를 폭발적으로 증가시키게 된다.)

**바다** fMRI의 화려한 등장이네요!

**김샘** 아무리 fMRI라도 신경 세포에 흐르는 전기 신호를 직접 찍을 수는 없어. 신경 세포에 에너지를 공급하려면 반드시 산소가 필요한데, 이 산소를 함유하고 있는 피가 신경 세포에 흐르는 전기 신호와 간접적으로 연결되는 걸 이용한 원리야. 산소의 흐름을 추적하면, 그러니까 혈류 속의 산소 수준을 반복해서 측정하면 뇌의 다양한 부위들이 서로 연결되어 작동하는 유형을 알아낼 수 있거든. fMRI는 전자기파의 한 종류인 라디오파를 살아 있는 신체 조직에 발사해도 그 조직에 아무런 손상도 주지 않고 가뿐하게 통과하는 특성을 이용한 장치야. 전자기파가 생체 조직, 곧 살아 있는 뇌를 자유롭게 통과하는 과정에 약간의 기술을 적용하면 꽤 선명한 사진을 찍을 수 있어. 과거에는 상상조차 못 했을 사진으로, 감정을 일으키고 기억을 되살리는 살아 있는 뇌의 모습을 직접 눈으로 확인한다고 생각해 봐. 슈퍼컴퓨터 내부를 훤히 들여다보는 것보다 백배는 더 굉장한 일이지 않아?

**바다** MRI가 굉장한 녀석이긴 하네요. 샘을 흥분시키는 걸 보면!

**김샘** 그랬나? 새 기술에 어떤 원리가 적용되었나를 볼 때가 제일 신나기도 하지만, 들려줄 게 많다 보니 나 혼자 앞선 느낌이네. 먼저 MRI가 만들어지기까지의 과정을 짚어 보는 게 좋겠지? 그럼 엑스(X)선을 알아야 하는데, 뢴트겐선이라는 엑스선은 알지?

**하늘** 1895년에 독일의 생리학자인 빌헬름 뢴트겐Wilhelm Conrad Röntgen이 발견했고, 당시엔 정체를 모르는 방사선이어서 미지의 엑스(X)선으로 부른 걸로 알고 있어요. 그 공로로 뢴트겐이 1901년에 최초로 노벨 물리학상을 탄 것도요. 그런데 엑스선이 뭔지는 잘 모르겠어요.

**김샘** 엑스선은 방사선의 일종이야. 방사선은 눈에 보이지 않는 아주 작은 입자나 빛과 같은 성질을 지니고 있어. 방사선은 파장에 따라 알파(α)선, 베타(β)선, 감마(γ)선 등으로 나뉘는데 그중 엑스선과 감마선은 에너지가 높은 빛에 속해. 감마선이 원자핵에서 방출된 전자파인데 비해, 엑스선은 전자에서 방출된 전자파라는 점이 둘의 차이야. 엑스선은 전기장 속에서도 진행 경로가 바뀌지 않아. 엑스선 자체는 전하를 가지고 있지 않고 직진하는 성질이 있어서 그래. 그렇기 때문에 빛과 같은 전자기파의 일종이라는 사실을 나중에 확인할 수 있었던 거고. 천리 길도 한걸음부터고, 한걸음, 한걸음 나아가다 보면 이르지 못할 데가 없다고 하잖아? 이 엑스선만 해도 그래. 직진하면서 파장이 짧아 물질을 통과하는 성질을 지닌 이 엑스선도 한걸음부터 시작해서 결국은 우리 몸을 관찰하는 데 큰 도움을 주게 되거든.

## 나를 들여다보는 창문: 뇌 촬영 기술의 발달

1953년에 왓슨과 크릭이 DNA 구조 모형을 기록하여 서술할 수 있었던 데에는 알고 보면 엑스선 사진 덕이 컸다. 구조생물학자들이 촬영한 엑스선 회절 사진의 도움을 받아, DNA가 서로를 나선 모양으로 감는 두 개의 긴 가닥으로 이루어졌다는 것을 추론할 수 있었기 때문이다. 엑스선 회절 사진이란 물체를 투과하는 기능이 있는 엑스선을 이용하여 물질을 파괴하지 않고 원자의 배열 상태를 고스란히 엑스레이 필름에 찍어내는 기술을 말한다. 원자의 배열 상태를 알면 물질의 구조를 파악하는 데 얼마나 도움이 될지는 각자의 상상에 맡긴다.

초기의 엑스선은 단단한 물체에 반사되기 때문에 주로 피부 조직 밑에 있는 뼈를 보여 주는 데에 사용되었고, 이 광선을 투과하는 인체 조직이나 장기 같은 부분을 보는 데에는 무력했다. 뇌의 경우도 마찬가지였다. 엑스레이 촬영으로는 뇌의 해부학적인 이미지만 얻을 수만 있고 뇌의 구조까지는 파악하지 못하자 과학자들의 발걸음이 다시 빨라지게 된다. 이런 의문과 함께 말이다. 어떻게 하면 엑스선으로 뇌 구조를 볼 수 있을까?

조영제라는 특수한 약품이 발명되면서 뇌혈관의 촬영도 가능해진다. 뇌혈관에 가늘고 기다란 관인 카테터catheter를 꽂아 조영제를 주입하면, 조영제가 혈관을 따라 움직이면서 방사선을 방출한다. 이때 엑스선을 찍으면 뇌혈관의 두께를 비롯해 여러 가지 상태를 관찰할 수 있다. 그런데 뇌혈관에 직접 투여되는 조영제의 독성 때문에 여러 가지 부작용이 발생하게 된다.

MRI나 CT 촬영 같은 방사선 검사 때도 조직이나 혈관을 잘 볼 수 있도록 조영제를 사용한다. 조영제 약품이 각 조직의 엑스선 흡수차를 인위적으로 크게 해서 영상의 조도 차이를 높여 주기 때문이다. MRI의 경우는 '가돌리늄'이라는 조영제를 사용해 검사가 이루어졌고, 의료에 MRI가 처음 응용된 곳은 정상적인 신체 조직과 암이 생긴 신체 조직의 차이를 구별하는 작업이다.

조영제 사용으로 부작용이 발생할 수 있는 문제가 제기되면서 조영제 없이 검사를 할 수 있는 방법을 찾게 되었고, 심장이 수축기와 이완기 때에 혈류의 속도가 다르다는 점에 착안한 비조영 기법의 MRI가 개발되기 시작한다. 그리고 1990년대 중반에 MRI의 혁명적인 변화가 찾아온다. 앞서 본 fMRI가 그것이다.

강력한 전기 자석과 컴퓨터 같은 전자 장비의 발달로 MRI의 해상도 역시 과거에는 상상도 못 할 정도로 선명해졌지만, MRI는 양성자의 회전축 재배치를 이용한 원리이기 때문에 근본적으로 시

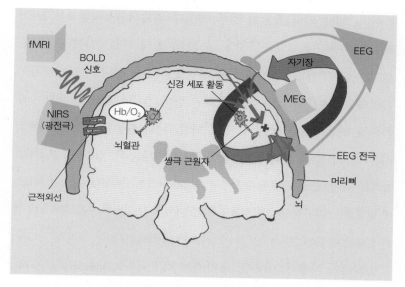

**뇌 영상 기법의 기초 원리 도해도**

간적인 한계를 가진다. 즉 영상을 실시간으로 만들거나 원하는 순
간순간의 영상을 바로 확인하는 데는 본질적인 한계가 있다. 또한
MRI의 공간적 해상도를 높이면 높일수록 영상을 처리하는 시간은
더 길어질 수밖에 없다. 그래서 실시간으로 뇌를 연구하는 과학자
들은 EEGelectroencephalogram를 주로 사용한다.

　MRI는 뇌 속으로 라디오파 펄스를 발사한 뒤 그 펄스의 '메아리'
곧 진동수를 분석하는 장치이다. 이때 진동수를 조절하면 특정 원
자를 골라서 분석할 수 있다. 이에 비하면 1924년에 개발된 EEG는
매우 수동적이다. 전극이 연결된 헬멧을 쓴 상태에서 뇌가 자연적
으로 방출하는 미세한 전자기파를 수동적으로 받아서 분석하기 때

문이다. 이때 뇌에 흐르는 넓은 진동수 대역(물리학에서 쓰는 용어로
최대 주파수에서 최저 주파수까지의 구역을 뜻함)의 전자기파를 전체적으
로 감지할 수 있다. MRI에 비해 해상도가 크게 떨어지지만, 사용이
편리하고 값이 싼 장점이 있다. 최근 들어 전극을 통해 쏟아지는 데
이터를 컴퓨터로 분석할 수 있게 되자, 뇌의 활동을 기록하고 분석
하는 데 더 많이 쓰이고 있다.(뇌파의 진동수는 뇌가 집중하고 휴식하고
잠자고 꿈꾸는 활동 및 의식 수준에 따라 각각 다르게 나타난다. 깊이 잠들었을
때 발생하는 델타파는 1초당 진동수가 0.5~4회이다. 반면에 수학 문제를 풀면
서 집중할 때 발생하는 베타파는 1초당 12~30회 진동한다.)

　　물리학을 이용한 뇌 촬영 장비에는 PET positron emission tomography,

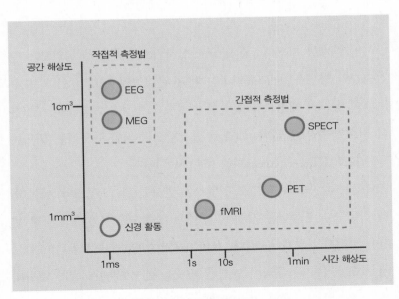

뇌 기능 측정 방법의 시간 공간 해상도 특징

양전자 방출 단층 촬영와 SPECTsingle photon emission computed tomography, 단일 광자 방출 전산 단층 촬영도 있다. PET는 신경 세포 에너지의 원천인 포도당의 위치를 추적해 뇌 속의 에너지 흐름을 감지하는 장치다. 포도당 속에 주입한 나트륨에서 방출되는 소립자를 추적하기 때문에 약간의 방사능을 띤 설탕용액(포도당)을 검사 대상자 몸에 주입한다. 이때 방사성 원자의 이동 경로를 추적하면 뇌 속의 에너지 흐름을 파악할 수 있다. 에너지가 소모되는 흐름을 직접 관측할 수 있기 때문에 신경 활동에 대한 정보를 MRI보다 훨씬 많이 담을 수 있는 장점이 있다. 그런 반면 해상도가 많이 떨어지고, 미약한 방사능을 방출한다.(PET의 원리는 전자기력이 아니라 미미한 핵력이다.) 따라서 같은 사람에게 계속 사용하기 어렵고 1년에 1회 정도만 써야 하는 단점이 있다.

PET 등을 한 단계 더 발전시킨 것이 컴퓨터 단층 촬영computed tomography 기술인 CT다. CT는 검사기를 뇌 주변으로 돌리면서 여러 방향이나 각도에서 엑스선을 쏘아서 그때 뇌를 통과한 엑스선 양의 차이를 검출한다. 뇌에서 엑스선을 많이 흡수한 부분은 희게 비추고, 통과시킨 부분은 검게 비춘다. 이렇게 뇌에 분포된 흑백의 비율을 컴퓨터로 계산해 화상으로 만들어 뇌 단면의 모습을 재생하는 기술이다. 뇌 단면을 여러 각도에서 찍을 수 있기 때문에 작은 종양까지 찾아낼 수 있는 장점이 있다.

## 어디까지 탐사할까: fMRI와 광유전학의 내일

**김샘** CT도 단점이 있어. 강한 엑스선을 오랫동안 쬐기 때문에 몸에 나쁜 영향을 미칠 수 있거든. 그래서 PET처럼 제한해서 사용할 수밖에 없어. 과학자들의 고민이 또 깊어졌지. 방사선 양이 커져서 부작용을 일으킬 수 있는 엑스선을 대신할 수 있는 게 없을까?

**바다** 그렇게 끙끙거리다 찾아낸 게 바로 자기장을 사용하는 MRI라는 말씀이죠? 물리학자들이 일단 힘줄 만한 것 같아요. 뇌 과학자들이 생명체 안에서 진행되는 기억이나 의식 수준을 어느 정도 추적해 낸 게 물리학의 발달에 힘입은 성과로 보이니까요. 근데 처음엔 몰랐는데, fMRI가 200~300곳이나 되는 뇌 부위 기능을 새로 알아낼 정도로 성공을 거두었다고 하는 건 좀 이상해요. 어떻게 새로 알아낸 부위가 100군데나 차이가 나죠? 그게 결국 정확하지가 않아서 그런 거 아닌가요?

**하늘** 저도 같은 맥락인데, fMRI가 발명되고 나서 그와 관련된 논문이 한 달에 800여 편이나 나왔다는 통계를 보고 좀 놀랐어요. 또 뇌 공부를 하면서 신문이랑 TV 같은 데 나오는 뇌 영상을 유심히 보게 되었는데, 다른 부위에 비해 활성화된 뇌의 특정 부분을 붉은색이나 노란색으로 선명하게 표시해 놓고 그냥 '여기서 인간 정신의 특정한 기능을 담당하는 뇌 부위가 발견되었다'는 설명만 붙어 있어서 많이 아쉬웠어요. 처음엔 저도 뇌 영상 사진을 무조건 믿었던 것 같아요. 백 마디 말보다 뚜렷한 한 장의 사진의 힘에 이끌려서요. 그런데 사진을 보면 볼수록, 뇌의 특정 부분이 화학적으로 활성화되어 나타난다는 게 실체가 없는 정신 작용을 확증하는 증거로 얼마나 믿을 만한 건지 의문이 들어요. 그런 뇌 영상이 어떻게 얻어졌는지 궁금해서 찾아봤지만, 우리가 접합 수 있는 자료엔 잘 나와 있지도 않고요.

**김샘** 바다와 하늘이가 공부를 꽤 했구나! 나도 바짝 긴장해야겠는걸. 사실은 최근 들어 뇌 과학계 내부에서 fMRI 영상을 놓고 비판적인 성찰이 일고 있어. 뇌 영상이 무엇을 말하는지를 성찰적으로 분석한 논문도 발표되고 있고. 일단 과학자의 실험실에서 뇌 영상이 얻어진 뒤에 우리에게 보이기까지는 여러 단계를 거쳐. 먼저 과학자가 실험을 디자인하고 뇌 영상 장비를 통해 원하는 영상을 얻는 과정에서 자극과 반응의 유형을 비롯한 실험의 여러 변수를 결정해야 돼. 그리고 실험 과정과 데이터 처리에서 오류를 최소화해야 하고, 또 뇌 영상 해독과 관련해서 표준화된 좌표와 프로그램을 채택하는 데도 유의할 점이 많아. 연구자들이 그런 과정을 다 거쳐서 얻어 낸 영상 결과를 해석하고 그것을 의미 있는 이론으로 서술해 낸 게 논문이야. 그중 전문가들의 엄정한 평가를 거친 논문이 학술지에 실리게 되는 거고. 그렇게 출판된 논문 중에서 극히 일부만 미디어를 통해 우리에게 전해지는 거지. 그런데 대중매체가 논문을 알리는 과정에서 실험 결과의 단순화가 일어나는 경우가 많아. 또 대중의 시선을 끌 목적이거나, 실험 결과의 홍보를 목적으로 하는 과정에서는 실험 결과의 과장 같은 변용이 이루어지는 경우도 적지 않아. 그래서 우리가 미디어를 통해 접하는 뇌 영상을 비판적으로 볼 수 있게 하자는 움직임이 일고 있고, 그런 성찰의 중요성이 점점 커지고 있는 게 사실이야.

**하늘** 미디어를 통해 전해지는 뇌 영상 사진을 제대로 보기 위해서라도 뇌에 대해 어느 정도 알아야 한다는 뜻이네요.

**바다** 물리학자들은 새로 개발되어야 하는 기술이 아직도 많이 남아 있다고 하는데, 새 기술이 개발되면 fMRI보다 더 성능이 뛰어난 영상 기기가 나오게 되는 건가요?

**김샘** fMRI 이후의 새 기술은 기존의 기술을 개선하거나 보완한 것이기 쉬워. 그 이유는 우주에 존재하는 기본적인 힘이 정해져 있기 때문이야. 중력, 전자기력, 약한 핵력, 강한 핵력이 그것인데, 첨단 뇌 영상화 기술은 거의 전자기력에 기초하고 있지? 그것을 근거로 물리학자들은 fMRI의 다음 모델로 휴대전화만 한 크기에다 시간 단위 해상도를 높인 보급용 fMRI를 꼽고 있어.

**바다** 휴대폰만 하다고요? 지금의 fMRI는 엄청나게 큰 걸로 알고 있는데 그걸 그렇게 작게 만들 수도 있나요?

**김샘** fMRI가 지금처럼 큰 건 균일한 자기장을 만들어야 하기 때문이야. 자석이 클수록 자기장이 균일해지고, 자기장이 균일할수록 선명한 영상을 얻기 때문에 지금처럼 클 수밖에 없어. 그런데 지금의 컴퓨터 발전 속도로 보면 보급용 fMRI가 머지않아 실현될 거라는 의견이 많아.

**바다** 폰만 한 보급용이 나오면 그 fMRI로 제 몸의 필요한 부분을 찍고, 컴퓨터나 스마트폰 같은 데 저장된 왓슨의 아류들을 시켜서 그 영상을 분석하게 하는 날도 오는 건가요?

**김샘** 글쎄…… 컴퓨터나 인공지능의 발전 가능성으로 보면 그렇기도 한데……. 음, 여기까지 온 김에 일단 fMRI 녀석부터 한번 보는 게 어떨까? 녀석이 아직은 몸무게가 엄청 많이 나가는 덩치라 우리가 녀석이 있는 뇌 과학 연구소로 찾아가야 하는 단점이 있지만 얘기하면서 가면 금방일걸.

**바다** 광유전학optogenetics이라고 아시죠? 원숭이 뇌의 어떤 부분에 빛을 쬐어 주니까 그 부분이 환하게 빛나는 그림을 과학 잡지에서 봤어요. 환해진 원숭이 뇌를 마술지팡이로 톡 건드리는 걸로 표현해 놓은 그림은 진짜 인상적이었어요. 당연히 공상과학인 줄 알고 그림에 달린 설명을 봤는데 광유전학이라고 하더라고요. 설명을 읽어도 무슨 말인지는 잘 못 알아들었지만요.

**김샘** 야, 바다의 표현이야말로 진짜 인상적이다! 원숭이 뇌에 빛을 쪼이면 마술지팡이로 톡 건드린 것 같은 부분만 환하게 빛난다는 게 광유전학의 핵심이거든. 빛으로 뇌의 특정 부위를 자극하면 그 부위의 신경망이 활성화되는 특성을 이용한 기술이 광유전학이야.

**하늘** 어떻게 해서 특정한 부분만 환하게 만드는 거예요?

**김샘** 외과 수술로 빛에 민감하게 반응해서 세포를 활성화시키는 유전자를 신경 세포에 직접 삽입하는 거야. 그런 다음 빛을 쪼이면 그 부위의 신경 세포만 활성화되고, 이때 스위치를 켰다 껐다 하면서 실험동물을 자극하면 특정 행동을 유발할 수도 있고 또 억제할 수도 있어. 그러니까, 빛으로 신경 세포를 선택적으로 자극해서 뇌 질환을 치료하는 데 활용할 수 있는 기술이야. 미국의 MIT 대학에서는 이미 유전자 조작 실험 쥐에 광유전학 기술을 적용해서 강박 장애 증상을 만들어 내고 치료하는 데 성공했어. 나온 지 10년밖에 안된 기술이고, 이제 막 원숭이 실험을 시작한 단계지만, 여러 분야에 활용할 수 있어서 큰 주목을 받고 있는 게 사실이야.

**바다** 사람을 대상으로 한 실험은 아직 없는 건가요?

**김샘** 현재 논의 중인 걸로 알고 있어. 광유전학의 실질적인 응용 사례로는 파킨슨병을 들 수 있겠다. 운동 기능에 장애가 생겨서 몸이 뻣뻣해지는 파킨슨병에 대해선 하늘이가 잘 알지?

**하늘** 예, 배운 대로 하면 흑색질의 신경 세포들이 죽어 있어서 도파민을 공급하지 못해 발생하는 병이잖아요. 도파민은 포유류 뇌에서 주의 집중과 재강화를 위해 동원되는 아주 중요한 신경 전달 물질이고요. 그래서 파킨슨병 치료에 도파민을 분해하는 효소를 억제하거나 도파민 수용체를 자극하는 약물을 사용하거나 도파민을 직접 공급하는 약물도 쓰는데, 오래 쓰면 효과가 미미해지거나 필요 이상으로 과격해지는 부작용이 생겨서 문제라고 알고 있어요.

**김샘** 그래. 그런 부작용을 일으키는 환자에겐 최근 들어 뇌에 전극을 꽂아서 자극하는 DBS deep brain stimulation라는 뇌 심부 자극 기술을 쓰고 있어. 그런데 '심부'가 말 그대로 뇌의 깊은 곳에 있어서 정확한 위치에 미세 전극을 꽂는 게 쉽지 않은 문제가 있어. 잘못하다간 출혈이나 감염, 근육 수축의 위험이 따르기도 하고. 이 DBS 기술에 광유전학을 적용하면 어떨까?

**바다** 아, 깊은 곳이라도 정확한 위치를 찾을 수 있으니까 부작용이 확 줄어들겠네요?

**김샘** 그렇지. 같은 원리로 광유전학은 사지마비 환자에게도 새로운 희망을 주고 있어. 마비 환자의 뇌를 컴퓨터에 연결하면 인공 팔을 움직일 수는 있는데 단순히 움직이는 것만으로는 할 수 있는 게 별로 없어. 숟가락질도 잘 못하고 리모컨 작동도 생각만큼 잘 안 되는 게 현실이야. 그게 인공손가락으론 촉감을 느낄 수 없기 때문에 물건을 잘 잡지 못해서 그런 거라면, 방법이 있지 않을까? 인공손가락 끝에 촉감을 감지할 수 있는 센서를 달아서 그 촉감 정보를 뇌로 전달해 주면 어떨까?

**하늘** 그 과정에서 광유전학이 어떤 역할을 하는데요?

**김샘** 일단 우리 행동과 신경 회로 사이의 구체적인 관계를 밝히는 데 광유전학이 핵심적인 역할을 할 것으로 보기 때문에, 촉감 정보를 뇌로 전달해 줄 수 있지 않을까 기대하는 단계야. 아직 동물 실험 단계이지만, 우리 행동과 신경 회로 사이의 구체적인 관계를 밝힘으로써 정신 질환의 원인을 규명하고 치료하는 실험이 한창 진행 중인 걸로 알고 있고.

**바다** 어! 저기가 fMRI 녀석이 있는 방이죠? 사람들이 많이 모여 있는데요. 와, 생각보다 훨씬 어마어마해요!

**김샘** 저 녀석 부피의 대부분을 원통 모양의 거대한 전기 자석 코일이 차지하고 있어서 그래. 저 거대한 자석 때문에 녀석들의 무게가 대부분 톤 단위로 나가. 웬만해선 움직이기 힘든 녀석이지. 저렇게 큰 자기장을 만들려면 자석 시스템을 구동시켜야 하니까 소리도 크게 발생할 수밖에 없어서 정말 시끄럽기도 한 녀석이고.

**바다** 우리가 저 속에 들어가서 누우려면 저 정도 덩치는 나가 줘야겠는데요. 저렇게 우르릉거려야 제 덩치에 맞을 것 같고요. 저 덩치가 휴대폰 크기로 줄어든다는 게 상상이 안 돼요. 왠지 재미없을 것도 같고요.

**김샘** 그래? 가만있자…… 오늘 무용학과 학생들이 와서 뇌 기능을 측정하는 일정이 잡혔는데 곧 시작할 거라고 하네. 저 원통 안에서 깜박깜박하는 빛 보이지? 저 빛을 따라가면 무용수의 재능이 뇌의 어느 영역에서 어떻게 활성화되고 또 어느 정도까지 활성화되는지 측정하는 거야. 이제 저 대형 원통 안에 무용학과 학생이 들어가 누울 거야. 그런데 하늘이는 되게 심각한 표정이네!

**하늘** 저 기기가 우리의 기억 과정이나 감정 등을 밝혀낼 뿐만 아니라 우리가 무슨 생각을 하고 있는 그 순간의 뇌 상태까지도 알아낼 수 있다는 게…… 눈으로 보면서도 믿어지지가 않아요. 저 어두운 통 안에 들어가는 언니가 좀 무서워하는 모습도 보이고요.

**바다** 처음에만 무섭고 곧 괜찮아지지 않을까? 그러니까…… 저 원통 안을 두 개의 대형 코일이 에워싸고 있다는 거죠? 전원을 켜면 기기 내부에 강력한 자기장이 형성되면서 저 누나의 몸을 구성하고 있는 원자들의 핵이 자기장의 방향을 따라 일사분란하게 움직인다는 얘기고요. 금속성 물체가 자석에 끌려 날아와서 저 누나가 다칠 수도 있으니까 전원을 켜기 전에 저렇게 주변의 금속성 물체를 다 치워야 하는 거고요. 그럼 이제 저 누나가 머릿속으로 무용하는 장면을 연상하면, 그때마다 뇌 속의 어느 부위에서 어떤 활동이 이루어지는지를 관찰할 수 있게 되는 건가요?

**김샘** 바다는 신나서 말을 멈추지 않고, 하늘이는 심호흡을 하고 눈을 꼭 감는 걸 보니까 진짜 궁금해진다. 같은 것 같으면서도 참 많이 다른 두 사람의 머릿속이…….

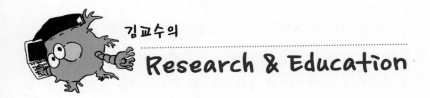

1. 뇌 과학의 역사와 그 연구 방법을 간단하게나마 짚어 보니, 신경 세포가 어떻게 작동하는지를 이해하는 게 뇌 과학 연구의 기본이자 핵심으로 드러납니다. 일찍이 신경 세포의 중요성과 더불어 뇌 기능이 작동하는 원리를 깨달은 선각자들이 지난 반세기에 걸쳐 탐사한 결과 앞에선 절로 고개가 숙여지기도 합니다.

앞서 봤듯이, 뇌는 단일 신경 세포에서부터 신경 세포들 간의 연결, 그리고 전체 신경계에 이르는 다양한 계층으로 이루어져 있기 때문에 연구 방법 또한 다양하게 나타납니다. 뇌를 세포 수준이나 분자 수준에서 연구하기도 하고, 시냅스를 중심으로 연구하는가 하면, 신경 세포들이 형성하는 네트워크와 그에 따른 전반적인 시스템을 연구하기도 합니다.

이렇듯 여러 계층에서 연구가 이루어지면서 뚜렷한 성과와 함께 문제점도 생기는데, 그중 하나는 서로 다른 계층에서 이루어지는 연구를 통합적으로 설명하는 일이 쉽지 않다는 거지요. 예를 들어 대표적인 퇴행성 뇌 질환인 알츠하이머병과 파킨슨병은 임상적으로는 전혀 다른 병으로 봅니다. 알츠하이머병은 기억이 먼저 쇠퇴되는 반면, 파킨슨병은 운동 기능이 먼저 감퇴되기 때문이지요.

그런데 신경 세포 수준에서 보면 두 질환은 같다고 볼 수 있습니다. 결국은 세포가 죽는 병으로 그 사멸 과정은 둘 다 비슷하기 때문입니다. 그래서 최근엔 뇌의 계층 전체를 아울러 설명할 수 있는 연구가 시도되고 있습니다. 그 바탕엔 신경 세포가 놓이게 되고요.

뇌 기능이 작동하는 원리를 알려면 먼저 신경 세포들이 하는 이야기를 들을 줄 알아야 하고 또 정신의 언어인 전기 신호를 해석하는 법을 배워야 한다는 선각자들의 깨달음이 오늘날에도 여전히 주효하다는 뜻이지요. 뇌 속을 직접 들여다보는 것만으로는 우리의 마음이며 정신 작용을 알아낼 수 없다고 단언하는 학자들도 있지만, 개별 신경 세포 연구가 우리의 감각 지각과 학습, 기억 저장의 생물학적 기초에 대한 지식을 최초로 알려 준 사실은 분명합니다. 그에 대한 지식이 기억 형성 원리를 비롯해 뇌 기능이 작동하는 원리의 주된 토대를 이루기도 하고요.

★ 따라서 먼저 주의 깊게 살펴볼 내용은 신경 세포의 생물학이라고 할 수 있습니다. 그 핵심은 신경 세포가 뇌의 기본적인 구성 단위이자 기초적인 신호 전달 단위라는 '뉴런주의'에서 시작된다고 볼 수 있고요. 1890년대에 카할이 규정한 신경 세포 조직에 관한 뉴런주의는 그 후로 뇌를 연구하는 과학자들을 지배하게 되는데, 오늘날의 우리가 그 원리를 하나하나 짚어 보도록 만들기도 하는군요.

카할이 규정한 네 가지 신경 조직 원리를 다시 한 번 살펴보고, 그 원리를 그림과 함께 정리해 봅시다.

2. 우리 뇌가 얼마나 복잡하고, 또 그 복잡한 뇌를 알아내기 위해 현재 과학자들이 어떤 노력과 시도를 하고 있는지는, 뇌를 신경 세포 단위로 분해하는 방법에 여러 가지 접근법이 적용되고 있는 것을 봐도 알 수 있습니다. 이 접근법 중 크게 두 가지를 꼽아서 살펴 볼까요? 먼저 개개의 신경 세포 위치와 그 연결 부위를 규명해서 살아 있는 뇌의 신경망 지도를 만들어 보겠다는 것으로, 바로 미국의 BRAIN 프로젝트가 쓰고 있는 방법을 들 수 있습니다. 다른 하나는 유럽연합이 사용하고 있는 접근법입니다. 즉, 뇌의 새겉질 열에 있는 신경 세포를 낱낱이 분석하는 방식으로 뇌를 시뮬레이션해서 우리 뇌의 기본적인 기능을 똑같이 재현해 보겠다는 '인간 두뇌 프로젝트'가 그것입니다.

이러한 두 접근법의 공통점은 두뇌 역설계를 사용한다는 거지요. 뇌를 신경 세포 단위로 낱낱이 분해해서 그 작동 원리를 파악할 뿐만 아니라, 분해한 뇌를 신경 세포 단위로 재조합하여 원래대로 작동하게 한다는 것이 두뇌 역설계 계획입니다. 예전에는 상상조차 할 수 없었던 자동 제어 기술과 나노 기술 및 인공지능의 발전에 힘입은 신경 과학의 발달로 이 두뇌 역설계의 성공 가능성이 높아진 듯 보이는 게 사실입니다. 특히 미국과 유럽연합이 각각의 두뇌 역설계 계획에 수십억 달러의 투자를 결정함에 따라 그 가능성이 보다 현실로 다가오고 있는 듯 보입니다.

이 프로젝트들이 성공한다면 인류의 역사가 바뀔 거라는 전망마저도 낯설지 않은 상황입니다. 오랫동안 인류를 괴롭혀 온 정신 질환의 치료법을 찾는 것은 물론이고, 인류의 숙원인 의식의 비밀을 풀어내서 컴퓨터에 업로드(upload, 컴퓨터 통신망을 통해 다른 컴퓨터 시스템에 파일이나 자료를 전송하는 일)할 수 있을 거라는 전망은 자못 비장해 보이기까지 합니다.

의식을 이해하는 일은 과학이 당면한 모든 과제들 가운데서도 가장 월등하게 어려운 과제라고 할 수 있습니다. 또한 그 많은 정신질환 중에서 치료법은 고사하고 그 원인이 밝혀진 질환이 단 하나도 없는 것이 우리가 직면한 현실입니다. 그 성공 가능성을 짐작하기 어려운 두뇌 역설계에 거는 기대가 그만큼 클 수밖에 없고, 또 그 구체적인 내용과 가능성을 간략하게나마 짚어 봐야 하는 이유가 여기에 있는 거지요.

그럼 먼저 유럽연합이 채택한 접근법을 볼까요?

막강한 슈퍼컴퓨터를 이용해서 10년 안에 뇌의 기본적인 기능을 시뮬레이션한다는 이 계획을 한마디로 하면, 트랜지스터와 금속으로 이루어진 인간의 뇌를 만들겠다는 얘기가 됩니다. 그래서 '인간 두뇌 프로젝트'라고 부르는 이 접근법은, 생쥐에서부터 시작해 토끼, 고양이 순서로 빠르게 두뇌 역설계를 추진하고 있지요. 보다 단순한 뇌의 발달 및 진화 과정을 추적하고 나서 고등동물의 뇌로 단계적으로 옮겨 간다는 이 작업의 성패는 슈퍼컴퓨터의 성능에 달려 있다고 해도 과언이 아닙니다. 생쥐에서부터 사람에 이르기까지, 엄청난 양의 트랜지스터를 조립해서 뇌의 기능을 똑같이 재현하려면, 새겉질과 시상 같은 다양한 뇌 부위를 재현할 수 있는 컴퓨터 모듈(하드웨어와 소프트웨어 포함)이 필요하기 때문입니다.

　미국의 로렌스 리버모어 국립 연구소에서 IBM의 블루진 컴퓨터를 이용해 생쥐의 사고 과정을 분석 중인 연구 내용을 보면, 왜 크고 빠를수록 좋은 슈퍼컴퓨터가 필요한지 짐작할 수 있습니다. 생쥐의 뇌 용량은 사람의 1,000분의 1밖에 안 되고 신경 세포도 1억 개 정도밖에 안 되지만, 문제는 생쥐조차도 1억 개나 되는 신경 세포를 가지고 있다는 거지요. 그렇기 때문에 당시 세계에서 가장 뛰어난 블루진의 프로세서와 메모리 성능으로도 생쥐 뇌의 전체 모형을 다 감당할 수 없게 됩니다. 그래서 결국 뇌의 대부분의 활동이 집중되어 있다고 여기는 새겉질과 시상 사이의 연결을 재현하는 쪽으로 연구 방향을 잡게 되지요. 이 방법으로 2006년에 IBM의 다멘드라 모드하Dharmendra Modha 연구진은 512개의 프로세서를 써서 생쥐 뇌를 부분적으로나마 시뮬레이션하는 데 성공합니다. 2007년에는 2,048개의 프로세서를 사용해서 생쥐보다 몸집이 큰 흰쥐의 뇌를 시뮬레이션하고, 2009년에는 24,576개의 프로세서로 고양이의 뇌(16억 개의 신경 세포와 9조 개의 시냅스)를 시뮬레이션하는 데 성공합니다.

　현재 IBM사의 연구진들이 블루진 컴퓨터를 십분 활용해서 사람 뇌의 신경 세포와 시냅스를 부분적으로 시뮬레이션하고 있다는 것은 앞서 잠깐 본 내용이지요? 부분적으로나마 사람 뇌를 시뮬레이션하려면 88만 개의 프로세서가 필요하고 2020년쯤에나 가능할 거라고 하지만, 지금으로선 더 지켜볼 일인 듯합니다.

그렇다면 사람의 뇌를 전체적으로 시뮬레이션하려면 어느 정도의 슈퍼컴퓨터가 얼마나 필요할까요? 모드하 박사의 추산에 따르면, 블루진 같은 컴퓨터가 수천 대는 있어야 가능할 거라는 답이 나옵니다. 2012년에 전 세계에서 가장 빠른 컴퓨터로 등극한 세쿼이아로도 뇌 전체를 시뮬레이션하기엔 턱없이 모자라고 새겉질과 시상 사이의 상호 작용을 겨우 알 수 있을 뿐이라는 답을 보면, 현재의 슈퍼컴퓨터 실상을 돌아보지 않을 수 없게 됩니다.(전 세계 슈퍼컴퓨터 성능 순위를 집계하는 톱500TOP500.org이 2016년 6월 20일 발표한 순위에 따르면, 중국의 우시 국가슈퍼컴퓨팅센터가 보유한 선웨이 타이후 라이트Sunway TaihuLight가 세계 1위다. 초당 9경 3,014조 번의 덧셈과 뺄셈을 하는 93페타플롭스petaflops 성능을 자랑하는 선웨이의 속도는, 2015년 말까지 선두를 지키다 2위로 밀려난 중국 광저우 국가컴퓨터센터가 보유한 텐허Tianhe 2호보다 3배나 빠르다. 3위를 지키고 있는 미국 오크리지 국립연구소의 타이탄Titan보다는 5배가 빠르다. IBM의 세쿼이아는 4위로 내려앉았다. 여기서 주목할 만한 사실은, 중국이 슈퍼컴퓨터 성능을 좌우하는 프로세서를 자국산 제품을 사용해 개발했다는 점이다. 중국산 프로세서를 사용한 슈퍼컴퓨터가 세계 1위에 오른 것은 처음이다. 중국이 슈퍼컴퓨팅 분야에 등장한 1995년 이후 11년 만의 일이기도 하다. 중국이 장기 과학기술 발전 계획을 내놓은 이후로 1페타플롭스 급의 슈퍼컴퓨터 개발을 최우선 과제로 추진해 온 것은 자국에서 진행 중인 대규모 과학 연구를 뒷받침하기 위해서다. 그 연구에 인공지능을 비롯한 뇌 과학이 포함된 것은 말할 것도 없다. 미국이 선웨이 타이후 라이트 수준의 슈퍼컴퓨터를 보유하려면 2018년까지 기다려야 할 거라는 전망을 보면, 아직 가시화되지 않은 중국의 뇌 과학 성장 가능성을 어느 정도 가늠해 볼 수 있다. 이와 함께 양자 역학의 원리에 따라 작동되는 미래형 첨단 컴퓨터인 양자 컴퓨터quantum computer도 주목할 필요가 있다. 양자 역학의 특징을 살린 '양자 병렬 처리'가 가능해지면, 기존의 디지털 방식으로 해결할 수 없었던 다양한 문제를 해결할 수 있기 때문이다. 그래서 꿈의 컴퓨터라고도 불리는 양자 컴퓨터는 현재 구글, IBM, 마이크로소프트 등에서 실험적으로 만들어지고 있고, 아직까지 완전히 개발되지 않은 상태이다. 국내에서도 표준과학연구원과 과학기술연구원을 비롯해 몇몇 대학 연구실에서 양자 컴퓨터의 개발 연구가 이루어지고 있다. 주목할 점은, 2016년 6월에 초전도 회로 모형에서 전자 9개를 제어하는 9큐비트 규모의 양자 컴퓨터를 시연해 화제를 모은 구글이 2017년 상반기에는 20큐비트의 프로세스를 시연하고 연말까지 49큐비트 정도의 프로세서를 시연하겠다고 발표한 사실이다. 사실상 49큐비트의 의미는 각별하다. 특정한 계산 문제를 푸는 데 있어서 현재 지구 상에 존재하는 어느 컴퓨터보다 빠르다는 것을 시연해 주는 숫자이기 때문이다. 국내 양자 컴퓨터 관련 연구 중에서 유일하게 초전도 큐비트 연구를 하는 한국 표준과학연구원이 현재 2큐비트 정도인 것을 보면, 여러 면에서 49큐비트의 의미를 주목하지 않을 수 없다.)

2013년에 유럽연합이 16억 달러의 지원을 결정한 인간 두뇌 프로젝트를 주도적으로 이끌고 있는 과학자는 스위스 로잔 연방 공과대학의 헨리 마크람Henry Markram입니다. 20여 년 가까이 뇌의 신경 네트워크를 해독하는 데 몰두해 온 마크람 박사는 현재 블루진 컴퓨터를 이용하여 두뇌를 역설계하고 있는 당사자이기도 하지요. 자신이 하는 일은 과학 프로젝트가 아니라 공학 사업에 가깝다고 하면서 슈퍼컴퓨터와 소프트웨어의 중요성을 피력한 바 있고, 그에 따른 두뇌 연구 기반을 마련하려면 적어도 10억 달러가 필요하다고 밝힌 적도 있습니다. '전 세계적으로 정신 질환을 앓는 환자가 전체 인구의 20퍼센트를 넘어선다는 현실을 생각하면 10억 달러는 결코 많은 액수가 아니'라고 하면서 말이지요.

마침내 유럽연합으로부터 엄청난 예산을 지원받은 마크람 박사는 그 값비싼 프로젝트의 성공 가능성을 이렇게 장담한 바 있습니다. '인간 게놈은 23,000개의 유전자로 되어 있지만, 이로부터 수천억의 신경 세포로 이루어진 뇌가 만들어지는 기적이 가능한 이유는, 자연이 지름길을 택하고 있기 때문이다. 자연은 다양한 시도를 해 보다가 일단 모범적인 사례를 발견하면, 그것과 동일한 패턴을 끊임없이 반복한다. 뇌의 신경망은 이와 같은 원리로 탄생했다. 뇌의 일부를 확대해 보면 신경 세포가 아무런 규칙 없이 엉켜 있는 것 같지만, 자세히 들여다보면 동일한 패턴의 모듈, 곧 동일한 열이 반복되고 있다.'

'지름길 원리'나 '동일 패턴 반복 원리'는 우리가 '새로운 정신과학의 출현'에서 잠깐 엿본 내용이기도 하지요? 지름길 원리 등을 강조하면서 자신감을 내비친 마크람 연구진이 블루진 컴퓨터를 이용해 추진 중인 인간 두뇌 프로젝트의 핵심은 '새겉질 열'에 있습니다. 바로 이 열이 뇌에서 동일하게 반복되는 모듈의 하나이기 때문이지요. 사람의 경우, 이 새겉질 열은 지름이 0.5밀리미터이고 높이가 2밀리미터라고 합니다. 이 열 안에 약 6만 개의 신경 세포(쥐의 경우는 1만 개가량)가 들어 있다고 하고요. 이 열에 들어 있는 신경 세포를 분석하고 작동 원리를 밝혀내는 데만 10년이 걸렸다고 합니다. 1995년에 착수한 작업이 2005년에 완료되자, 마크람 팀은 IBM으로 가서 방대한 새겉질 복제열을 만들었다고 합니다.

이 프로젝트에 관여한 과학자들은 '2020년이면 두뇌 컴퓨터 시뮬레이션이 사람과 비슷해질 것'이라고 장담했지만, 또 다른 전문가들에 따르면 현재 그 실현 가능성은 0에 가깝다고 합니다. 일단 컴퓨터 시뮬레이션에 엄청난 시간과 비용을 들인다 해도 뇌에서 신경 세포가 활성화되는 과정을 그대로 따라 하는 작업 자체부터가 만만치 않을 뿐더러, 어찌어찌 그것을 따라 한다고 해도 뇌의 각 부위 사이의 연결 상태까지 그대로 재현할 수는 없기 때문에 실현 가능성이 거의 없다고 보는 겁니다. 현재 IBM에서 보유한 뇌의 시뮬레이션이 시상과 새겉질을 연결하는 통로에만 국한되어 있는 상황인 걸 보면, 뇌 기능을 우리의 의식이나 마음의 능력과 연결 짓는 작업은 이제 막 시작되었을 뿐이라는 뜻이기도 합니다.

그렇다면 미국의 BRAIN 프로젝트는 어떨까요?

알다시피 이 프로젝트의 목표는 살아 있는 뇌의 신경망 지도를 제작하는 데 있습니다. 그러니까 유럽연합의 접근법처럼 트랜지스터를 사용하지 않고, 뇌 속에서 신호가 전달되는 실제 경로를 직접 분석하겠다는 뜻이지요. 그에 따라 이 접근법은 각각의 신경 세포의 위치와 기능을 규명하는 데 중점을 둘 수밖에 없습니다. 또한 그것을 분석하는 방법에 따라 그 접근법이 다시 나뉩니다.

    그 하나가 개개의 신경 세포와 시냅스를 물리학적으로 규명하는 방법으로, 흔히 '해부학적 접근법'으로 불립니다. 이 과정을 거치고 나면 신경 세포가 난도질되듯 해부되기 때문입니다. 다른 하나는 뇌 기능이 작동할 때 신경 세포와 시냅스에 흐르는 전기 신호를 해독하는 방법입니다. 신경 세포 자체보다 살아 있는 뇌에서 신호가 전달되는 경로에 중점을 두고 있기 때문에 갈 길이 급한 미국 정부에서는 이 접근법을 더 선호한다고도 합니다.

    어쨌거나 BRAIN 프로젝트에 참여하고 있는 과학자들이 해부학적 접근법을 적용해서 각각의 신경 세포의 위치와 기능을 낱낱이 규명하는 데 중점을 두고 있는 이유는 분명합니다. 기억과 감정을 비롯한 의식이며 마음의 비밀을 풀 수 있는 열쇠가 그곳에 있다고 믿기 때문이지요. 다시 말해, 이 해부학적 분해 작업이 완료된 뒤에 각각의 신경 세포를 트랜지스터로 시뮬레이션하면, 기억과 감정은 물론이고 의식이나 마음을 지닌 인간의 뇌를 똑같이 재현할 수 있을 거라고 믿는 겁니다.

    구체적으로 현재 하워드휴스 의학 연구소의 게리 루빈Gerry Rubin이 추진 중인 역설계 접근법을 볼까요? 게리 루빈 연구진은 한동안 과실파리의 뇌를 할 수 있는 한 잘게 썰었다고 합니다. 정육점에서 쓰는 고기 절단기 같은 장치를 이용해서 이 해부학적인 작업을 실행했다고 하는데, 우리가 앞서 봤듯이 간단해 보이는 이 작업도 절대 쉬운 게 아닙니다. 먼저 지름이 0.3밀리미터에 불과한 과실파리 뇌에 약 15만 개의 신경 세포가 들어 있다고 생각해 봅시다. 사람의 뇌와 비교하면 점이나 다름없는 이 과실파리 뇌를 10억 분의 5밀리미터 두께로 썬다는 게 어떤 건지 상상이 되나요? 게다가 과실파리마다 뇌 구조가 다르기 때문에 수백 마리의 뇌를 해부해서 평균치를 내야 하는 문제도 있지요. 과실파리 뇌를 이렇게 일일이 해부해서 전자 현미경으로 촬영한 뒤에 컴퓨터로 전송하면, 인공지능 프로그램이 각각의 신경 세포의 연결 상태를 복원해 준다고 합니다. 이렇게 얻어지는 방대한 데이터를 저장하는 것도 적잖은 문제로 보입니다. 이 해부 작업이 궤도에 오르면 과실파리 한 마리가 하루에만 100만 기가바이트의 데이터를 쏟아 낼 거라고 하니까요. 이런 방식으로 과실파리의 뇌 구조를 완전히 파악하려면 시간이 얼마나 걸릴까요? 루빈 박사는 앞으로 20년 안에 해결을 볼 수 있을 거라고 답한 바 있습니다.

우리 뇌를 이런 방법으로 해부하려면 얼마나 많은 시간이 걸릴지는 앞서 잠깐 짚었지요? 두뇌 역설계에 연구 인생을 바쳐온 과학자들은 적어도 수십 년은 지나야 그 결과가 나올 거라고 입을 모읍니다. 그 결과를 바탕으로 해서 우리 의식을 이해하려면 100년도 모자랄 거라고 하고요. 그때까지 얼마나 많은 비용이 들지는 여러분의 상상에 맡기겠습니다. 오바마 정부가 2013년에 BRAIN 계획에 30억 달러의 지원을 선언하고 나서, 2014년에 1억 달러의 예산을 할당해 이 두뇌 역설계를 추진하고 있는 것만 밝히고요.

이렇게 엄청난 지원을 받아 최종 목적지를 향해 열심히 달리는 과정에서 부분적으로 얻게 되는 결과만 가지고도 각종 뇌 질환이나 정신 질환의 비밀은 풀어 낼 수 있지 않을까 기대하는 견해도 있지만, 그런 기대마저도 지나친 낙관이라는 과학자들도 적지 않은 게 사실입니다. BRAIN 프로젝트가 완성된다 해도 엄청난 양의 데이터만 쌓였을 뿐이고, 그것을 해석해야 하는 또 다른 문제가 기다리고 있다고 하면서요. 이를테면 신경 세포 수십억 개의 위치를 어찌어찌해서 낱낱이 알아낸다 해도, 그것이 왜 거기에 있는지 그 의미까지는 알 수 없다는 겁니다. 실제로 인간 게놈 프로젝트의 경우가 그랬던 것처럼 말이지요.

인간 게놈 프로젝트가 모든 유전자 염기 서열을 밝히는 데는 성공했지만, 그 서열이 아무런 맥락도 없이 그저 23,000개의 단어를 나열해 놓는 데 그쳐서 유전병 치료를 기대했던 사람들에겐 참으로 맥 빠지는 결과였던 것을 보면, 일리가 있는 견해입니다. 앞서 연결 문제에서도 봤듯이, 신경 세포의 연결 상태를 다 알아낸다 해도 각 신경 세포의 역할과 기능을 이해하려면 그로부터 수십 년이 더 필요하다는 뜻이기도 합니다. 그래서 뇌의 역설계 자체는 오히려 쉬운 작업에 속하게 됩니다. 역설계에서 얻은 데이터를 다시 분석해서 맥락과 의미를 갖춘 결론을 내리는 것이야말로 뇌 해독에 준하는 어려운 작업이 되는 거고요.

사람의 뇌를 신경 세포 단위로 해부하여 완벽한 해부학적 지도를 만들겠다는 역설계 작업은 기술의 발달에 힘입어 더 빠르게 진행될 수도 있습니다. 일단 신경 세포를 낱낱이 해부하는 번거로운 작업을 기계가 대신 맡아 주면 시간과 비용을 줄일 수 있겠지요. 신경 세포의 경로를 눈에 잘 띄는 염색법을 사용해서 보다 잘 드러나게 하는 방법도 있고요. 또 전자 현미경의 촬영 속도와 해상도 자체를 높이는 방법도 있겠지요.(지금 쓰는 전자 현미경은 한 프레임에 담는 화소가 1,000만 개로 TV 해상도의 3분의 1에 불과하다. 현재 1초당 100억 화소를 찍을 수 있는 현미경을 개발 중이라고 한다.)

자동 현미경이 알아서 사진을 찍어 주고 인공지능이 데이터를 24시간 분석할 날을 간절히 기다리는 과학자 중엔 프린스턴 대학의 승현준 박사도 있습니다. 현재 한창 진행 중인 '인간 커넥톰 프로젝트Human Connectome Project'를 이끌고 있는 과학자 중 한 사람으로, 세바스천 승Sebastian Seung으로 더 잘 알려져 있지요. "나는 나의 커넥톰이다!"를 역설하는 매력적인 동영상과 함께요.

커넥톰이란 신경 세포들의 연결을 종합적으로 나타낸 뇌 신경망 지도를 말합니다. 2009년에 미국 국립보건원이 중점적으로 지원하면서 대학 간의 협동 연구로 이루어지고 있는 인간 커넥톰 프로젝트는 인간 게놈 프로젝트 이후 최대의 과학 혁명으로도 불릴 정도로 성공 가능성이 높은 게 사실입니다.(우리가 앞서 본, 2016년 7월 20일에 《네이처》에 실린 새로운 대뇌 지도는 인간 커넥톰 프로젝트 연구진이 달성한 결과다. 「인간 대뇌 겉질의 다중 모형 영역a multi-modal parcellation of human cerebral cortex」이라는 제목으로 작성된 이 지도는 각 반구의 주름들을 180개의 독립된 영역으로 세분화했다. 180개의 영역 중 97개는 인접한 영역과는 구조와 기능 및 연결성이 다른데도 지금껏 기술되지 않은 새로운 뇌 영역으로 밝혀졌다. 이 지도를 작성하기 위해, 워싱턴 의대 연구진은 인간 커넥톰 프로젝트에 참가

한 젊은 성인 210명에게서 수집한 뇌 영상 데이터를 사용했다고 한다. 수집된 정보에는 겉질의 두께를 비롯해 뇌의 기능, 뇌 영역 간의 연결성, 뇌 조직 속에 포함된 세포의 지형학적 구조, 신경 신호의 속도를 높이는 말이집의 차이점이 포함되어 있다. 연구진은 지도 위에 경계선을 그리기 위해 두 가지 이상의 속성이 유의미하게 변화하는 영역을 찾아냈다. 즉 '대뇌 겉질의 표면을 따라 이리저리 이동하다가, 한 영역에서 여러 가지 속성이 동시에 변화하는 곳에 경계선을 그려 본' 결과, 83개의 '알려진 뇌 영역'과 97개의 '새로운 뇌 영역'의 존재를 밝혀낸 것이다. 연구진은 210명의 뇌 영상 데이터를 추가로 수집하여, 180개 영역으로 세분된 뇌 지도의 타당성을 검증하기도 했다. 그 결과 새로운 뇌 지도가 정확한 것으로 밝혀졌을 뿐만 아니라, 사람마다 각 영역의 크기가 다른 것으로 나타났다. 이러한 차이는 인지 능력과 질병 위험이 사람마다 다른 이유를 밝히는 데 새로운 통찰력을 제공할 것으로 보인다. 그런 반면에 몇 가지 중요한 면에서 한계가 있다. 무엇보다 뇌의 생화학적 토대인 단일 세포나 신경 세포 자체의 활성을 거의 고려하지 않은 점이 아쉽다. 그래서 신경 세포들이 어떻게 움직이는지, 어디로 가는지, 무슨 일을 하는지는 여전히 알 수 없다.)

뇌 스캔 데이터를 활용해서 뇌의 각 영역 사이의 연결 통로를 재현하는 데 중점을 두고 있는 이 프로젝트의 목표는 분명합니다. 각각의 신경 세포의 연결 구조와 그 작동 원리를 파악해서 우리의 기억과 감정, 생각, 인지 등의 비밀을 밝히는 데 목적을 두고 있으니까요. 다른 프로젝트들이 그렇듯이, 그 과정에서 뇌 질환이나 정신 질환의 치료법을 찾는 데 기여할 것으로도 기대되고 있지요. 특히 정신 질환이 신경 시스템의 잘못된 연결에서 기인한 거라면, 이 커넥톰 프로젝트에서 그 결정적인 실마리가 발견될 가능성이 아주 크다고 합니다. 정신 질환의 원인을 신경 회로가 잘못 연결되어 발생하는 정신 장애 가능성으로 제시한 상태에서 이 가설을 입증할 수 있는 기술 개발을 기다리고 있기 때문이지요. 또 바로 이런 이유 때문에 인간 커넥톰 프로젝트는 BRAIN 프로젝트에 통합될 가능성이 아주 높다고 합니다. 그렇게 되면 이 커넥톰 프로젝트의 진척 속도가 한층 더 빨라지겠지만, 그것만으로 성공을 낙관할 일은 아닌 듯합니다. 승 박사의 계산에 따르면, 한 사람의 커넥톰에 들어 있는 정보량은 거의 1제타바이트에 달합니다. 우리가 아는 기가바이트로 환산하면 1조 1,000억 기가바이트에 해당하고, 현재 전 세계 인터넷에 축적된 데이터를 전부 합한 양과 비슷하지요. 뇌의 완벽한 모형을 만드는 최종 목적을 떠올릴 때마다 끝이 보이지 않아 막막하다는 표현이 나올 수밖에 없는 이유입니다.

★상황이 이러한 인간 커넥톰 프로젝트에 우리가 '시민 과학자'로 동참할 수 있는 방법이 있습니다. 먼저 아이와이어Eyewire라는 홈페이지를 방문하는 겁니다. 아이와이어는 승 연구실에서 개발한 '3D 두뇌 지도 제작 게임'이자 쥐 망막의 신경 세포 연결 상태를 규명하는 실험입니다. 특정한 과학적인 지식이 없어도 누구나 즐길 수 있는 이 게임의 1차 카운트다운은 2014년에 103개의 신경 세포 지도로 시작해서 2015년에 348개의 지도 제작으로 끝났고, 2차는 2016년 1월에 시작되었지요. 200x200마이크로미터 영역을 16섹터

로 나눠서 약 1,600개의 신경 세포 지도를 만드는 이 작업은 예정된 2018년이 지나도 끝나지 않을 수 있다고 합니다. 한번 참여하면 헤어나기 힘든 재미를 준다는 이 게임의 실체가 궁금하다면, 아이와 이어의 '보물 지도'에서 그 답을 찾아보는 방법이 있습니다.

또한 독일의 해부학자 코르비니안 브로드만Korbinian Brodmann이 니슬 염색법을 이용해 대뇌 겉질을 관찰하고, 1909년에 세포 조직에 따라 브로드만 영역을 정의하고 번호를 매긴 겉질 영역에 대한 지도가 여전히 사용되고 있는 사실과 함께, 우리가 바라보는 속성에 따라 우리가 만드는 뇌 지도가 완전히 달라질 수 있다는 점도 생각해 보았으면 합니다. 이것이 바로 신경 과학자들이 '뇌 안에 몇 개의 영역이 있는지'에 대해 의견의 일치를 보지 못하고 있는 이유이기도 하니까요. 과학자들이 뇌의 경계선과 영역을 확실히 정하기 위해 어떤 시도를 하고 있으며, 또 그렇게 해서 만들어진 새로운 뇌 지도를 살펴보면서 여러분이 생각하는 자료와 연결하고 싶다면 http://www.humanconnectome.org를 방문해 보기를 권합니다.

그리고 무엇보다 국내 뇌 연구 기관인 한국뇌연구원의 홈페이지를 방문해 보기를 바랍니다. 다른 나라의 뇌 연구 상황을 살피다 보면 우리나라의 뇌 연구 현황이 궁금해질 수밖에 없겠지요? 때마침 2016년 5월에 한국뇌연구원이 발표한 '2023년까지 뇌 지도 구축을 목표로 한 연구'가 어떻게 진행 중인지 직접 알아보면서 그 궁금증을 풀어 나갔으면 좋겠습니다.

# 3부

# 뇌 과학에서 나를 찾다

# 1.
## 궁극의 두뇌
## 지도

**하늘** 와, 우리가 지금까지 살펴본 두뇌 지도를 이렇게 다 펼쳐 놓으니까 굉장한걸. 탐험가들이 탐사 전에 지도부터 찾아보는 이유를 알겠다. 지도에서 목적지를 찾는 것도 중요하지만, 지도를 보면서 내가 지금 어디에 있는지 알아보는 건 더 중요하다는 생각도 들어.

**바다** 역시! 뇌 공부를 하면 할수록 너와 내가 점점 더 잘 통하는 게 분명해. 나도 그런 생각을 하고 있었거든. 우리가 우리인 것은 우리가 배우고 기억하는 것 때문이라는 말이 진짜 딱 맞지 않냐? 이 중요한 사실을 내 친구 녀석들과도 나누고 싶은데 어떤 방법으로 알려 주는 게 좋을까?

**하늘** 그래서 내가 오는 줄도 모르고 지도를 그렇게 곰곰 보고 있었구나! 음, 대뇌 겉질 지도의 변천사를 먼저 보여 주는 게 어떨까? 웨이드 마셜은 영장류의 몸감각 겉질 지도가 고정적이며 평생 바뀌

344 뇌 과학에서 나를 찾다

지 않는다고 했지만, 우리 머릿속 지도는 새로운 경험과 학습에 의해 끊임없이 바뀌고 교정된다는 게 우리가 배운 핵심이잖아. 특별한 학습이 이루어지지 않더라도 시냅스를 통해 이루어지는 신경 세포들의 연결과 신호 전달은 일상생활 속에서도 계속해서 변화하고, 일상에서 쉽게 일어나는 이 변화가 바로 우리의 기억이나 습관의 원인이 되는 근본적 메커니즘이라는 걸 알려 주면 좋을 것 같아.

**바다** 그래, 그렇게 시작해서 신경 세포들이 시냅스의 세기와 개수를 바꾸는 능력이 학습과 장기 기억의 메커니즘이라는 걸 보여 주는 게 좋겠다. 이 특성이 바로 시냅스 가소성이고, 신경 세포들이 경험을 통해 시냅스를 강화하거나 새로운 시냅스를 만들면서 네트워크를 형성하는 이 가소성 때문에 우리 뇌가 어제와 오늘이 다르고, 또 사람마다 서로 다를 수밖에 없다는 게 핵심 중의 핵심이니까.

**하늘** 얼마 전까지만 해도 가장 유명한 뇌 지도는 1909년에 뇌 조직 속의 세포 배열에 따라 대뇌 겉질을 52개 영역으로 나눈 브로드만 지도였는데, 2016년 7월에 대뇌 좌우 반구의 주름을 180개의 영역으로 세분화한 겉질 지도가 새로 만들어진 걸 보여 주면 네 친구들이 뇌 과학의 현황을 이해하는 데도 도움이 되지 않을까?

**바다** 그렇겠다. 니슬 염색법과 fMRI 기법이라는 차이도 있으니까!

**하늘** 네 친구들 머릿속의 카오스 문제는 해결됐어? 카오스 원인과 함께 시냅스 변화를 설명하면 좀 더 쉽게 이해될 것 같은데.

**바다** 뇌 공부를 한 덕에 우리가 지금 큰 변화를 겪는 게 성호르몬 때문만이 아닌 건 알게 됐어. 성호르몬이 우리 머리부터 발끝까지 작용하는 데다 대뇌 둘레 계통에도 큰 영향을 끼쳐서 카오스 같은 감정의 소용돌이를 겪는 줄 알았는데, 성호르몬이 모든 걸 관장하는 게 아니더라. 우리가 혼돈 상태에 빠지는 건 이마엽이 바뀌면서 나타나는 결과이기도 하대. 청소년하고 성인에게 공포감을 드러낸 얼굴 사진을 보게 했더니, 청소년은 편도체의 신경 세포가 자극을 받은 반면에 성인은 편도체뿐만 아니라 이마엽도 함께 자극을 받았다는 MRI 영상 결과를 가지고 설명하는 걸 보면 그래. 감정을 담당하는 부분이 편도체에서 이마엽으로 변화해 가는 시기에는 혼돈 상태에 빠지기도 한다는 것으로 이해했지만, 확실하게 납득이 되지 않아서 좀 더 찾아보려고.

하늘 청소년기에 이마엽이 변화하는 과정에서 편도체와 충돌을 일으키기도 하면서 혼란을 겪는 것 같긴 해. 새로운 시냅스를 통해 변화된 우리 뇌가 변화 그 자체에만 머물러 있지 않고 어딘가에 쓰이기를 원하는 걸 봐도 그래. 지금의 우리가 뇌에 자극을 주는 새로운 경험을 적극적으로 찾아서 시도해 보는 식으로 말이야.

바다 그래서 우리가 강렬한 록 음악을 찾는 건가? 만화나 게임도 점점 더 자극적인 걸 찾게 되는 거고? 친구 녀석이 오토바이 폭주에 열광하는 것도 그 때문인가? 이유가 불분명한 반항도? 그렇다면 우리의 카오스적인 감정 상태가 좀 더 이해되긴 하는데 기분은 별로다. 부정적인 것투성이라서.

하늘 강렬한 록 음악을 듣는 게 부정적인 건 아니잖아? 우리 자신도 모르게 마음속 깊은 곳에 자리한 알 수 없는 감정을 강렬한 음악을 통해 표출하는 거니까. 우리가 겉모습에 신경 쓰면서 남다른 모양을 시도해 보는 것도 마냥 나쁘다고는 할 수 없어. 자신만의 개성을 표출하는 창의성으로 볼 수도 있잖아? 우리 또래끼리만 통하는 은어 사용도 어른들은 하고 싶어도 못 하는 우리 때의 특권이라고 생각해. 어른들 눈으로 보면 이런 우리가 못마땅하겠지만, 지금 우리 때만 할 수 있는 것을 시도해 보고 또 시행착오도 겪으면서 나만의 것을 만들어 가는 게 필요하다고 봐. 어른들은 엄두를 못 내는 새로운 분야를 공부해 보려는 마음도 다 청소년기에 가질 수 있는 창의성에서부터 시작되는 것이 아닐까?

**바다** 내가 아는 하늘이 전에 없던 저항적인 창의성을 보이는 게 다 뇌의 변화 때문이라는 거지? 몹시 바람직한 변화인걸! 사람이 저마다 다르듯이 뇌의 발달이나 변화도 저마다 다르게 진행되는 게 분명해 보인다. 우리 친구들처럼 태풍이 휘몰아치는 듯한 격정적인 변화가 있는가 하면 너처럼 창의적인 훈풍 같은 변화도 있으니까.

**하늘** 더 분명한 사실은 태풍이든 훈풍이든 간에 우리 모두에게 변화라는 바람이 분다는 거야. 또 이때 생기는 감정 자체가 뇌의 최종 목적이 아니라는 것도 분명해. 지금 우리가 겪는 감정 변화가 자신이 내린 결정에 책임을 지면서 자신의 삶을 창의적으로 꾸려 나가는 데 밑바탕을 이루니까. 문제가 있다면, 우리 시기에는 스스로의 의지나 행동을 제대로 평가할 능력이 아직 완전하지 않기 때문에 필요 이상으로 이런저런 감정에 휘둘리기 쉽다는 거야. 다시 말해, 배움이나 경험이 부족하기 때문에 부정적인 감정 변화를 피해 가기 어렵다는 문제가 있어.

**바다** 감정의 태풍이 휘몰아치는 경우엔 더 그렇겠지? 그래서 자신이 저지른 행동이 얼마나 무모하고 위험한지를 나중에야 깨닫게 되는 경우가 더 많은 거고. 어른들이 말하는 대로 청소년기를 잘 보내야 한다는 건 하나 마나 한 소리 같고, 지금 시점에선 그것이 우리 의지에만 달린 게 아니라는 게 진짜 문제 아닌가?

**하늘** 맞아. 우리 의지와 노력만으론 문제 해결이 안 되고, 무엇보다 우리 의지와 상관없이 일어나는 변화의 바람도 불어서 그것을 정확히 알고 대처하는 게 쉽지 않아 보여.

**바다** 뇌 구조와 기능에 대해 조금이나마 알았기 때문에 사춘기 때의 변화에 대해서도 이해하게 됐지만, 뇌가 어떻게 작동하는지 충분히 알지 못하기 때문에 우리가 어떻게 해서 이런 변화를 겪고 또 새로운 경험을 갖는지 충분히 이해하지 못하고 있다는 생각이 들어. 그래도 친구 녀석들에게 내가 이해한 것만이라도 알려 주면 좋겠는데, 만만치 않게 느껴지네.

**하늘** 점심 먹고 나서 친구들이랑 농구 경기를 한다고 했지? 그 경기 내용이 점점 더 좋아진다면, 네 친구들 머릿속에 그것에 대한 신경 세포의 연합이 새로 생겨나서 시냅스가 바뀌는 거라는 것부터 시도해 보면 어떨까?

**바다** 우리가 그랬듯이 신경 세포와 시냅스의 특징을 우리의 일상 속에 하나하나 집어넣어서 맥락 속에서 이해할 수 있도록 말이지?

살아가면서 중요하지 않은 시기가 없겠지만, 청소년기는 특별하다고 할 수 있다. 이 시기를 어떻게 보내느냐에 따라 달라질 수 있는 삶의 변화 폭이 그 어느 시기보다 크다고 볼 수 있기 때문이다. 급격한 신체적 변화와 함께 정신적 변화를 동반하는 청소년기는 다름 아닌 뇌에서 일어나는 변화와 맞물린다. 이 전환적인 변화는 세상의 모든 아이들이 어른이 되기 위해 반드시 거쳐 가도록 뇌에 입력되어 있는 프로그램이기도 하다. 이 프로그램이 작동하는 시기는 개인에 따라 다르게 나타나지만, 신경 세포의 연결망이 새로 짜이게 되는 것 자체는 다르지 않다.

　우리가 태어나서 두 살이 되기까지 신경 세포는 수많은 시냅스를 만들어 낸다. 그 결과 생겨난 신경 세포의 연결망은 마구잡이로 엉켜 있는 상태다. 그 이후로 활동하지 않는 수십억 개의 세포는 해체되는 반면, 감각 지각과 움직임, 감정 등에 활발히 사용되는 시냅스는 점점 강화되고 안정되어 간다. 그렇게 해서 열 살 무렵까지 뇌 속에서 엄청나게 많은 변화가 일어나지만, 변화의 근본 원칙은 하나다. 중요한 연결 고리는 강화되고, 중요하지 않은 연결 고리는 해체된다. 사춘기가 시작되면 뇌에서 또 다른 변화가 일어난다. 10년여 전에 그랬던 것처럼 새로운 시냅스가 만들어진다. 이때 생성된 시냅스는 무차별적으로 만들어지는 갓난아이 때의 시냅스와는 뚜렷한 차이를 보인다. 분명한 목적 아래 신경 세포가 서로 연결되기 때문이다. 최근 연구에 따르면, 이 변화는 이마엽이 주도권을 잡게 되는 날을 준비한다는 예정된 목적 아래서 이루어진다.

이러한 뇌 구조의 변화는 청소년기에 생기는 중요한 변화와 직접적으로 맞물린다. 즉, 청소년 시기에 구체적인 현실 인식이 이루어지는 것과 관계있다. 예를 들어 이 시기엔 환상과 현실 사이를 넘나들던 유아기의 인식에서 벗어나 자신이 처한 상황이나 진로 문제 등을 현실적으로 바라보게 된다. 이 전환기에 청소년 각자가 마주한 현실 세계는 긍정적일 수도, 부정적일 수도 있다. 부정적일 경우, 그것은 회피하고 싶은 상황이기 쉽다. 피하고 싶은 상황을 마주하게 되면, 잠재되어 있던 불안과 갈등이 수면 위로 올라오기도 한다. 단순함을 무릅쓰고 이 상황을 뇌의 변화를 통해 짚어 보면 이렇게 나타난다. 새로 맞닥뜨린 환경에 잘 적응해 나갈수록 그 과정에 필요한 시냅스는 강화되고 불필요한 시냅스는 솎아 내는 식으로 시냅스가 정리되면서 안정을 찾게 된다. 이와 달리 그 과정이 불완전하게 이루어지거나 강박적으로 마무리되면, 심각한 경우엔 불안 장애 같은 정신적 고통을 겪을 수 있다.(자유 의지와 의식, 의약 문제와 맞물리는 이 중요한 문제는 뒤에서 다시 살필 것이다.)

이때의 기간을 '결정적 시기'라고 부르는 뇌 전문가도 있다. 즉, 인간을 포함한 모든 동물은 뇌가 완성되지 않은 상태로 태어나서 한정된 시간 안에 뇌를 완성해 간다고 본다. 예를 들면 오리는 태어나서 한두 시간 안에, 고양이는 4주에서 8주 안에, 원숭이는 1년 안에, 사람은 10년에서 12년 안에 시냅스 연결을 거의 완성한다는 식이다. 그러나 우리 뇌는 무언가를 새로 배울 때마다 새로 변한다는 건 앞에서 충분히 살펴본 사실이다. 단지 뇌가 어릴수록 더 잘 변할 뿐이며, 몸이 성장하는 시기가 끝나도 뇌 속은 끊임없이 변한다. 1950년대에 웨이드 마셜은 영장류의 몸감각 겉질 지도는 평생 바뀌지 않는다고 했지만, 영장류의 겉질 지도는 새로운 경험이나 새로운 학습을 함에 따라 끊임없이 바뀐다. 1990년대에 이에 대한 연구가 본격적으로 나오기 시작한다.

먼저, 뇌의 시냅스 가소성 변화를 오랫동안 연구해 온 마이클 머제니치Michael Merzenich가 원숭이의 겉질 지도에서 확인한 내용을 보자. 겉질 지도 세부가 원숭이에 따라 다르다는 것이 그 핵심이다. 구체적으로 보면, 원숭이의 손을 표상하는 겉질 영역이 원숭이마다 다른 것을 알게 된 첫 발견에서 머제니치는 경험의 영향과 유전의 영향을 따로 분리하지 않았다. 그래서 처음엔 원숭이마다 다른 영역 차이를 유전적인 차이로 해석했다. 유전과 경험의 차이를 알아내기 위한 실험은 그 뒤에 이루어졌다.

몇 달간 실험 원숭이들에게 가운데 손가락 세 개로만 회전하는 원반을 건드려서 먹이를 얻도록 훈련시킨 결과, 원숭이들의 세 손가락에 해당하는 겉질 영역이 크게 넓어진 것으로 확인되었다. 또 가운데 세 손가락의 촉각도 향상된 것으로 나타났다. 그 후에 머제니치 연구진은 촉각 지각뿐만 아니라 색상이나 형태를 시각적으로 구별하는 반복 훈련도 원숭이 뇌의 기능적인 구조를 변화시키는 동시에 지각 능력을 향상시킨다는 보고서를 발표했다.(이 실험 결과에 근거해서 머제니치 연구진은 인간의 기억력과 사고력을 높여 주고 자폐증 치료에 도움이 되는 프로그램을 개발하게 된다.)

독일의 토마스 에베르트Thomas Ebert 연구는 바이올린 연주자와 첼로 연주자의 뇌 영상을 일반인들의 뇌 영상과 비교 분석한 결과라는 점에서 특히 주목할 만하다. 대부분의 현악기 연주자들은 왼손으로는 현의 음률을 조절하고, 활을 켜는 오른손 손가락은 특별한 움직임을 하지 않는다. 이런 점에 착안해서 왼손과 오른손의 경우를 비교한 결과, 오른손 손가락에 해당하는 겉질 영역은 현악기 연주자와 일반인이 서로 다르지 않은 반면에 왼손 손가락에 해당하는 영역은 연주자가 일반인보다 무려 5배나 더 넓은 것으로 나타났다. 이때 발견된 흥미로운 사실은, 13세 이전에 연주를 시작한 연주자들의 겉질 영역이 그보다 더 늦게 시작한 경우보다 훨씬 더 넓었다는 점이다.

학습의 결과로 겉질 지도에 생기는 극적인 변화와 관련하여, 심리학자 앤더스 에릭손Anders Ericsson 연구진이 베를린 음악아카데미 출신의 음악가들을 추적 조사한 결과도 주목할 필요가 있다. 이 연구에 따르면, 최고 수준의 바이올린 연주자들은 악기를 처음 배우고 나서 20세가 될 때까지 1만 시간이 넘게 연습한 것으로 나타난다. 반면에 우수한 수준의 연주자들은 20세까지 8,000여 시간을, 음악교사가 된 사람들은 4,000여 시간을 연습한 것으로 나타난다.

이 결과를 놓고 신경 과학자 대니얼 레비틴Daniel Levitin은 이렇게 결론지었다. '이 연구를 통해 우리가 알아낸 사실은, 세계 최고가 되려면 1만 시간의 훈련이 필요하다는 것이다. 바이올리니스트뿐만이 아니라 작곡가나 농구 선수, 소설가, 스케이트 선수, 피아니스트, 체스 기사는 말할 것도 없고, 심지어 범죄자의 경우도 마찬가지다. 어떤 분야를 막론하고 세계 최고가 되기 위해 필요한 연습량은 1만 시간으로 귀결된다. 이것은 연구가 거듭될수록 더 확고해지고 있는 사실이다.'(말콤 글래드웰Malcom Gladwell은 이 연구 결과를 '1만 시간의 법칙'으로 확장시켜서 세인의 관심을 끌었으며, 이는 그의 책 『아웃라이어Outliers』를 통해 우리에게도 잘 알려진 바 있다.)

개인의 역량에서 노력이 차지하는 비중이 그다지 높지 않다는 반론이 제기되는 가운데도(미국 미시간 주립대학의 한 연구 결과를 따르면, 노력이 차지하는 비중은 그리 높지 않다. 게임은 26퍼센트, 음악은 21퍼센트, 스포츠는 18퍼센트, 공부는 4퍼센트로 나타난다. 후천적 노력보다 선천적 재능이 더 중요하다고 여긴 이 실험에선 환경과 나이도 중요한 요소로 꼽혔다. 주목할 점은, 오차 범위를 감안해도 10퍼센트 이상은 적지 않은 수치며, 4퍼센트의 차이도 간과할 수 없는 수치라는 것이다.) '1만 시간의 법칙'은 여전히 성공을 가늠하는 잣대가 되고 있다.

그런데 잘 알다시피, 1만 시간을 채우는 것은 결코 쉬운 일이 아니다. 10대 초반부터 스파르타식 연습을 한다고 해도, 매주 30시간씩 꼬박꼬박 연습을 해야 한다. 효율을 높이기 위해 일주일에 하루를 쉴 경우엔 매일 5시간을 연습해야 한다는 계산이 나온다. 역시 세계 최고는 아무나 되는 것이 아니다. 이를 통해 우리는 세계 최고가 되기까지 어떠한 노력이 뒤따라야 하는지를 확인하는 동시에, 세계 최고가 되려면 유전적으로 타고나는 것뿐만이 아니라 노력이 충분히 뒷받침되어야 한다는 사실도 엿볼 수 있다. 모차르트가 위대한 음악가가 된 것은 단지 특별한 유전자 덕만이 아니라, 뇌가 유연한 어린 시절에 음악을 배우고 익힌 덕이 크다는 뜻이다. 모차르트의 경우는 1만 시간이 다 필요하지 않았을지언정 말이다.

지금까지 보았듯이, 몸의 특정 부위가 겉질에 표상되는 정도는 그 부위가 사용되는 정도와 복잡성에 달려 있다. 우리 뇌는 무언가를 새로 배울 때마다 시냅스 연결이 강화되면서 스스로 바뀌고 진화한다. 성인이 된 뒤에도 뇌는 새로운 지식과 더불어 변화한다. 정도의 차이만 있을 뿐, 노년의 경우도 마찬가지다. 다만 에베르트의 연구가 입증하고 모차르트의 경우에서 확인했듯이, 뇌 구조의 변화는 뇌가 어릴수록 더 쉽고 유연하게 일어난다. '훈련이나 공부에도 다 때가 있다'는 말은 그래서 나오는 것이다.

신경 세포들이 경험을 통해 시냅스를 강화하거나 새로운 시냅스를 만들면서 네트워크를 형성하는 가소성 변화 때문에 우리 뇌는 어제와 오늘이 다르다는 사실도 다시금 주목할 필요가 있다. 나의 뇌가 매 순간이 다를진대, 나와 다른 사람의 경우는 말할 것도 없다. 우리는 각자 다른 환경에서 성장하고 다른 경험을 하기 때문에 개개인의 뇌는 이 세상에 오직 하나밖에 없다. 그래서 내가 나인 것은 내가 배우고 기억하는 것 때문이라는 말이 의미심장하지 않을 수 없는 것이다. 진짜 나를 이루고 있는 내 머릿속을 어떻게 채워 나갈지, 또 나만의 지도를 어떻게 만들어 나갈지는 전적으로 나 자신에게 달렸다는 건 두말할 필요가 없을 것이다.

# 2.
# 진짜 나와
# 진짜 지능 사이

**바다** 내가 멋모르고 네 메모리카드를 놀렸던 거, 진짜 미안하다.

**하늘** 갑자기 무슨 소리야? 무슨 일 있었구나?

**바다** 녀석들이 시냅스 강화 원리는 몰라도 '1만 시간의 법칙' 같은 건 빠삭하더라고. 머리가 쓸수록 좋아진다는 말은 유아원에 가서나 하고 머리가 좋아지는 약이나 알려 달라는데 내가 했던 짓이 생각 안 날 수 있냐? CREB 활성제와 CREB 억제제를 이용하면 기억력을 높일 수 있지만 그건 파리와 쥐로 실험한 결과이고, CREB 생성을 촉진하는 약이 나와도 기억력을 좀 높여 줄 뿐이지 지능을 좋아지게 하는 건 아니라고 하니까 녀석들이 뭐라는 줄 알아?

**하늘** 시험 성적 올리는 데 기억력 하나면 직방이지 뭐가 또 필요하냐고 했겠지. 네가 그랬듯이.

**바다** 녀석들이 스마트폰으로 검색한 '똑똑해진 쥐' 얘기를 늘어놓는 걸 보면서 단편적인 검색 정보만 믿고 까불었던 내 소싯적도 절로 반성됐다는 거 아니냐. 멋모르고 빨간 알약이니 파란 알약이니 한 것도 걸리고 해서 마음먹고 알아보니까, 기억에 관여하는 유전자가 CREB뿐만이 아니더라. 녀석들이 말하는 NR2B도 있고, 그것 말고도 여러 개일 가능성이 높더라고.

하늘 나도 '똑똑한 쥐'를 만든 NR2B 유전자에 대해 본 적 있어. 최근 들어 유전학이나 분자물리학 수준에서 장기 기억 형성에 필요한 생화학적 요인이 하나둘 밝혀지는 것에 근거해서, 연구자들이 기억에 관여하는 유전자가 더 발견될 거라고 확신하는 자료도 봤어.

바다 그럼 정말로 머지않아 사람의 기억력과 정신적 기능도 유전학적으로 개선될 수 있다는 건가? 먹기만 하면 머리가 좋아지는 알약도 지금 세계적인 거대 제약 회사에서 개발 중이라는데 그게 성공할 가능성이 얼마나 되는지 알 수 있나?

하늘 유전 공학을 이용해 뇌의 기억력을 높이는 방법을 보면 그 가능성 정도는 엿볼 수 있을 것 같아. 우리 유전자 중에 기억력을 향상시키는 유전자가 존재한다는 전제 아래서 말이야. 지금까지는 쥐의 기억력을 향상시키는 유전자를 발견해서 쥐에게 이식하는 데 성공한 사례밖에 없지만, 그것으로 쥐가 어떻게 얼마나 똑똑해졌는지를 알면 그 가능성을 보는 데 도움이 되지 않을까?

바다 NR2B로 똑똑해졌다는 녀석들 말이지? 일단 녀석들이 어떻게 얼마나 똑똑해졌는지 보자.

1999년에 조셉 첸Joseph Tsien 연구진은 프린스턴 대학과 MIT 대학, 워싱턴 대학의 연구진과 합류해 '똑똑한 쥐'를 만들어 내는 데 성공한다. '두기마이스Doogiemice'(미국 TV 드라마 〈두기 하우저 박사 Doogie Howser M.D.〉에 나오는 천재 소년 이름에서 따옴.)라고 불린 쥐들이 여러 가지 실험에서 보통 쥐보다 월등한 능력을 보인 것이다. 일단 두기마이스는 복잡한 미로의 출구를 보통 쥐들보다 훨씬 빨리 찾아 냈고 지나간 일을 더 많이 기억했다

두기마이스에게 이식한 유전자가 바로 NR2BN-Methyl-D-Aspartate(NMDA) receptor subtype 2B다. 즉, NMDAR2B를 더 줄인 게 NR2B다. 대부분의 포유류는 하나의 사건을 다른 사건과 연결하는 능력이 있는데, 이 능력을 조절하는 유전자가 NR2B다. 해마에 있는 기억 세포들 사이의 정보 교환을 이 NR2B가 조절한다. 실제로 쥐의 해마에서 이 NR2B 기능을 차단하면, 기억력이 떨어지는 동시에 학습 능력도 현저히 낮아진다. 반면에 NR2B가 강화된 쥐들은 집중력이 눈에 띄게 향상된다.

첸 연구진은 NR2B를 집중적으로 분석하는 과정에서 두기마이스 보다 훨씬 더 똑똑해진 쥐들을 만들어 냈다. 2009년에는 '하비-J'(중국 만화에 나오는 캐릭터 이름)를 탄생시켰다. 논문으로도 발표한 실험 내용에 따르면, 하비-J는 지나간 일을 두기마이스보다 세 배나 오래 기억한다. 이 결과를 바탕으로 첸 연구진은 'NR2B라는 단백질이 기억을 껐다 켰다 하는 범용 스위치라는 게 명백하다'는 결론을 이끌어 내고 있다.

한편 똑똑해진 쥐가 똑똑한 데는 한계가 있다는 점을 눈여겨볼 필요가 있다. 하비-J는 왼쪽과 오른쪽 중 맞는 방향을 택하면 초콜릿이 나오는 실험에서 다른 쥐들보다 월등한 기억력을 보였지만, 5분이 지나면 맞는 방향을 잘 기억하지 못했다. 보통 쥐보다 더 나은 기억력이 단지 5분밖에 지속되지 않는 결과를 놓고 첸은 이렇게 표현했다. "하비-J를 수학자로 만들 수는 없다. NR2B로 아무리 기억력을 증강시켜도 결국 쥐는 쥐일 뿐이다."

첸 연구진은 다음 실험동물로 개를 꼽고 있다. 개의 유전자는 쥐보다 사람에 훨씬 더 가깝다. 개도 결국 개일 뿐일지라도, 한 걸음씩 더 나아가고 있는 건 분명해 보인다.

현재 과학자들이 기억력 증진을 위해 연구 중인 유전자는 NR2B 뿐만이 아니다. 콜드스프링하버 연구소 팀이 쥐를 대상으로 'CREB 활성제가 결핍된 쥐가 장기 기억 능력을 거의 상실'하는 결과를 끌어낸 실험은 앞서 살핀 바 있다. 벼락치기 공부를 하면 CREB 활성제가 빠르게 소진되어 효과를 보지 못한다는 중요한 정보와 함께 말이다. 감정적으로 강렬한 기억이 CREB 억제제에 의해 지워지거나 CREB 활성제에 의해 더욱 강렬해지는 것도 확인한 내용이다. 인간의 기억에 관여하는 유전자는 NR2B나 CREB 말고도 더 있을 가능성이 높다. 이 유전자들은 인간 게놈에 이미 등록되어 있기 때문에 이론적으로만 보면 인간의 기억력과 정신 작용을 유전학적으로 개선할 수도 있다. 문제는 그러기까지 넘어서야 할 문제만 꼽아봐도 한두 가지가 아니라는 데 있다.

그 문제점을 알아보기 위해 다음의 질문을 해 볼 수 있다.

먼저, 과실파리나 쥐에게 적용된 방법이 우리에게도 그대로 통할까? 쥐에게 통한 방법이 사람에게 적용되지 않은 사례가 적지 않은 걸 보면, 절대 낙관할 일이 아니다.

만일 그 방법이 통한다면, 그러니까 쥐에게 적용된 방법이 우리에게도 통한다면 어떤 효과를 낳게 될까? 다시 말해 CREB나 NR2B 같은 유전자가 우리의 기억력을 증진시킨다면, 기억력이 얼마나 좋아지고 또 어떠한 방향으로 좋아질 수 있을까? 분명치 않은 질문에 비하면 그 대답은 꽤 분명하다. 알 수 없다는 대답이 나오기 때문이다. 이때 하비-J의 기억력이 고작 5분 동안 지속된 실험 결과와 함께 그것이 지능 자체를 좋아지게 하는 것이 아니라는 사실도 참고할 필요가 있다.

그다음에 할 수 있는 질문은 이것이다. 유전자를 통해 기억력을 높이는 방법 자체의 위험성은 없을까? 현재 손상된 유전자를 복구하는 '유전자 치료법'이 매우 어려운 것을 보면, CREB나 NR2B 같은 유전자를 주입하는 방법이 결코 만만치 않음을 짐작할 수 있다.(손상된 유전자를 복구하는 방법으로 치료할 수 있는 유전병이 극히 일부라는 사실만 봐도, 유전자 치료 방법의 어려움을 알 수 있다. 인체에 무해한 바이러스를 혈액 속에 주입하는 방법으로 좋은 유전자를 만들려고 해도, 항체가 바이러스를 공격하여 치료 자체를 소용없게 만드는 경우도 있기 때문이다. 또한 인체에 무해한 바이러스가 혈액 속에 유입될 경우, 정상 세포에도 유전자가 침투하여 예기치 못한 변형이 일어나는 경우도 있다. 실제로 몇 년 전 미국 펜실

베이니아 대학 병원에서 유전자 치료를 받다가 사망한 사례가 이 경우에 해당한다. 인간의 유전자를 조작하는 연구는 그 자체의 위험성을 비롯해 수많은 윤리적·법적 문제를 안고 있다는 사실도 기억해 둘 필요가 있다.)

이러한 위험성 때문에 유전자를 주입해 기억력을 높이는 시술을 거치지 않고 단백질을 직접 주입하는 방법이 고려되고 있다. 이때는 주사보다 알약이 효과적이라고 한다. 실제로 세계적인 제약 회사들이 이러한 원리, 곧 CREB 단백질 생성을 촉진하는 약을 개발해서 노화에 따른 기억력 감퇴를 보인 동물에게 투입한 결과 장기 기억이 평소보다 훨씬 빠르게 이루어졌다는 보고도 나오고 있다. 그러나 거듭 반복하지만, 지금까지 효과가 있다고 알려진 것은 동물 실험 결과일 뿐이다.

이와 함께 오늘날 지능을 연구하는 과학자들이 하루가 다르게 새로운 결과를 쏟아 내고 있다는 사실도 눈여겨볼 필요가 있다. 특히 지능을 개선하는 데 관심을 두고 있는 과학자들은 유전 공학과 줄기세포를 적절히 이용하면 언젠가는 지능 개선이 가능할 거라고 보고 있기 때문이다. 줄기세포를 배양하여 이마엽을 비롯한 중요한 부위에 신경 세포가 자라나게 하는 방법 등으로 말이다. 그렇지만 이 모든 것은 아직 검증되지 않은 방법이며, 다양한 각도에서 연구가 진행 중에 있을 뿐이다. 이와 관련하여 1998년에 해마의 후각 망울Olfactory bulb과 꼬리핵caudate nucleus에서 성체 줄기세포를 발견한 연구를 짚어 보자.

줄기세포는 모든 세포의 모태에 해당하는 원시 세포다. 그중 배아 줄기세포는 아직 분화하지 않은 세포다. 그래서 우리 몸을 이루는 어떤 세포로도 분화할 수 있다. 성체 줄기세포는 배아 줄기세포처럼 다른 세포로 분화하는 능력은 없지만, 늙거나 죽어 가는 세포를 재생할 수 있다. 이런 이유 때문에 연구자들이 성체 줄기세포에 큰 관심을 보이고 있다.(뇌 과학 분야에서 가장 활발하게 연구되고 있는 성체 줄기세포와 재생 의학은 하루가 다르게 쌓여 가는 지식과 관련 회사들의 창업, 세계 각국에서 실행되고 있는 임상 시험 등에 힘입어 새로운 도약을 맞이할 거라고 한다. 2007년에 워싱턴과 일본에서 일반 피부 세포의 유전자를 조직하여 줄기세포로 변환하는 데 성공했고, 그 뒤로 업그레이드된 연구 결과도 계속해서 나오고 있다. 이 연구의 주된 목적은 자연적으로 존재하는 줄기세포나 유전자 조작으로 만든 줄기세포를 뇌에 주입하여 알츠하이머 환자의 신경 세포를 재생하는 데 있다. 그런데 이런 경우엔, 신경 세포는 재생될 수 있지만 다른 세포와의 연결 상태는 재생되지 않는다는 문제점이 있다. 알츠하이머 환자가 이 방법으로 치료 효과를 보게 된다고 해도, 모든 것을 새로 다 배워야 한다는 뜻이다.)

앞서 보았듯이 해마를 이루는 세포는 하루에도 1,400여 개씩 재생된다. 그런데 대부분은 재생 직후에 죽어 버린다. 특히 스트레스를 받을수록 재생 세포의 생존율이 크게 떨어진다. 이와 관련된 실험을 보면, 특정 임무에 훈련된 쥐의 경우는 재생된 세포의 상당수가 살아남는다. 반복 훈련과 약물 투여를 적절히 조합하면 새로 형성된 해마 세포의 생존율을 높일 수 있다는 실험 결과에서, 현재 우리가 확실히 믿을 만한 근거는 반복 훈련이 유일하다.

뇌 기능의 개선 방향을 찾아보기 위해 지능 연구자들이 서번트를 대상으로 지금까지 알아낸 내용도 살펴보자. 자폐증 환자 중 특정 분야에서 초인적 능력을 발휘하는 서번트는 수학이나 기계 공학뿐만 아니라 음악이나 미술 방면에서도 상상을 초월하는 능력을 발휘한다. 이러한 능력의 원인을 알아내기 위해 다각도로 연구가 이루어지고 있지만, 서번트 능력의 원천에 관해서는 의견이 분분한 상태다. 큰 기대를 걸었던 fMRI 스캔으로도 그 원천을 알아내지 못했고, 몇 가지 공통점이 입증되었을 뿐이다.

먼저 후천성 서번트 증후군 환자(머리에 외상을 입은 뒤 서번트 증후가 나타나는 경우) 대부분이 좌뇌에 손상을 입은 것이 발견된 점을 보자. 특히 왼쪽 이마관자엽 left anterior temporal cortex과 이마엽 중에서도 눈구멍 위에 있는 안와이마엽 orbitofrontal cortex을 주목할 필요가 있다. (일부 과학자들은 자폐성 서번트나 후천성 서번트는 물론 아스퍼거 증후군도 왼쪽 관자엽의 핵심 부위가 손상된 것으로 간주한다.)

왼쪽 이마관자엽과 안와이마엽 부위는 중요하지 않은 기억을 주기적으로 지우는 역할을 한다. 좌뇌가 손상될 경우 우뇌가 이 역할을 맡게 된다. 이때 우뇌가 평소보다 많은 일을 처리하기 때문에 서번트 수준의 능력이 발현된다는 해석이 가능해진다. (예를 들어 우뇌는 예술적인 면에서 좌뇌보다 뛰어나고 좌뇌는 가능한 한 예술적 재능이 발휘되지 않도록 억제하는 경향이 있다고 전제하면, 좌뇌에 손상을 입었을 때 전권을 장악한 우뇌가 예술적 재능을 제한 없이 발휘해서 서번트가 된다는 것이다. 이런 경우는, 굳이 서번트가 아니더라도 좌뇌의 억제 기능을 강화시키면 숨어 있던 재능이 발휘될 수 있다는 견해로도 이어진다.)

MRI 스캔을 통해 입증된 서번트의 공통점을 보면, 좌뇌와 우뇌를 연결하는 뇌들보가 매우 빈약한 것으로 나타난다. 뇌들보를 사이에 둔 좌우 뇌의 정보 처리 기능이 얼마나 정교하고 신비롭게 이루어지는지는 앞서 확인한 사실이다. 좌뇌와 우뇌에서 만들어지는 신호를 하나로 결합하여 '나'를 만들어 내는 부위가 앞이마엽 안쪽에 있을 것으로 추정된다는 것과 함께 말이다. 뇌들보에는 뒤통수엽, 이마엽, 그리고 관자엽으로부터 나온 신경 섬유 다발이 지나간다. 신경 섬유 다발이 지나는 단면적이 넓다는 사실은 그만큼 좌우 반구의 소통 및 협조가 원활하다는 뜻이다. 이것을 다시 보면, 뇌들보 연결이 약한 데서 기인하는 자폐 증후군 증상이 이해되는 점이 있다. 알다시피 서번트의 절반 정도는 자폐증을 앓는 환자다. 가벼운 자폐 증세를 보이는 경우조차도 보통 사람보다 인지 능력이 뛰어나고 훨씬 많은 정보를 수용하지만, 다른 사람과의 공감 능력은 절대적으로 부족한 것으로 나타난다. 무엇보다 자폐성 서번트는 자기 머릿속에서 진행되는 사고 과정을 말로 설명하거나 표현하지 못한다. 전문가들은 좌우 뇌의 뇌들보 연결이 매우 빈약한 데서 그 원인을 찾을 수 있을 것으로 보고 있다

뇌들보를 통해 유지되는 좌우 뇌의 절묘한 균형이 깨지면 '나'라고 하는 통일된 의식이 분열되어 버리는 특정한 정신 질환에 시달리는 것도 앞서 본 사실이다. 서번트의 절반 정도가 자폐증 환자일 뿐 아니라 나머지 절반도 다른 정신 질환이나 심리적 장애를 겪

고 있는 것을 보면, 뇌들보의 연결은 여러 면에서 주목할 필요가 있다.(후천성 서번트 증후군으로 분류되는 사람들은 심각한 '외상 후 스트레스 장애'에 시달릴 뿐이며 다른 정신 장애는 없는 것으로 나타난다. 선천성 서번트 증후군의 MRI 스캔 결과를 보면, 빈약한 뇌들보와 함께 균형 감각을 관장하는 소뇌가 기형인 경우도 있다. 전문가들은 초인적인 계산 능력을 지닌 서번트들이 운동화 끈을 잘 매지 못하거나 옷의 단추를 잘 꿰지 못하는 이유를 이 기형적인 소뇌에서 찾기도 한다.)

자폐성 서번트는 의사소통 능력이 많이 떨어지기 때문에 지능 연구자들은 상대적으로 증세가 가벼운 아스퍼거 증후군을 연구하기도 한다. 아스퍼거 증후군 환자도 다른 사람과의 교류를 꺼리긴 마찬가지지만, 일단 자신의 머릿속에서 진행되는 정신적 과정을 말로 설명할 수 있다. 아스퍼거 증후군은 1994년에야 심리 질환으로 인정되었기 때문에 자료가 많지 않다. 고도의 계산력이나 집중력이 필요한 직종에 아스퍼거 증후군 환자가 많은 것으로 나타나고, 그 중 서번트 수준의 능력은 일부에 불과하다.

위대한 업적을 남긴 과학자 중엔 아스퍼거 증후군을 앓은 경우가 많을 것으로 추정된다. 은둔형 물리학자로 꼽히는 아이작 뉴턴Isaac Newton, 1642~1727도 그런 경우다. 뉴턴은 미적분법을 창시하고 뉴턴역학의 체계를 확립한 근대 이론과학의 선구자다. 뉴턴의 뛰어난 업적은 타

아이작 뉴턴

고난 능력에 기인하는 것으로 보이며, 그의 아스퍼거 증후군이 어느 정도 이를 뒷받침한다.

'진짜 지능'으로 향하는 지능의 원천을 알고 싶어 하는 우리의 관심은 타고난 천재인 뉴턴에 머무르지 않는다. 200년 넘게 왕좌를 지켜 온 뉴턴의 고전물리학에 도전장을 내민 과학자가 있으니, 바로 알버트 아인슈타인Albert Einstein, 1879~1955이다.

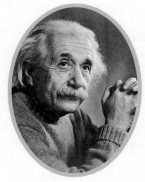

**알버트 아인슈타인**

천재의 대명사로 통하는 아인슈타인의 뇌는 50년간이나 그 행방을 알 수 없었다. 1955년에 아인슈타인이 사망하자 담당 의사가 그의 뇌를 빼돌렸기 때문이다. 그 이유는 짐작하는 대로다. 아인슈타인의 뇌에서 천재적인 지능에 관한 비밀을 찾아낼 수 있을 거라 믿었기 때문이다. 뇌 전문가가 아니었던 담당 의사는 전문가를 시켜서 아인슈타인의 뇌를 240 조각으로 썰어서 분석하기도 했지만, 결국 아무것도 알아내지 못했다.

우여곡절을 겪으며 2010년에 미국 국립박물관에 기증된 아인슈타인의 뇌를 보면 전체적으로 평균 크기에 가깝다. 다른 점이 있다면 모이랑이라고도 하는 각이랑angular gyrus이 평균보다 조금 크다. 각이랑은 마루엽과 관자엽의 윗부분에 있고 언어와 관련된 기능(브로드만 영역 중 39번에 해당)을 한다. 좌우 반구의 마루엽도 평균보다 15퍼센트가량 큰 것으로 확인되었다.(이 부위는 글쓰기나 수학적 계산이

나 공간 구상을 할 때 추상적인 사고를 담당한다. 15퍼센트는 오차 범위 안에서 평균에 해당한다. 천재성이 뇌 구조에서 비롯된 것인지, 후천적인 노력에 의한 것인지 분명치 않다는 뜻이다.)

여기서 아인슈타인의 전기를 참조할 경우에 거의 빠짐없이 나오는 그의 유명한 고백을 들어 보자. "저는 특별한 재능이 없는 사람입니다. …… 단지 호기심이 강할 뿐이지요." 아인슈타인이 학창 시절에 친구들에게 했다는 말은 더 유명하다. "너희들이 아무리 수학 때문에 고생한다고 해도 나처럼 심하지는 않을 거야."

아인슈타인의 이런 언급을 보면 질문이 좀 더 명확해진다. 특별한 재능도 없고 무엇보다 수학 때문에 고생을 했다는 아인슈타인은 어떻게 해서 천재의 대명사가 되었을까?

먼저, 아인슈타인은 이론물리학자로 머릿속으로 사고 실험 thinking experiment을 하면서 대부분의 시간을 보낸 사실을 참고할 필요가 있다. 그의 머릿속이 곧 실험실이었다는 뜻이다. 복잡한 시뮬레이션이 그의 머릿속에서 늘 진행되고 있었고, 한 가지 사고 실험으로 10년 이상의 세월을 보냈으며, 그러한 사고 실험 과정을 한두 번이 아니라 여러 번 거친 것으로 나타난다.

구체적으로 보면, 아인슈타인은 16세 때부터 빛의 특성에 관심을 두었다. 특히 '빛보다 빨리 달릴 수는 없을까?' 하는 질문을 10년 넘게 파고든 끝에 특수상대성 이론을 탄생시켰다.(나중에 물리학자들이 별의 비밀을 밝히게 된 것도 특수상대성 이론 덕분이다. 부정적인 결과를 낳은 원자폭탄을 만들 수 있었던 것도 마찬가지다.) 26세부터 36세까지는 중력을 집중적으로 연구하여 일반상대성 이론을 완성했다.(일반상대성 이론에서 블랙홀 개념과 빅뱅 이론이 탄생한다.) 36세 때부터 사망할 때까지는 물리학의 모든 법칙을 하나로 통일하는 '만물 이론theory of everything'에 몰입했다. 이렇듯 하나의 문제를 놓고 10년 이상 고민하면서 평생을 보냈으니, 아인슈타인의 집중력은 상상을 초월하는 수준이었을 것으로 짐작할 수 있다. 그리고 여기서 천재로서의 두각을 나타내려면 타고난 정신적 능력과 함께 뜻한 목적을 이루겠다는 집념과 열정을 겸비해야 한다는 결론을 어렵지 않게 이끌어낼 수 있다.

또한 아인슈타인의 틀에 매이지 않는 성격도 천재성을 발휘하는 데 중요한 역할을 한 것으로 보인다. 헝클어진 머리 모양과 꾸미지 않은 옷차림을 한 모습의 사진에서 엿볼 수 있듯이, 아인슈타인은 자유분방한 사고를 지닌 것으로 보인다.(격식에 얽매이지 않고 늘 비슷한 모양의 헐렁한 옷차림을 선호한 것을 놓고, 아인슈타인이 무엇을 입을지 고민하는 시간을 없애기 위해 똑같은 옷을 여러 벌 가지고 있었던 것으로 해석하기도 한다. 스티브 잡스나 마크 저커버그가 '왜 늘 같은 옷만 입느냐'는 질문에 '중요한 일을 제외한 결정의 수를 가능한 한 줄이기 위해서'라고 답한 것처럼 말이다.) 어쨌든 옷을 선택하는 시간과 형식에서조차 자유롭고 싶어 한 그의 사고의 밑바탕엔 상상력이 자리한 것으로 보인다. 사실 200년 넘게 이어진 뉴턴의 고전물리학에 도전하는 건 아무나 할 수 있는 일이 아니다. 아인슈타인 자신도 "지성을 가늠하는 잣대는 지식이 아니라 상상력"이라고 강조했듯이, 그에게 상상력은 지식의 경계를 넘어 미지의 영역을 탐험하게 한 원천이다.(여기서 '천재는 99퍼센트의 노력과 1퍼센트의 영감으로 이루어진다'는 토마스 에디슨Thomas Alva Edison, 1847~1931의 명언을 짚어 보자. 이 명언은 에디슨이 실제로 말한 문구가 잘못 전해진 것이다. 원래의 표현은 이것이다. '99퍼센트의 노력이 있더라도, 1퍼센트의 영감이 없으면 안 된다.' 에디슨은 자신의 천재성을 과신하는 쪽에 속한다. 그런데 '천재란 자신에게 주어진 일을 하는 재능 있는 사람일 뿐이다'라는 식의 말을 자주 언급해서, 그가 한 말에 노력이 더 강조되어 그렇게 해석된 것으로 보인다. 어쨌거나 원래 문구의 핵심은 이것이다. 영감! 창조적인 일의 계기가 되는 기발한 착상이나 자극을 뜻하는 '영감'은 상상력과 다르지 않다. 상상력 또한 타고난 것만이 아니다. 상상력에 바탕을 둔 영감이 천재들의 전유물이 아니라는 뜻이다.)

우리 모두는 유전자와 뇌 구조로 결정되는 선천적 능력을 가지고 태어난다. 선천적 능력은 어찌할 수 없지만, 생각을 하고 경험을 분석하고 상상을 하는 것은 우리 자신의 의지로 얼마든지 조절할 수 있다. 다윈의 말을 다시 빌리지 않더라도, 개인 차이가 별로 없는 지성의 원천은 열정과 성실함에서 비롯된다. 달팽이마저도 완벽하게 만드는 반복 연습이 그것의 시작이다.

# 3.
# 자유 의지를
# 이해하는 문제

**바다** 뇌의 변화와 의지의 문제를 놓고 친구들 사이에 갑론을박이 벌어졌어. 논쟁의 핵심은 이거야. 이마엽이 온전히 발달하지 않은 청소년기에 나타나기 쉬운 문제가 우리 의지만으로 해결이 안 되고, 또 우리 의지와 상관없이 일어나는 뇌의 변화 때문이라면, 우리의 의지는 어디에 있느냐는 거야. 뇌 구조가 사람마다 다 다르고, 청소년기에 나타나는 변화도 저마다 다르다는 점도 고려한 상태에서 제기된 문제점이야. 그래서 논점이 된 의지의 문제가 '자유 의지'의 문제로 확대되면서 논쟁이 커졌어. 단순하게 말해서, 미래는 물리 법칙에 따라 이미 결정되어 있다는 결정론(determinism, 이 세상의 모든 일은 일정한 인과 관계에 따른 법칙에 의하여 결정되는 것으로, 우연이나 선택의 자유에 의한 것이 아니라는 이론. 규정론이나 필연론으로도 불림.) 과 데카르트의 이원론, 양자 역학 등을 다 고려하면, 자유 의지는 존재할 수도, 존재하지 않을 수도 있는 문제가 되잖아? 사전에 나와 있는 자유 의지의 뜻만 해도 다섯 가지나 되는 바람에 더 갈팡질팡할 수밖에 없었어.

하늘 자유 의지는 개념부터가 애매모호한 게 사실이야. 그렇더라도 우리가 뇌를 공부해 온 이 시점에서 생각해 볼 문제인 건 분명해. 우리는 스스로를 의식과 자유 의지를 가진 합리적인 존재라고 여기잖아? 문제는, 의식을 가지고 있고 자유롭고 합리적인 존재처럼 여겨지는 우리의 자아상(자신의 역할이나 존재에 대하여 가지는 생각)을 물질 입자로만 구성된 우주라는 존재와 어떻게 양립시킬 수 있느냐 하는 데서 생기는 것 같아. 이 둘의 관계에서 결정론이나 이원론에 따른 결과가 나오기도 하지만, 우리가 이 문제를 풀기 위해선 에릭 캔들 같은 과학자들이 '정신에 관한 추상적인 철학적 질문을 경험적인 생물학의 언어로 번역하기 위해 노력한 연구'를 따라야 한다고 생각해. 그 연구를 이끄는 핵심 원리가 '정신은 뇌가 수행하는 작용들의 집합'이라는 것이고, 지금까지 우리는 그 원리에 기본적으로 동의하면서 뇌 공부를 해 온 거니까.

바다 자유 의지 문제를 신경생물학적인 문제로 접근해야 한다는 건 알겠어. 그런데 그렇게 접근해도 해결되지 않는다는 문제점이 있어. 뇌가 어떻게 작동하는지 충분히 알지 못하기 때문에 자유 의지를 입증하는 데 어려움이 있다는 뜻이야. 뇌가 실제로 그렇게 작동하는 것이 분명한데도, 뇌가 어떻게 의식 같은 것을 만들어 내고 또 어떻게 자유 의지라는 경험을 갖게 하는지 우리가 충분히 알지 못하기 때문에 생기는 문제라고 봐. 한마디로 말해서 자유 의지를 신경생물학적으로 어떻게 다루지? 다시 말해, 자유 의지를 실현하는 뇌의 기능이 있어야 한다는 식으로 자유 의지라는 것이 실재한다고 본다면, 그 기능에 해당하는 신경생물학적 실체가 반드시 있어야 한다는 얘기가 되잖냐?

하늘 내가 본 자료에 따르면, 신경생물학에서는 자유 의지의 본성을 프로이트가 발견한 심리적 결정성과 연관 짓고 있어. 프로이트는 우리의 인지적·감정적 삶의 대부분이 무의식적으로 이루어진다고 봤잖아? 이것을 다시 보면, 우리의 개인적인 선택과 행동의 자유가 어떻게 이루어지는지를 묻는 게 돼. 신경생물학에서는 이 물음과 관련된 결정적인 실험이 이루어졌다고 보고 있어. 우리가 생각하기엔, 손가락을 움직이겠다는 의지(욕구)만으로 손가락을 움직일 수 있고, 또 그런 의지나 욕구 뒤에 손가락이 움직이는 것으로 여기기 쉽잖아? 그런데 독일의 신경 과학자인 한스 코른후버Hans Kornhuber가 실행한 실험 결과를 보면 이렇게 나타나. 피험자들에게 오른손 검지를 움직이라고 한 뒤, 그 자발적인 움직임을 미세 변형 측정계strain gauge로 측정하는 동시에 뇌의 전기 활동을 머리뼈에 부착한 전극으로 수백 번 측정한 결과, 매번 뇌에서 순간적인 전위가 발생했대. 그 당시 '준비 전위readiness potential'로 불린 그 순간적인 전위는 자발적인 움직임보다 1초쯤 먼저 일어났대. 그래서 신경 과학계는 그것을 '자유 의지의 스파크'라고 보고 있어. 그 실험을 출발점으로 삼아서 1983년에 벤저민 리벳Benjamin Libet이 피험자들에게 손가락을 움직이고 싶은 욕구를 느낄 때마다 손가락을 들라고 요청한 실험 결과도 마찬가지로 나타나. 피험자들의 머리뼈에 전극을 설치했고, 피험자가 손가락을 들기 1초 전에 준비 전위가 발생한다는 것을 입증했대. 그다음에 피험자가 손가락을 움직이겠다고 마음먹는 데 걸리는 시간과 준비 전위가 발생하는 순간을 비교했더니, 피험자가 손가락을 움직이고 싶은 욕구를 느낀 다음에 준비 전위가 발생하는 것이 아니라, 그 느낌보다 0.2초 전에 준비 전위가 발생했대. 그래서 리벳 팀은 뇌의 전기 활동을 관찰하는 것만으로도 피험자가 어떤 행동을 하겠다는 결정을 자각하는 것보다 더 먼저 그 피험자가 어떤 행동을 할지 예견할 수 있다는 결론을 내려.

**바다** 벤저민 리벳의 실험은 나도 봤어. 자유 의지 문제를 다루는 과학자들은 리벳의 실험을 한 번쯤 언급하는 것 같은데, 내가 본 리벳의 실험은 1985년에 이루어진 거야. 그 실험에선 EEG 스캐너를 사용해서 뇌가 결정을 내리는 순간을 더 정확하게 측정할 수 있었던 것으로 보여. 실험 내용을 보면, 피험자한테 시계를 보다가 손가락을 움직이기로 마음먹을 때 신호를 보내라고 했더니, 간발의 간극 차이가 있는 것으로 나타나. 즉, 뇌가 결정을 내린 시간이 피험자가 마음먹는 시간보다 0.3초 정도 빠른 것으로 나타나.

**하늘** 그럼 1983년에 한 실험하고 0.1초 차이가 나는 거네? 왜 그렇지? EEG 스캐너를 사용한 데서 생긴 차이 같기는 한데, 그렇다면 그런 실험 결과를 신뢰하지 못할 수도 있는 거잖아?

**바다** 잘은 모르겠지만 성능이 더 좋은 스캐너를 사용하면 그 차이가 또 달라질 거라는 생각이 들긴 해. 그렇다고 해서 그 실험 결과 자체를 부정할 필요는 없는 것 같아. 문제의 핵심은, 같은 실험 결과를 놓고 해석이 다르다는 데 있는 거니까. 뇌가 결정을 내린 시간이 피험자가 마음먹는 시간보다 0.3초 정도 빠른 결과를 놓고, 자유 의지가 가짜라고 말하는 과학자도 있거든. '뇌는 의식이 알아차리기 전에 이미 결정을 내렸고, 그 직후에 마치 의식이 결정한 것처럼 전후 상황을 무마한다'고 하면서 '자유 의지는 좌뇌가 만들어 낸 환상일지도 모른다'는 식으로 말이야.

**하늘** 그렇다면 그 결과를 놓고 철학자들이 한 질문이 더 설득력이 있어 보여. 이렇게 묻고 있으니까. '만일 우리가 행동을 결정하기 전에 뇌에서 선택이 내려진다면, 자유 의지는 어디에 있는가? 우리가 자신의 운동을 자유 의지로 결정했다고 느끼는 것은 단지 착각이며 일어난 일에 대한 사후 정당화인가? 아니면 선택은 자유롭게 내려지지만, 의식적으로 내려지지는 않는 것인가?'

**바다** 뇌에서 선택이 자유롭게 내려지지만, 그게 의식적으로 내려지는 게 아니라 무의식적으로 내려진다는 뜻이지?

**하늘** 맞아. 그렇게 보면, 지각에서 무의식적인 추론이 중요한 것처럼 행동 선택 과정에서도 무의식적인 추론의 중요성을 발견할 수 있어. 실제로 리벳은 자발적 행위를 시작하는 과정은 뇌의 무의식적 부분에서 일어나지만, 행위가 시작되기 직전에 의식이 행위를 인정하거나 거부한다고 주장하고 있어. 손가락이 들리기 0.2~0.3초 전에 의식이 손가락을 움직일지 말지를 결정한다는 뜻이 돼. 결정과 자각 사이에 시간 차이가 존재하는 이유가 무엇인지는 여전히 알 수 없어도 말이야.

**바다** 결정과 자각 사이에 시차가 존재하는 이유가 무엇이든 간에, 그 문제가 도덕적인 질문을 야기한다는 게 우리에겐 현실적인 문제로 다가온 것 같다. 특히 '의식적 자각 없이 내려진 결정에 대하여 도덕적 책임을 물을 수 있는가?' 하는 질문을 보면 그래.

**하늘** 내가 아는 한 신경 과학자들은 도덕적 책임을 둘러싼 논쟁에 확고한 한계선을 긋고 있어. 이 문제에 대해 라마찬드란은 "우리의 의식적 정신은 의지할 자유는 갖지 않을지도 모르지만, 의지하지 않을 자유는 가진다"고 지적했고, 마이클 가자니가는 "뇌는 자동적이지만, 사람은 자유롭다"고 덧붙이고 있거든. 에릭 캔들은 그 물음에 대해 "뇌 속의 신경 회로 몇 개를 들여다보는 것만으로 신경 활동 전체를 추론할 수 없다"고 답하고 있어.

**바다** 그렇게 되면 뇌의 변화와 의지의 문제로 돌아가서 하나하나 다시 짚어 볼 필요가 있어. 우리 시기에 새로 맞닥뜨리는 환경에 잘 적응해 나가면 그 과정에 필요한 시냅스는 강화되고 불필요한 시냅스는 솎아 내는 식으로 시냅스가 정리되면서 안정을 찾게 되지만, 그 과정이 불완전하게 이루어지거나 강박적으로 마무리될 경우엔 불안 장애 같은 정신적 고통을 겪을 수 있다는 것에 의문점이 생겨서 결국 자유 의지의 문제까지 거론하게 된 거니까.

불안 장애는 이름 그대로 불안으로 인한 장애다. 이로 인해 불안감 자체도 병적인 것으로 오인되곤 하지만, 불안감은 친숙하지 않거나 위협적인 환경에 대응해 나타나는 정상적인 반응이다. 사실 불안은 우리 삶에 도움이 되기도 한다. 시험이 다가오면서 생기는 불안이 더 많은 노력으로 이어지는 경우가 그 한 예다. 불안은 적응해 가는 특성도 보인다. 긴장한 탓에 수업 발표를 망쳐도 경험이 쌓이게 되면 별문제 없이 해내기 때문이다. 문제는 불안감이 과도해져서 일상생활에도 지장을 주는 경우에 발생한다.(불안이 일으킨 어려움이 일시적인 경우에는 불안 장애로 진단을 내리지 않는다. 특정한 불안 장애나 소아에게 진단을 내리는 경우를 제외하면, 6개월 이상의 과도한 불안과 그로 인한 불편이 지속될 때 질환으로 진단된다.)

불안 장애의 종류는 다양하다. 2013년에 발표된 새 분류 기준(미국 정신의학 협회에서 발간하는 '정신 질환 진단 및 통계 편람인 DSM-5판')에 따르면, 불안 장애에는 분리 불안 장애, 선택적 함구증, 특정 공포증, 사회 불안 장애, 공황 장애, 광장 공포증, 범불안 장애가 포함된다.(이전에 불안 장애에 속했던 강박 장애와 외상 후 스트레스 장애는 별도 질환으로 분리됐다. 불안 장애에는 각기 다른 성격의 여러 질환이 복합적으로 속해 있어서 원인을 규정하기 어려운 반면, 외상 후 스트레스 장애나 급성 스트레스 장애는 극심한 정신적 충격을 일으키는 사고나 재해 등이 주원인으로 나타난다. 애착을 느끼는 대상과 떨어질 때 불안을 느끼는 분리 불안과 특정한 상황에서 불안으로 인해 말을 못 하는 선택적 함구증은 예전엔 소아나 청소년에게만 해당되었다. 그만큼 청소년에게 흔히 일어나는 불안 증세다.)

이렇게 다양한 불안 장애의 원인을 명확하게 설명하기는 어렵다. 분명한 사실로 언급되는 점은, 불안 장애가 개인의 의지의 문제만이 아니라 뇌 기능의 문제라는 것이다. 불안 장애는 일반적으로 불안이나 공포, 우울 등의 정서적인 부분을 담당하는 신경 전달 물질의 부족이나 과다를 그 원인으로 본다. 물론 유전적으로 타고난 소인도 있다. 최근 들어 뇌 영상 연구에서 밝혀진 뇌의 구조적 변화도 그 원인으로 자주 언급된다. 앞이마엽 겉질과 편도체가 그것이다. 외부에서 자극이 들어오면 편도체를 포함한 뇌의 여러 영역이 활성화하는데, 이때 앞이마엽은 자극의 위험 정도를 판단해 편도체를 조절한다. 자극이 위험하지 않으면 편도체가 억제되고, 위험하면 편도체의 활동이 지속되는 식이다. 불안 장애의 경우에는 앞이마엽이 편도체를 조절(억제)하지 못해서 두려운 자극을 잘 처리하지 못하는 것으로 해석된다.

　이러한 점은 특히 앞이마엽이 온전히 발달하지 않은 청소년기에 불안 장애가 나타나기 쉽다는 것으로 이어진다. 그리고 청소년의 불안 장애를 그냥 내버려 둘 경우, 우울증 같은 심리적 문제를 비롯해 흡연, 알코올 의존에 따른 여러 가지 복합적인 문제를 초래할 수 있는 위험성이 지적된다. 또한 불안 장애가 지속될 경우에 발생할 수 있는 신체적 위험도 배제할 수 없다.(실제로 불안 장애 환자들에게서 신체 노화 속도를 나타내는 염색체 끝 부분의 텔로미어telomere 길이가 짧아진 것으로 드러난 연구 결과도 있다. 한참 성장기에 있는 청소년에게 어떤 악영향을 미칠지 어느 정도 짐작할 수 있다.)

의지의 문제가 아닌 뇌 기능의 문제이기도 한 불안 장애를 치료하기 위해선 의학적인 도움이 필수적인 것으로 보인다. 의학 자료에 따르면, 현재 불안 장애의 치료에는 약물 치료와 인지 행동 치료가 주로 시행된다.

우리가 여기서 짚어 볼 점은, 많은 사람들이 걱정하는 부분이기도 한 약물의 부작용이나 약물 의존의 위험성이다. 정신과 의사의 처방대로 약물을 복용하면 문제가 발생하는 경우가 거의 없다고 하지만, 무엇보다 불안 장애 진단을 위한 특별한 검사법이 따로 없기 때문에 검토해 볼 필요가 있다.

자료에 따르면, 일반적으로 불안을 일으킬 수 있는 다른 신경과적, 내과적 질환의 감별을 위해 혈액 검사나 뇌 영상 검사를 시행한다. 진단 과정을 거친 후, 불안 장애의 세부 진단에 따라 그 치료법이 달라질 수 있지만, 대체로 항우울제와 항불안제를 이용한 약물 치료가 가장 많이 적용된다. 여기서 약물 치료에 대해 주의하고 경계하는 이유는 이렇다. 특히 도덕적으로 올바르지 않은 행동을 한 청소년들을 '행동 장애를 가진 환자'로 간주할 때 일어날 수 있는 문제점을 짚어 보기 위해서다. 예를 들어 청소년 범죄가 심각한 사회적인 문제가 되고 있는 것과 맞물려, 공격성을 표출하는 청소년들의 태도를 손쉽게 병적인 증후로 판단할 경우, 더 복잡한 갈등을 빚을 수 있다.(자신보다 약해 보이는 또래들을 괴롭히는 행동이나, 피해자를 자살로까지 내모는 왕따 현상 등의 원인을 분석할 경우, 그 끝에는 가정이나 학교생활의 부적응에서 기인한 가해자 개인의 병적인 스트레스 반응인 경우가 적지 않다. 그런 한편 최근 들어선 이른바 모범생에 해당하는 학생들이 이런 현상의 가해자로 드러나는 사례가 드물지 않은 것으로 확인된다. 모범생으로 분류되는 학생들의 흡연과 알코올 의존 증가율도 함께 고려할 필요가 있다. 청소년기에 표출되는 공격성이 다른 사람을 공격하는 행동으로 나타나기도 하지만, 더 빈번하게는 자기 자신을 학대하거나 비하하는 행동으로 이어지고 그 결과 극도로 무력해지는 것으로 드러나는 현황도 고려되어야 한다. 결론적으로, 청소년 문제가 청소년 개개인의 뇌 구조의 문제가 아닌 우리 사회의 구조적 · 제도적 문제일 수 있는 점을 아울러 짚어 봐야 한다는 뜻이다.)

이와 관련하여, 2015년에 우리나라 남녀 1,000명을 대상으로 한 조사에서 21퍼센트가 불안 장애를 가진 것으로 나타난 결과도 짚어 볼 필요가 있다. 불안 장애가 무려 21퍼센트나 되는 이 결과는 과거엔 임상 의사에게 진단을 맡겼지만 이제는 정신 질환의 증후 그 자체에만 초점을 맞추는 진단 시스템에 전적으로 의존하는 것과 연관이 있다. 즉, 정신 질환의 진단 잣대를 광범위하게 설정한 진단 시스템이 낳은 결과이다. 앞서 밝혔다시피, 이러한 진단 시스템은 미국 정신의학 협회American Psychiatric Association에서 발간하는 정신 질환 진단 및 통계 편람Diagnostic and Statistical Manual of Mental Disorders, 곧 DSM-5판을 따른 것이다.

세계적인 의학 전문가들이 파헤친 '거대 제약 산업의 충격적인 현장 보고서'인 『의약에서 독약으로Big Pharm』를 따르면, DSM-3판이 나오기 전에는 미국 국민의 2~3퍼센트가 우울증을 호소한 것으로 집계된다. 그런데 DSM-3판이 나오면서 상황이 완전히 달라진다. 미국 국민의 절반 이상이 우울증에 걸렸거나 그 전 단계인 것으로 나타났기 때문이다. 마치 숨겨져 있던 전염병이 뒤늦게 밝혀진 듯한 이 결과는 정상적 반응마저도 질병으로 몰아세운다는 비판을 받았다.(DSM에 정리된 정신 질환 목록을 보면, 초판에는 106가지인데 4판에서는 297가지로 늘어나 있다. 이렇게 늘어나는 신종 질병에는 그에 상응하는 치료제가 당연한 듯 등장한다. 이것이 바로 '질병의 브랜드화' 현상이다. 항암제를 제외하고 전 세계에서 가장 많이 팔린 의약 품목의 5위 안에는 항우울제와 정신병 치료제 등을 포함한 향정신성 의약품이 자리하고 있다.)

약의 플라세보 효과에 대한 세계적인 전문가인 어빙 커시Irving Kirsch가 쓴 『황제의 신약: 항우울제 신화의 폭발적인 증대The Emperor's New Drugs: Exploding the Antidepressant Myth』를 따르면, "많은 사람이 고통을 겪고 있는 이유는 불안 장애가 주로 인생 초기에 시작하고 치료가 잘 되지만 동시에 완치가 어렵기 때문"이다. 이것을 다시 말하면 약이 잘 듣지 않는다는 뜻이다.(커시에 따르면, 의약품과 플라세보 효과 사이의 임상적 차이는 물론 통계 수치도 별 차이가 없다. 물론 항우울제 등으로 효과를 볼 수 있지만, 플라세보 효과를 통해서도 상태가 호전되기 때문에 딜레마에 빠질 수밖에 없다. 항우울제가 연령에 따라 심각한 부작용을 낳는 것은 더 큰 충격이다. 항우울제는 유아와 청소년이 복용할 경우 자살 충동을 일으키는 위험이 있다. 성인의 경우에는 신체 기관의 경색 증상이 나타날 수 있고, 심해지면 사망에 이를 수 있다. 임산부가 항우울제를 복용하면 유산할 위험이 높고, 출산을 앞둔 산모일 경우 태아에게 자폐나 선천성 기형, 만성 폐렴, 행동 장애와 같은 부작용이 일어날 위험성이 높다.)

불안 장애는 남자보다 여자에게 더 흔하고, 다른 불안 장애 또는 정신 질환이 공존하는 비율이 높은 임상적 특징을 지닌다는 것도 짚어 보자. 여러 증후에서 비롯된 정신 질환에 대한 '객관적 진단'이라는 것은 또 다른 상황에서도 설득력을 발휘한다. 그런데도 이러한 접근법을 객관적이면서 믿을 만하다고 단정한다. 기준은 하나다. DSM에 명시된 기준이라는 것이다.

청소년들에게 이 방식으로 접근할 경우, 즉 DSM에 명시된 기준을 따르니 불안 장애의 증후를 보인다는 식으로 접근하게 되면, 상식적인 접근의 가능성을 막기 쉽다. 문제 청소년의 뇌에 이상이 있다는 판단을 내리기 전에, 왜 그런 태도를 보이는지에 대한 깊이 있는 연구가 병행되어야 한다는 뜻이다. 그 이유는 분명하다. 단지 청소년기뿐만 아니라 우리의 전반적인 삶에서 일어나는 고통과 갈등을 해소하는 치료법은 의약에만 있지 않기 때문이다. 무엇보다 청소년들의 비사회적 행동 사례나 정의하기 힘든 복잡한 갈등 양상을 정신 질환으로 단정해 약물 치료로만 해결하려 든다면, 앞서 말한 대로 더 큰 문제를 불러올 수 있기 때문이다.

이 중요한 사실을 분명히 하기 위해 여러 증후에서 비롯된 정신 장애에 대해서 좀 더 살펴보고자 한다.

정신 장애는 고등한 정신 기능의 장애다. 불안 장애를 비롯한 다양한 형태의 우울증은 정서 장애인 반면, 정신분열증은 사고 장애다. 정서와 사고는 복잡한 신경 회로에 의해 매개되는 복잡한 정신 과정이다. 그런데 정상적인 사고와 정서에 관여하는 신경 회로들에 관해서는 최근까지도 알려진 바가 거의 없다.

정신 장애의 원인을 추적하는 일은 뇌 속의 구조적 손상을 찾아내는 일보다 훨씬 더 어렵다. 과학자들은 100년 전부터 정신병 환자의 뇌를 연구했지만 신경 의학적 병에서 발견한 것과 같은 명백한 병변, 곧 병이 원인이 되어 일어나는 생체의 변화를 찾아내지 못했다.(이는 분자유전학과 질병의 동물 모형이 신경 의학을 근본적으로 변화시켰지만 정신 의학은 변화시키지 못한 것과 관련이 있다. 근본적인 이유는 이렇다. 신경 의학적 병과 정신 의학적 병이 중요한 면에서 다르기 때문이다. 신경 의학은 오래전부터 뇌 속 어느 곳에 특수한 질병이 있는지 알아내는 데 주력했다. 신경 의학이 관심을 기울이는 뇌졸중, 뇌종양, 퇴행성 뇌 질병 등은 확실히 식별할 수 있는 구조적 손상을 일으킨다. 그 장애에 대한 연구는 위치가 핵심이라는 것을 가르쳐 주었다. 그래서 거의 1세기 전에 헌팅턴병은 꼬리핵의 장애이고, 파킨슨병은 흑색질의 장애, 루게릭병으로 잘 알려진 근위축성 측삭 경화증Amyotrophic Lateral Sclerosis은 운동 세포의 장애라는 것을 알아냈다.)

지금까지의 통계 자료를 보면, 대부분의 정신 질환은 한 집안에서 유전되는 요소를 가지고 있다. 그럼에도 어떤 유전자가 그 병을 유발하는지는 분명하지 않다. 대물림 양상 또한 간단하지 않다. 그 이유는 분명하다. 정신 질환이 단일 유전자의 돌연변이에 의해 유발되는 병이 아니기 때문이다.

불안 장애나 우울증도 이와 다르지 않다. 정서 장애에 해당하는 이 증상도 유전적 요소와 환경의 상호 작용에서 발생한다.(예를 들어 치매를 유발하는 유전성 신경계 질환인 헌팅턴병의 경우는 쌍둥이 중 하나가 그 병에 걸리면 다른 쌍둥이도 걸린다. 그런데 정신분열증의 경우는 쌍둥이가 둘 다 그 병에 걸릴 확률이 50퍼센트에 불과하다. 정신분열증이 발생하는 데는 유전적인 요소뿐만 아니라 다른 환경적 요인, 곧 자궁 내 감염이나 영양 부족, 극도의 스트레스, 노화 정액 등이 복합적으로 작용한다. 이렇게 대물림 양상이 복잡하기 때문에 주요 정신병에 관여하는 유전자 대부분은 아직 확인되지 않은 상태다.)

대부분의 정신 질환은 유전적 요인에 환경적 요인이 복합적으로 작용해 유발한다는 게 학계의 중론이다. 정신 질환에 관여하는 유전자 대부분이 밝혀지지 않은 상태에서, 2012년에 이에 대한 연구 결과가 나온 사례를 보자. 하버드 의대와 매사추세츠 종합병원 연구진이 전 세계에 있는 환자 6만여 명을 대상으로 정신 질환의 유전적 요인을 포괄적으로 규명했다.(정신분열증, 조울증, 우울증, 자폐증, 주의력 결핍, 과잉 행동 장애에서 유전적 요인을 발견한 것으로 나타난다.)

대상 환자들의 DNA에서 정신병에 걸릴 확률을 높이는 것으로 발견된 유전자는 네 가지다.(연구진에 따르면 이 발견은 빙산의 일각에 불과하며, 모든 정신병에 영향을 미치는 공통 유전자가 훨씬 더 많을 것으로 추정된다.) 그중 두 가지는 신경 세포의 칼슘 통로를 제어하는 기능과 관련이 있다. 여기서 하버드 의대 연구진의 언급을 보자. "광범위한 가정이긴 하지만, 칼슘 통로의 기능을 인위적으로 제어하면 다양한 정신 질환을 치료할 수 있을지도 모른다."

이러한 칼슘 이온 차단 방법은 이미 조울증 치료에 쓰이고 있다. 다른 정신 질환에도 이 방법이 쓰일 가능성이 높다고 한다. 이 차단법이 '광범위한 가정'을 전제로 치료 가능성을 제시했을 뿐인데도 말이다.

각종 정신 질환은 저마다 발생 동기가 있고 유전적 요인이 있지만 모든 정신병에 공통점이 존재할 수도 있다. 이 요인을 발견한다면 가장 적절한 약물을 찾는 데 큰 도움이 된다는 것은 부정할 수 없다. 그럼에도 결론적으로 말해, 정신 질환을 치료할 수 있는 확실한 치료법은 아직 존재하지 않는다. 오늘의 현대 의학이 과거와 다른 점이 있다면 역사 깊은 질병을 치료할 수 있는 가능성을 열어 보였다는 것뿐이다. 그 가능성은 지금까지 우리가 살펴본 방법과 다르지 않다.

상황이 이러한데도, 우리는 어렵지 않게 약물 치료 쪽을 택한다. 거기엔 여러 이유가 있겠지만, 우리 자신의 정신이 안녕한 상태인지 돌볼 틈조차 없는 것과 무관하지 않아 보인다. 문제가 발생할 경우, 의약품을 통한 치료가 다른 어떤 치료보다 더 효과적인 것처럼 보이는 이유도 있을 것이다. 경제 상황이 우선시되는 사회일수록 더더욱 그렇게 보인다. 살면서 무언가를 상실할 때 슬픔이나 우울감에 빠지는 건 당연한 현상인데도, 특히 경제적 효율성을 중시하는 사회에서는 그로 인해 직장이나 업무 등에 지장을 주면 안 되기 때문에 더 큰 압박감을 받게 되고, 그러다 보니 손쉬운 약물 치료를 택하게 되는 식이다.

아이들이 과잉 행동 장애를 동반한 주의력 결핍 장애를 호소할 때 보호자들이 어렵지 않게 약물 처방을 선택하는 것도 같은 맥락으로 볼 수 있다. 그래야 '우리 아이가 하루라도 빨리 공부에 집중할 수 있기 때문'이다. 미국의 한 통계 자료를 보면, 경제력을 중시하는 부모일수록 자녀에게 정신 질환이 있다고 인정해 버림으로써 그 치료를 위해 약을 복용시키는 쪽을 택하는 것으로 나타난다. 그렇게 해야 자녀가 더 좋은 성적을 얻고 더 보장된 미래를 살 수 있을 것이라고 믿고 싶어 하면서 말이다.

의학 전문가들이 파헤친 거대 제약 산업의 보고서를 보면 건강한 사람도 중독자로 만드는 약의 부작용은 실로 엄청나다. 생명 공학 회사들이 개발한 의약품은 기억 장애의 고통이 경감되리라는 희망을 품게 했지만, 인지 향상과 관련한 윤리적 문제를 야기한 것도 사실이다.

그렇기 때문에 기억 형성 과정을 공부한 우리 입장에서는 묻지 않을 수 없다. 정상적인 사람의 기억력을 인위적으로 향상시키는 것은 과연 옳은 일인가? 공부할 때 집중력과 기억력을 높여 준다는 약을 얼마나 믿을 수 있느냐 하는 문제 이전에, 청소년들이 시험을 앞두고 그런 약을 사 먹도록 방치해도 괜찮은 것인가?

# 4.
# 내 마음의
# 미래

앞에서 제기한 문제는, 더 넓은 맥락에서 볼 때, 유전자 복제와 줄기세포 생물학이 야기하는 문제들과 맥락을 같이하는 윤리적 문제를 일으킨다. 또한 이 문제는 2000년도에 과학자들 사이에서 벌어진 격렬한 논쟁과도 무관하지 않다. 「미래는 우리를 필요로 하지 않는다」는 빌 조이Bill Joy의 글에서 발단이 된 그 논쟁을 보자.

빌 조이가 《와이어드Wired》 잡지에 기고한 그 글의 취지는 분명하다. 한마디로, 첨단 기술이 인간의 도덕성을 위협한다는 것이다. "로봇 공학과 유전 공학, 나노 기술 등 21세기를 대표하는 첨단 기술은 단기적으로 보면 일부의 고통을 덜어 줄 수 있는 긍정적인 면이 있지만, 그로 인해 초래될 위험은 모든 장점을 가리고도 남을 정도로 인류를 심각하게 위협하고 있다"는 빌 조이의 지적은 이렇게 마무리된다. "나는 우리가 극단적인 악을 만들어 가고 있다고 생각한다. 이것은 절대 과장된 말이 아니다. 이 악은 그동안 만들어 온 대량 살상무기보다 훨씬 강력하다."

'모든 첨단 기술이 문명을 파괴하는 쪽으로 진화하여 결국 지구 종말인 아마겟돈을 초래할 것'이라는 빌 조이의 주장은 그 당시 혹독한 비판을 받았다. 동시에 '언제나 좋고 옳은 것'으로 당연시되던 과학 연구를 돌아보게 하는 계기도 되었다. 선컴퓨터사의 공동 창업자이기도 한 빌 조이는 로봇 공학과 나노 기술이 인류를 위협할 가능성을 강조했다. 그런데 일부 전문가들에 따르면 그 부작용은 생명 공학에서 먼저 나타날 가능성이 크다. 이를테면 실험실에서 배양 중인 치명적 세균이 외부로 누출될 경우엔 대형 참사를 피할 길이 없다는 것이다.

빌 조이가 촉발한 논쟁은 인간 정신의 미래에도 직접적인 영향을 미쳤다. 아직은 초보적인 단계에 머물러 있는 신경 과학이 수십 년 안에 막강한 위력을 발휘할 거라는 건 어렵지 않은 예상이기 때문이다. 실제로 우리가 앞서 살펴본 두뇌 역설계 프로젝트를 비롯한 다양한 연구들은 엄청난 발견을 코앞에 두고 있다. 머지않은 미래에 뇌를 신경 세포 단위로 이해하게 되고, 새겉질 열의 복제본을 완성하고, 정신 질환을 치료하고, 지능을 향상시킬 뿐만 아니라, 뇌 속에 인공 기억을 삽입하고, 생각만으로도 주변 물체를 자유자재로 움직이게 될 거라는 전망이 그것이다.

미치오 카쿠가 『마음의 미래』에서 강조한 대로, 신체적 능력에 의존하며 살았던 과거와 달리 미래엔 마음이 모든 것을 좌우하는 '정신의 세계'가 될 수도 있다. 그래서라도 "지능을 인공적으로 향상시킨 사람들 때문에 인류가 양분되거나 인간이라는 종이 아예 사라질 거"라는 경고를 이렇게 되물을 필요가 있다. "신경 과학으로 육체와 정신 능력을 향상시킨 사람은 극소수에 불과하고 대부분의 사람들은 더 무지하고 더 가난해진다"는 주장은 영화 속에서나 있을 법한 과장된 진단에 불과한 것일까?

역사 이래 인류가 사용해 온 도구 중에서 가장 파급 효과가 큰 것은 단연 과학이다. 과학은 인류 번영의 원동력이자 부의 원천이다. 과학이 계층 간의 격차를 조장하지 않고 오히려 완화해 온 것도 사실이다. 첨단 기술이 처음 도입된 시기에는 가격이 비싸서 부유층의 전유물로 끝나지만 대량 생산이 가능해지면 누구나 사용할 수 있을 정도로 값이 내려가기 때문이다. 따라서 인공적으로 지능을 향상시키게 되면 인류가 두 계급으로 양분된다는 주장은 별로 설득력이 없어 보인다. 그런 한편, 이런 반론이 고개를 드는 것도 사실이다. 사람의 지능을 높이는 것이 대량 생산이 가능한 자동차나 컴퓨터를 구입하는 일은 아니지 않은가?

그래서 "사람들은 돈을 많이 벌고 남들에게 존경을 받고 이성에게 매력적으로 보이기를 원하는데 기억력이 탁월하거나 뇌의 기능이 좋아진다고 해서 이런 것을 이룬다는 보장은 전혀 없다"는 미치오 카쿠의 언급이 낙관적으로 여겨진다. "멀쩡한 사람의 장기를 건드리는 건 매우 번거로운 일이다. 지능을 높여서 어디에 쓰겠다는 것인가?" 반문하는 마이클 가자니가에게 이렇게 되묻게 된다.

그것은 학교 성적이 아이들의 미래에 대해 아주 많은 것을 좌우한다고 믿는 사회와, 그런 사회에서 아이들을 방과 후 학원으로 내모는 부모들의 심정을 얼마나 고려한 발언인가?

일부 비평가들이 잘 지적한 대로, 빌 조이가 일으킨 논쟁은 과학과 자연의 2파전이 아니다. 과학과 자연 그리고 사회가 관련된 3파전이라고 해야 옳다. 과학 기술의 속성을 분석할 때 사회적 측면까지 고려해야 하는 것은 이제는 당연한 과정이 되고 있기 때문이다. 현재, 과학의 진보를 과학의 윤리적 함의에 관한 토론으로 연결시키는 것은 우리가 할 수 있는 그 당위적 과정의 하나이다.

미국 신경 과학 분야의 사립 연구 기관인 DANA 재단은 2002년에 새로운 정신과학이 야기하는 구체적인 문제를 다루기 위해 신경윤리학neuroethics 분야의 연구를 촉구한 바 있다. 철학의 하위 분야인 윤리학은 역사적으로 인류의 도덕과 관련된 문제를 다뤄 왔다. 생명 공학은 생명윤리학이라는 특수 분야를 낳았고, 그 분야는 생물학 및 의학 연구의 사회적 도덕적 함의를 다루고 있다. 뇌 과학의 대중화를 목표를 삼은 공익 기관이기도 한 DANA 재단은 신경윤리학적 주제에 대한 공개적인 토론을 계속 이어 가고 있다.

그 토론에서 제기된 논점은 크게 두 가지로 나타난다. 첫째는 과학 연구에 관한 것이다. 연구의 자유는 언론의 자유와 비슷하며, 민주 사회는 광범위한 범위 안에서 과학 연구의 자유를 보호해야 한다는 것이다. 그 연구가 과학자들을 어디로 이끌든 간에 말이다. 그이유는 이렇다. 만일 특정한 과학 분야의 연구를 금지한다면, 그 연구는 다른 어딘가에서 이루어질 것이 분명하며, 음지에 해당할 그 어딘가는 인간의 생명을 덜 중시하는 곳일 수 있기 때문이다. 두 번째 논점은 과학적 발견이 이용되는 방식에 관한 것이다. 그 방식에 대한 평가는 과학자들에게 맡기지 말아야 하며, 사회 전반에 영향을 끼치는 최종 결정은 과학자뿐 아니라 윤리학자나, 법률가, 종교인 등이 내려야 한다는 것이다.

이와 관련하여, 세계적으로 유명한 인지 능력 노화의 전문가인 피터 화이트하우스Peter J. Whitehouse의 의견을 들어 보자. 그는 알츠하이머병의 전문가다. 그의 연구와 실험 결과를 바탕으로 해서 오늘날의 알츠하이머병이 정의되었다고 해도 과언이 아니다. 그랬던 그가 자신이 알츠하이머병을 두고 한 말과 행동을 후회한다는 고백을 했다. 당시 그는 "질병의 브랜드화를 위해 알츠하이머병을 홍보했는데, 인간이 갖는 두려움이라는 감정을 활용할 수밖에 없었다"고 밝혔다. 그 이유도 분명하다. "그래야 꼭 필요하지 않은 약도 팔수 있었기 때문이다."

"나이가 들면서 노화를 두려워하지 않을 사람이 어디 있겠는가? 그렇다고 작은 알약을 먹는 것으로 나이 드는 것을 막을 수 있다고 믿는가?"라는 반문의 핵심은 이것이다. 알츠하이머병을 질병의 관점에서뿐만 아니라 인간의 노화와 유한한 삶의 일부로 볼 필요도 있다는 것이다. 그의 말을 직접 들어 보자. "알츠하이머병은 인간에게 교훈을 주는 고통이다. 이 증상을 질병학 관점에서 치료해야 할 병으로 볼 것인지는 신중히 고민해야 한다. 그것을 생체 물질의 분자 이상으로 생기는 분자병의 일환으로 보고 치료 전략을 펼칠 때도 마찬가지다. 물론, 인류가 희망을 갖는 게 쓸데없는 짓이라고 생각하지는 않는다. 그러나 장기적인 관점에서는 대대적인 질병으로 홍보하고 헛된 희망을 준다고 해서 상황이 개선되지는 않는다."

화이트하우스의 말은 뇌 과학의 궁극적 목표를 생각하게 한다. '우리는 누구인가?' 하는 근본적 물음과 함께 이런 물음도 묻게 한다. 뇌의 비밀을 파헤치면서 그것을 단순한 분자와 신경 세포의 집합체로만 간주한 건 아닐까? 뇌라는 밀림 지대에서 나무 하나하나에만 집착한 나머지 숲을 잊어버린 건 아닐까? 뇌의 신경망 지도를 완성하고 신경 전달 경로를 완벽하게 알아낸다면 우리는 누구인가 하는 궁극적 앎을 달성할 수 있을까?

이러한 물음은 이 글의 머리말에서 했던 물음으로 이어진다. '수백 년간 열띤 공방을 벌여 왔으면서도 아직까지 아무런 결론도 짓지 못한 의식이란 무엇인가 하는 과제를 풀기 위해서는 다른 무언가가 있어야 하지 않을까?' 하는 물음 말이다.

이제 철학자들은 물론이고 뇌를 연구하는 과학자들이 오래전부터 매료되었던, 뇌에 관한 가장 큰 질문인 의식의 본성에 관한 질문을 다시금 할 차례이다.

의식이란 무엇일까? 그리고 그 과제를 풀기 위해 필요한 그 '무언가'는 무엇일까?

**하늘** 뇌 연구를 하는 과학자라면 궁극적으로 의식의 본성이 무엇인지 물을 수밖에 없다는 생각이 들어. 뇌가 그냥 복잡한 게 아니라 어떤 신비한 체계를 가지고 있다는 점에서 특히 그래.

**바다** 데이비드 차머스David Chalmers라는 철학자는 의식과 관련된 논문을 무려 2,000편이나 분석했는데도 의식에 대한 뚜렷한 경향이나 공통점을 찾지 못했대. 그만큼 의식을 이해하는 일이 어려운 과제라는 건 알겠는데, 왜 의식을 정의하는 것조차 어렵다는 거지?

**하늘** 우리 눈에서 착시가 일어난다는 걸 알면서도 여전히 착시가 일어나는(착시를 일으키는) 현상을 놓고, 철학자나 심리학자 들은 알면 알수록 세상이 다르게 보인다고 하고, 뇌 과학자들은 아무리 알아도 세상이 똑같아 보인다고 하잖아? 착시처럼 신경생리학적 토대를 가지고 입증이 가능한 현상에 대해서도 견해 차이가 나는데, 과학적으로 입증이 거의 불가능해 보이는 의식 문제에 대해서는 그 견해 차이가 더 클 수밖에 없지 않을까?

**바다** 자유 의지의 본성처럼 의식도 신경생물학적인 문제로 접근하자는 뜻은 알겠어. 문제는 신경 과학계에서도 의식을 규명하는 일은 해결하기 어려운 과제로 여긴다는 거잖아? 의식이 뭔지 알려면 신경 시스템을 복잡한 인지 기능과 연결할 수 있는 접근법을 개발해야 하고, 그러기 위해선 연구의 초점을 신경 회로 수준으로 옮겨야 한다는 게 결론이었고? 그래서 난 우리 뇌를 구성하는 수많은 범주의 복잡한 구조와 기능 및 그 상호 작용까지 모두 고려하게 되면, 신경 시스템을 복잡한 인지 기능과 연결하는 접근법을 개발하는 것조차 불가능할지 모른다는 의견에 더 끌려. 뇌가 우리가 이해하기 어려운 복잡한 구조로 작동하는 게 아니라, 뇌에 아주 단순한 생화학적·수학적 원리가 작용하는 것일 수도 있으니까. 예전에 물리학자들은 복잡한 현상을 단순화하길 즐겼는데, 거기엔 복잡한 현상을 만들어 내는 시스템의 근본 원리를 탐구할 능력이 없었던 점도 있대. 그런데 수학과 컴퓨터의 발달로 복잡한 문제를 단순화하지 않고 있는 그대로 대면할 수 있게 되면서, '복잡계 과학complex system science'이라는 분야도 탄생했어. 한마디로, 자연이 만들어 내는 복잡한 패턴과 역학적인 특성을 탐구하는 학문인데, 진짜 재미있는 점은 이거야. 복잡계 과학은 어떤 시스템이 만들어 내는 현상이 아무리 복잡하더라도 그 시스템을 움직이는 근본 원리는 우리가 이해할 수 있는 만큼만 복잡하다는 가정 위에 서 있어. 이것을 의식에 적용한다면? 뇌가 우리 능력으로 이해하기 불가능한 구조로 작동하는 것일지라도, 우리가 이해할 수 있는 만큼만 이해하게 되면 의식이 어떻게 작동하는지 알 수 있게 되지 않을까? 뇌에 단순한 수학적 원리만 작용하는 게 아니라 해도, 일단 그 수학적 원리를 밝혀내면 의식이 작동하는 원리를 설명할 수도 있고 말이야.

하늘 그것도 하나의 방법이 될 수 있겠지만, 의식이 단순히 뇌의 연결 구조 위에서 수학적 통계 작용이 만들어 내는 어떤 것일 수 있다는 것으론 의식을 다 설명할 수 없다는 한계가 있잖아? 신경 과학계에서 의식을 이해하는 문제를 보면 그 한계가 더 커 보여. 의식의 문제가 '의식의 본성에 대한 질문'과 '다양한 무의식적 정신 과

정이 의식적 사고와 어떻게 관계하는가 하는 질문'으로 나타나는
데, 수학적 통계 작용 정도로는 무의식이 의식적 사고와 어떻게 연
관되는지를 밝히는 것도 어려워 보이지만, 의식의 본성에 대한 답
을 구하는 건 진짜 불가능해 보여. 새로운 정신과학에서도 그 질문
을 실험적으로 탐구하기 위한 도구가 최근에 개발된 걸 보면 더 그래.

바다 새로운 정신과학에서 개발한 실험적 도구가 뭔데?

하늘 너도 아는 '의식에 대한 작업 정의'가 바로 그 도구야.

바다 의식에 대한 정의를 마련하는 작업을 실험적 도구라고 부를
정도로 의식을 정의하는 것부터가 만만치 않았다는 뜻이군!

하늘 맞아. 의식에 대한 생산적인 통찰을 발전시키기 위해 마련된
정의에 따르면, 의식은 '지각적 자각 상태'나 '선택적 주의 집중'이
돼. 핵심만 말하면 '깨닫고 있음에 대한 깨달음'이 의식이야.

바다 그럼 사전에 나와 있는 정의 중 하나인 '깨어 있는 상태에서
자기 자신이나 사물에 대하여 인식하는 작용'이 되는 건가?

하늘 그렇게 볼 수 있어. 우리 앞에 놓인 사건에 집중하는 것이 의
식적인 주의 집중이고, 그 사건이 쾌락이든 고통이든 푸른 하늘이
든 간에 의식적으로 선택한 것에 집중한다는 게 핵심이니까.

바다 아까도 말했지만, 의식을 알려면 작업 정의에 따른 그런 의식
적인 자각과 선택적 주의 집중이 어떻게 신경 연결망 속의 신경 세
포들의 활동을 조절하고 재편하는지를 알아내야 하는데, 그것을 알
아내는 게 절대적으로 어려워서 의식을 이해하는 일이 과학이 당면
한 모든 과제들 중에서 가장 어려운 과제가 되는 거잖아?

하늘 맞아. 실제로 그 과제가 얼마나 어려운지는 프랜시스 크릭 Francis Crick, 1916~2004의 연구 경력을 보면 알 수 있어. 크릭은 20세기 후반기에 가장 창조적이고 영향력 있는 생물학자로 불려.

바다 크릭이 위대한 건 제임스 왓슨James Watson, 1928~ 과 함께 DNA를 발견해서 '살아 있는 것과 살아 있지 않은 세계는 무엇에 의해 구별되는가?'라는 질문에 답한 뒤에도, 20년간이나 유전자 암호를 계속해서 해독했다는 거지? 결국은 어떻게 DNA가 RNA를 만들고 RNA가 단백질을 만드는지 알아내는 데도 큰 도움을 줬고?

하늘 크릭이 그 당시에 과학의 능력을 초월한다고 여긴 '생명이란 무엇인가? 하는 질문에 DNA의 발견으로 답을 한 것도 위대하고 DNA에서 단백질 합성이 일어나는 메커니즘 발견에 큰 기여를 한 것도 위대하지만, 60세가 되던 1976년에 그때까지 과학의 수수께끼로 남은 '의식의 생물학적 본성은 무엇인가?' 하는 문제로 눈을 돌린 데에 그의 남다른 위대함이 있는 것 같아.

바다 캔들 박사도 60세에 해마 연구로 눈을 돌렸잖아? 뇌 연구를 하는 과학자들은 60세가 되면 남다른 깨달음이 찾아오나?

하늘 60세까지 한 분야를 파고들다 보면 정말로 중요한 게 눈에 들어오지 않을까? 그것을 놓치고 싶지 않은 마음도 더욱 간절해지고. 실제로 크릭이 남은 생애를 쏟아서 의식의 수수께끼를 풀려고 한 과정을 보면 그래. 늦었다면 늦은 나이에 자신이 할 수 있는 모든 걸 다해서 30년간이나 그 문제에 매달린 걸 보면 말이야. 크릭은 2004년에 죽음을 코앞에 둔 상태에서도 논문을 수정하고 있었대.

말기 암 환자라 통증에 시달리면서 화학 요법을 받고 있었는데도 마지막 프로젝트를 쉼 없이 밀어붙였고. 크릭이 사망하기 3주 전에 그의 친구인 라마찬드란에게 한 말을 내 메모리카드에 적어 놨어. "라마, 난 말이야, 의식의 비밀이 전장claustrum에 있다고 생각해. 자네 생각은 어떤가? 그렇지 않다면 왜 그 작은 구조물이 그토록 많은 뇌 영역들과 연결되어 있겠나?"

**바다** 잠깐만, 그 전장이 나도 좀 아는 그 전장인가? '의식을 관장하는 영역을 대뇌 겉질 깊숙한 곳에 있는 전장으로 판단한다'는 기사를 보고 전장을 찾아본 적이 있거든. 전장은 얇은 신경 세포막으로 이루어져 있고, 겉질의 거의 모든 감각 및 운동 영역뿐만 아니라 감정을 담당하는 편도체와도 연결되어 있는 걸로 알고 있어.

**하늘** 그거 맞아. 크릭이 자신의 제자인 신경 과학자 크리스토프 코흐Christof Koch와 함께 대뇌 겉질 밑에 있는 뇌 조직 층인 전장을 의식의 비밀 장소로 지목한 이유가 그거니까. 전장이 겉질의 거의 모든 감각 및 운동 영역과 연결되어 있어서 크릭 팀이 전장을 주의 집중의 스포트라이트이자 지각의 다양한 요소를 결합하는 핵심 장소로 지목하고 거기에 집중한 걸로 보여.

**바다** 내가 본 기사가 2014년에 영국의 과학전문지인《뉴사이언티스트New Scientist》에 실린 글을 발췌한 거니까, 크릭이 사망하고 나서 10년 뒤에야 의식의 비밀 장소가 전장이라는 게 입증된 셈이네?

**하늘** 미국의 조지워싱턴 대학 연구진이 '전장에서 의식을 제어하는 뇌 속 온오프on-off 스위치를 발견'한 걸 말하는 거야?

바다 그래. 너도 봤구나?

하늘 '의식을 관장하는 스위치가 전장이라고 믿게 된 결정적 근거를 찾았다'는 기사에 끌려서 봤어. 그런데 그 연구에선 관자엽 쪽에 뇌전증이 확인된 여성 환자의 뇌 속에 전극을 설치해서 지속적으로 자극을 가한 결과, 전장 부위에 전기 자극을 가하면 환자가 잠들고 전기를 끊으면 의식이 되살아나는 게 관찰되었을 뿐이잖아?

바다 그 환자의 전장에 전기 자극을 가하면 잠들고 자극이 사라지면 다시 의식이 돌아왔다고 하니까, 의식을 '잠들지 않고 깨어 있는 상태'로 정의하면, 전장에서 의식을 관장하는 게 맞지 않나?

하늘 의식을 그렇게 정의하면 너무 단순하지 않을까? 의식에 대한 작업 정의의 핵심만 봐도 '지각적 자각 상태, 곧 깨닫고 있음에 대한 깨달음'이어야 하잖아? 그 실험으론 전장 부위에 의식을 제어하는 온오프 스위치가 있는 것으로 추정하는 정도가 맞고, 전장이 의식을 관장하는 유일한 영역이라고 단정하긴 어려워 보여.

바다 그 연구 책임자의 인터뷰 내용을 보면 네 의견이 맞아. '관자엽 쪽에 뇌전증 발작이 일어나면 해마 부위가 손상되어 기억력 장애가 발생하는 문제를, 전장의 온오프 스위치 전기 자극 방식을 뇌전증 치료에 사용 중인 미주 신경 자극 치료와 연동해서 완화시키려고 했다'고 하니까. 어쨌든 그 실험도 전장 연구에서 힌트를 얻었을 테니 크릭 팀의 연구가 대단한 건 분명하군.

하늘 신경 과학자들이 전장에 집중하게 했을 뿐만 아니라, 그때까지도 의식 문제를 등한시했던 과학계가 의식에 초점을 맞추게 했다는 점에서 특히 그래. 에릭 캔들은 크릭의 연구가 "의식에 대한 생물학의 정통성 회복을 이룬 엄청난 생물학적 공헌을 했다"고 칭송하면서 크릭이 코페르니쿠스나 뉴턴, 다윈, 아인슈타인과 어깨를 나란히 하는 위대한 과학자라고 평가하고 있어.

**바다** 그렇게 위대한 과학자가 그토록 열심히 의식 문제에 매달렸는데도 아직까지 풀리지 않았다면 어떻게 되는 거지? 그래서 의식은 너무 불가사의하기 때문에 물리적으로 설명될 수 없다는 말이 자꾸 나오는 거 아닌가? 그리고 정신을 연구하는 철학자들 대부분은 의식이 물리적인 뇌에서 비롯된다는 것에 동의하지만, 의식을 과학적으로 탐구할 수 있는지의 여부에 대해서는 크릭과 다른 견해를 표명하는 철학자들도 생기는 거 아닌가?

**하늘** 맞아. 내가 본 책에서도 콜린 맥긴Colin McGuinn 같은 철학자는 "뇌의 구조가 인간의 인지 능력에 한계를 설정하기 때문에 의식은 결코 연구될 수 없다"고 주장하는 것으로 나와.

**바다** 아, 콜린 맥긴이 했다는 그 주장은 다시 볼 필요가 있어. 철학자들과 신경 과학자들 사이에 벌어진 논쟁에서 봤는데, 그런 주장은 맥긴 자신의 견해가 왜곡된 거래. 맥긴이 한 말을 검색하면 이렇게 나와. "나는 의식이 무엇인지는 꽤 잘 알려져 있다고 생각한다. 내가 주장하는 것은 의식이 어떻게 단순히 뇌의 전기적이고 화학적인 특성에서 비롯될 수 있는지 이해하지 못한다는 점이다."

**하늘** 그렇다면 단순히 의식을 이해할 수 없다는 쪽이 아니라, 의식의 속성을 신경생리학적 속성 같은 물리적 속성보다 상위 수준으로 이해해야 한다는 쪽이네? 그럼 스티븐 핑커의 입장과 같은 건가?

바다 그렇잖아도 맥긴의 견해가 우리 마음이 스팸으로 이루어지지 않았다는 핑커의 입장과 비슷해 보여서 찾아봤어. 그런데 맥긴은 의식 연구가 신경생리학적 차원에서 이루어지는 것 자체를 회의적으로 보고 있고, 핑커는 의식을 신경생리학적 속성만이 아니라 계산적 속성으로 보는 입장이기 때문에 서로 완전히 다른 점이 있어.

하늘 그럼 핑커는 대니얼 데닛Daniel Dennett 같은 심리철학자 쪽이겠다. 의식의 본성 문제에 대해서 대니얼 데닛은 "마음은 오로지 뇌의 작용과 관련해서만 설명할 수 있다"고 보기 때문에 "의식이 뇌가지닌 별개의 작용이 아니"라는 맥긴과 정반대 입장이 돼. 또 "의식은 정보 처리의 나중 단계에 관여하는 고등한 뇌 영역들의 계산 작업이 종합된 결과로 보는" 점에서는 핑커와 같은 입장이야. 그리고 맥긴과 핑커 입장의 중간쯤에 서서, 의식을 생물학적 과정의 통합으로 보고 의식 문제를 풀어 가는 철학자들도 있어. 존 설John Searle 과 토머스 네이글Thomas Nagel이 대표적이야.

바다 존 설이라면 튜링 테스트로 기계의 인공지능 여부를 판정할 수 없다는 것을 논증하기 위해 '중국어 방Chinese room'이라는 사고 실험을 고안한 심리철학자 맞지?

하늘 맞아. 그 '중국어 방' 실험을 놓고 벌어진 존 설과 대니얼 데닛의 견해 차이를 보면, 의식에 대한 입장 차이도 알 수 있어.

바다 그래? 중국어를 전혀 모르는 사람이 방 안에 있는데, 그 사람이 문틈으로 들어오는 중국어로 된 쪽지를 받아서 복잡한 지시 사항이 적힌 긴 목록의 규칙에 맞게 중국어를 조합해서 다시 문틈으로 내보낸 걸 보고, 밖에 있는 사람은 방 안의 사람이 중국어를 이해한다(즉, 튜링 테스트 같은 것을 통과한다)고 생각하지만, 그렇다고 해서 그 사람이 진짜 중국어를 이해한다고 할 수 있느냐는 게 존 설의 주장이잖냐? 그에 대한 데닛의 반론은 뭔데?

**하늘** 내가 이해한 데닛의 반론은, 먼저 방 안의 사람이 중국어 목록을 조합해 내는 주체가 아니라, 중국어 방이라는 시스템이 '이해'를 만들어 내는 주체라고 생각해야 한다는 거야. 그리고 그 시스템이 수십 분의 1초에 수백만 개의 규칙으로 전개된다면, 중국어 방이 중국어를 이해한다는 점을 부인할 수 없지 않겠느냐는 논리야.

**바다** 재밌네. 데닛의 반론에 존 설은 어떻게 대응했는데?

**하늘** 정확히는 모르겠지만 존 설이 의식에 대해 말한 걸 보면 그 반론을 짐작할 수는 있어. "의식은 의식을 소유하고 경험하는 본인을 통해서만 접근 가능하고 존재론적으로 환원 불가능한 성질을 갖고 있다"고 하거든. 고통이라는 감각을 예로 들면, 고통은 누군가의 주관에 의해 느껴지지 않으면 존재하지 않기 때문에 존재론적으로 주관성을 갖고 있는 것이 돼. 그래서 "제3자가 보고 관찰 가능한 자료만 다루는 행동주의나 기능주의 같은 접근법은 의식의 환원 불가능성을 무시하는 태도"라고 지적하면서, 특히 "겉으로 드러난 현상에만 주목하는 데닛의 현상학적 태도는 의식의 주관적 존재 자체를 부정하는" 행위라고 강하게 비판하고 있어.

**바다** 이 문제는 아무리 봐도 어렵다. 우리의 의식적인 경험이 주관적이고, 그래서 환원 불가능한 성질을 갖고 있는 거라면, 모든 사람이 공유한 의식의 특성을 객관적으로 확정하는 게 가능하냐는 의문이 생기잖아? 의식을 개인의 주관적인 경험에 기초해서 일반적으로 정의하는 게 불가능하다는 주장도 그래서 자꾸 나오는 거 아닌가?

하늘 그렇기 때문에 설과 네이글 같은 철학자들이 의식 문제에 신경생리학적으로 어떻게 접근하자고 하는지를 살펴보자는 거야. 그 철학자들은 이 문제에 접근하기 위해 의식의 본성에 두 가지 속성을 두고 있어. 그게 바로 통일성과 주관성이야. 알다시피 의식의 통일성 문제는 '쉬운 질문'에 속해. 의식의 주관성 문제는 '어려운 질문'에 속하고. 주목할 점은 의식을 연구하는 과학자들 대부분이 이 통일성과 주관성 문제에 관심을 갖고 있다는 사실이야.

바다 아, 존 설이 '의식은 통일된 장'이라는 성질을 가지고 있다고 하면서 신경 과학계에 조언한 내용이 생각난다. 의식에 관련된 뇌 활동을 찾는 데는 신경 세포의 개별 활동에 집중하는 것보다 의식 상태에 있는 뇌와 무의식 상태에 있는 뇌의 차이가 어디서 어떻게 비롯되는지 비교하는 접근법이 더 효율적이라고 했어. 신경 과학계에서 이 조언을 받아들인 게 맞는 건가?

하늘 그 조언을 받아들인 건지는 모르겠는데, 크릭 팀이 자극에 관한 무의식적 지각과 의식적 지각을 비교하는 패러다임을 가진 건 분명해. 크릭 팀은 쉬운 질문에 속하는 통일성 문제를 해결하고 나면, 신경 시스템을 실험적으로 조절할 수 있어서 어려운 문제인 주관성 질문에도 답할 수 있을 거라고 했어. 그 문제를 풀기 위한 첫

걸음으로 통일성이 직접적인 신경 상관물을 가질 거라고 추론했고, 그 신경 상관물에는 특수한 분자적 특징을 가진 신경 세포 집합이 포함될 가능성이 아주 높다고 주장했어. 그렇기 때문에 그 신경 상관물이 뇌의 어느 한 곳이나 몇몇 곳에 국한되어 있을 거라고 추정하면서, 지각의 다양한 요소들이 결합하는 집합체이기도 한 그 상관물이 주의 집중의 스포트라이트로 기능하는 작은 신경 세포 집합체만 필요로 할 거라는 주장도 했어.

**바다** 그러니까 주의 집중의 스포트라이트이자 지각의 다양한 요소를 결합하는 장소로 찾아낸 게 바로 전장이라는 얘기지? 그 결과를 다시 보니까 의식의 통일성 문제가 결합 문제로 보이는데?

**하늘** 바로 봤어. 의식의 통일성 문제는 시각 연구에서 처음 제기된 결합 문제의 변형이야. 실제로 크릭 팀은 전장을 의식의 통일성을 위해 필요한 다양한 뇌 영역을 결합하는 장소로 꼽기도 했어.

**바다** 우리가 의식의 통일성 문제를 공부한 걸 따르면, 좌우 반구 사이의 연결이 끊어진 환자가 두 개의 의식적인 정신을 갖는 것에서도 의식의 통일성 문제를 설명할 수 있고, 또 있어야 하잖아? 그렇다면 전장 같은 단순한 신경 상관물의 집합체를 통해서 의식의 통일성을 발견할 가능성은 아주 낮은 거 아닌가?

**하늘** 단순한 신경 상관물의 집합체에서 의식을 발견할 가능성이 희박하다고 단언하는 과학자들도 있는 게 사실이야. 특히 뇌와 의식에 대한 선도적인 이론가로 불리는 제럴드 에들먼Gerald Edelman은 의식의 통일성에 해당하는 신경 메커니즘이 겉질과 시상 전체에 폭

넓게 분산되어 있을 가능성을 주장하고 입증하기도 했어.

**바다** 쉬운 질문에 속하는 의식의 통일성 문제가 결합 문제의 변형이라면, 우리가 공부했다시피, 해결하기 어렵다는 말이기도 하잖아? 그럼 어려운 질문에 속하는 주관성 문제는 어떻게 되는 거지? 결합 문제의 변형이기도 한 의식의 통일성을 묻는 질문에는 초보적인 수준이라도 답이 마련되어 있지만, 주관성 문제에는 그런 초보적인 답조차도 마련되어 있지 않아서 어려운 문제가 되는 거 아닌가?

**하늘** 맞아. 설과 네이글 같은 철학자들이 의식의 주관성을 물리적으로 설명하는 일의 어려움을 예를 들어 증명했는데, 그 예증마저도 얼른 이해하기 어려울 정도로 복잡해. 그 예증을 보면, 주관성 실험의 대상이자 지각의 주체인 피험자(어머니)가 특정한 객체(자식)를 바라볼 때 느끼는 감정(그때의 감정과 함께 객체인 자식의 이미지를 회상하는 능력도 포함한 감정)을 그 피험자의 겉질 영역에서 일어나는 신경 세포들의 점화를 가지고 설명할 수 있어야 한다는 건데, 그것에 대한 어떤 기본적인 근거도 발견하지 못했기 때문에 의식의 주관성을 물리적으로 설명할 수 없는 것이 돼. 다시 말하면, 어떻게 특정한 신경 세포들의 점화가 의식적 지각의 주관적 요소로 이어지는지에 대해서는 아주 단순한 사례에서조차도 발견된 게 없기 때문에 의식의 주관성 문제가 어려운 문제에 속한다는 뜻이야.

**바다** '의식의 주관적 감정'을 입증하는 문제의 어려움은 듣기만 해도 어렵다! 아주 단순한 사례에서부터 그 문제에 접근하는 게 맞을 것 같긴 한데, 뇌 속의 전기 신호 같은 개인적 현상이 어떻게 감정이나 고통 같은 주관적 경험을 일으키는가에 대한 문제를 아주 단순한 사례에서 어떻게 찾지? 그리고 단순한 사례에서라도 그것을 찾으려면 그에 대한 이론을 먼저 마련해야 하는 거 아닌가? 기억 문제를 풀기 위해 기억에 대한 이론을 먼저 마련했던 것처럼!

**하늘** 철학자들이 신경 과학계에 조언한 내용이 바로 그거야. 의식의 주관성 문제를 풀기 위해서는 먼저 그에 대한 이론을 갖춰야 한다는 거야. 그런데 신경 과학계가 그 이론조차 마련하지 못했기 때문에 그 문제가 아직도 어려운 문제로 남아 있는 게 돼.

**바다** 그럼 그 이론을 마련하면 되잖아?

**하늘** 에릭 캔들이 그 지적에 답한 걸 보면 그게 쉽지 않아 보여. 이렇게 답하고 있거든. "우리가 지금 하는 과학은 복잡한 사건들에 대한 환원주의적·분석적 이해이고, 의식은 환원 불가능하게 주관적이므로, 그에 대한 적절한 이론은 현재 우리의 한계 바깥에 있다."

**바다** 그 대답의 강조점은 '우리의 한계 바깥에 있다'가 아니라, '현재는'에 있는 것 같은데?

**하늘** 에릭 캔들이 "의식을 연구하는 신경 과학자들 대부분이 의식적 현상을 실험적으로 정의하는 과제를 놓고 엄청난 씨름을 벌이고 있지만, 그 어려움이 기존 패러다임 아래에서의 실험적인 연구 전체를 무용지물로 만든다고 생각하지 않는다"고 한 걸 보면 그렇긴 해.

**바다** 그 말을 들으니까 그 이론이 '현재는' 없지만 앞으로 발견할 가능성은 얼마든지 있다는 뜻으로 해석돼.

**하늘** 네이글도 같은 맥락의 말을 했어. "아직까지 신경 과학계가 주관적인 경험의 원리를 전혀 파악하지 못하고 있더라도, 의식의 신경 상관물을 발견하고 의식적 현상을 신경 세포적 과정과 연결하는 규칙을 발견할 가능성을 배제하지 말아야 한다"고 밝혔거든.

**바다** 아, 캔들 박사가 "의식적 현상을 신경 세포적 과정과 연결하는 규칙을 발견할 수 있는 정보를 축적한다면, 주관적인 것을 물리적이고 객관적인 것으로 환원하는 일이 가능할 것"이라고 한 게 네이글 같은 철학자의 조언을 참고한 거구나!

**하늘** 맞아. 그런 맥락에서 우리가 주목할 점은, 그것을 이루기 위해서는 과학의 방법론을 크게 바꿔야 한다는 철학자들의 주장이야. 특히 네이글은 "주관적 경험의 원리를 확인하고 분석하는 것을 가능하게 만드는 방법론적 변화가 없는 한 신경 과학계는 의식을 감당할 수 없을 거"라고 단언하고 있어. 또 "주관적 경험의 원리들은 뇌 기능의 기초 요소들이지만 우리가 아직 상상하지 못하는 형태로, 즉 마치 원자와 분자가 물질의 기초 요소인 것처럼 존재할 가능성이 높다"고 하면서, "주관성 의식의 원리를 발견하는 것이야말로 중요성과 함의가 어마어마할 것이며, 생물학의 혁명을 요구할 것이고, 더 나아가 과학적 사고의 전면적인 탈바꿈을 요구할 가능성이 매우 높다"고 강조하고 있어.

**바다** "현재 우리에겐 인지에 관한 근본적인 이해가 없다"는 포더의 말이 생각난다. "누군가가 이 존재하지 않는 근본적인 이해에 도달할 때까지는 큰 진보를 이룰 가능성이 전혀 없다"고 했는데, '근본적인 이해에 도달하는' 게 '과학적 사고의 전면적인 탈바꿈'과 맞물리는 것 같다. 뭔가 막연한 제안으로 느껴지는 것도 비슷하고.

**하늘** 그런 제안이 막연하다는 데 나도 동의해. 그래서 캔들이 제시한 전환에서 그 방향을 잡을 수밖에 없고, 우리가 복잡한 경험을 어떻게 지각하고 회상하는지를 연구하려면 신경 연결망이 어떻게 조직되고, 또 주의 집중과 의식적 자각이 어떻게 그 연결망 속 신경세포들의 활동을 조절하고 재편하는지 알아낼 필요가 있다는 데로 되돌아가게 되는 것 같아.

**바다** 캔들 박사가 다시 연구를 시작할 수 있다면 주의 집중의 문제를 공략하는 환원주의적 접근법을 개발하고 싶다고 한 이유를 이제 좀 알겠다. 선택적 주의 집중이 그 자체로 핵심적인 문제일 뿐만 아니라 의식에 접근하기 위한 왕도라는 것도 이해되고.

**하늘** 환원주의적 접근법이 큰 가능성을 지닌 건 분명해. 새로운 정신의 생물학이 의식과 정신분석에서 핵심적으로 중요한 몇 가지 주제를 공략할 준비를 갖춰 가고 있다고 하면서 자유 의지의 본성도 그중 하나라고 자신한 것도 그 접근법에 근거를 두고 있어.

**바다** 30년 넘게 뇌 연구를 해 온 과학자들이 궁극적으로 의식의 본성이 무엇인지 물을 수밖에 없는 이유도 알 것 같고, 그래서 100년을 내다보고 BRAIN 프로젝트 같은 계획을 세우고 추진하는 거라는 생각도 든다. 뇌 과학의 지식 체계가 21세기의 거의 모든 학문 및 응용과학의 기초로 자리할 거라는 말뜻도 알아듣겠다.

**하늘** 그런 뜻이라면 난 뇌 과학에 대한 책을 읽으면서 '맥락 속에서 이해하지 못한 지식은 아무런 의미를 갖지 못한다!'는 의미를 알게 됐어. 특히 뇌 과학의 역사적인 발자취를 톺으면서 느낀 건데, 맥락 속에서 이해한 지식을 하나하나 자신의 것으로 만들어 가는 과정이야말로 과학을 하는 거라고 할 수 있을 것 같아. 그런 바탕엔 다방면에 걸친 책읽기가 놓여 있고.

**바다** 그래. 각 장마다 그 두꺼운 책들을 선보여 준 너 덕분에 우리가 살펴본 수많은 과학자들의 연구 동기와 터전이 책읽기에 뿌리를 내리고 있다는 걸 확인했지.

**하늘** 단순한 정보 검색에서 그치지 않고 책을 읽어 나가면서 맥락을 파악했기 때문에 '뇌를 이해하는 것은 곧 나를 이해하는 것'이라는 뜻도 알게 된 거라는 생각이 들어. 처음엔 뇌 과학을 공부하는 게 어떻게 나 자신이 누군지 알게 된다는 건지 의아했잖아?

**바다** 책을 읽으면서 나도 모르게 이런저런 생각을 해 보는 가운데 나 자신만의 질문을 찾게 되고 또 남들이 하지 않은 질문도 던지게 되자 '뇌를 이해하는 것은 곧 나를 이해하는 것'이라는 말뜻이 차츰 이해되긴 했어. 그런 질문을 통해 내가 무엇을 원하는지 정확히 알게 되면 무조건 남들을 쫓아갈 필요가 없기 때문에 나 자신만의 성공 기준을 만들 수 있을 거라는 말에 더 끌렸고. 그런데 내가 무엇을 원하는지 아직 잘 모르겠어.

**하늘** 우리가 벌써 그걸 다 알면 재미없지 않을까?

**바다** 그렇겠지! 이제 시작이라고 할 수 있겠지?

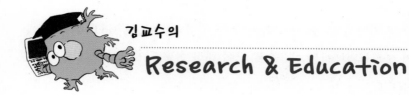

## 김교수의 Research & Education

　중학생이던 어느 날 지금은 사라지고 없는 청계천의 헌책방에서 책을 한 권 발견한 적이 있습니다. 그 자리에 선 채로 책을 읽어 나가는데 저도 모르게 가슴이 쿵쿵거렸지요. '교과서와 참고서만으로는 잘 이해할 수 없었던 물리의 여러 법칙이 이렇게나 논리적으로 연결될 수 있다니!' 그때까지 제 머릿속에서 따로따로 놀던 물리 선생님의 설명이 퍼즐을 맞추듯 하나로 꿰어지던 그 놀라운 경험은 어린 저를 단번에 물리학의 세계로 이끌었습니다. 그리고 책값이 없어서 주인에게 그 책을 팔지 말라고 당부한 후 그다음 날에야 살 수 있었던 『대학 물리학University Physics』(1969)은 45년이 지난 지금도 제 연구실에 있습니다.

　물리교육과에 입학해서 원자핵공학과 교수님이 강의한 생물물리학의 비전을 듣고 생물물리학을 연구하겠다고 마음먹은 일도 어제 일처럼 눈에 선합니다. 대학 4학년 때 우연히 이루어진 체육교육과 이긍세 교수님과의 대화도 마찬가지입니다. 제 관심 분야가 생물물리학이라고 하자 당시로는 이 교수님이 유일무이하게 전공한 운동생리학의 모든 것을 알려 주시려고 했지요. 그런 만남이 있었기에 컬럼비아 대학에서 박사 학위를 마치고 프린스턴 대학에서 박사 후 과정을 하면서도 생물물리학의 끈을 놓지 않았고, KAIST에 오게 되자 물리학과에서는 처음으로 뇌에 대한 연구를 시작할 수 있었다고 봅니다.

1990년에 미국은 범국가적인 차원에서 '뇌의 10년Decade of Brain' 이라는 뇌 연구 촉진법을 만들고 막대한 연구비를 지원해서 유망한 학자들을 뇌 과학 분야로 유도했지만, 국내에서는 뇌 과학 및 신경 과학 분야의 연구는 거의 활성화되지 않았습니다. 더구나 물리학에서는 뇌 연구 분야에 별다른 관심조차 없던 때였지요. 1990년대 초반 저는 당시로서는 꽤 획기적이었던 '비선형물리현상과 혼돈'이라는 이론에 입각해서 대학원생들과 함께 황무지를 개척하는 심정으로 연구를 시작했지만 남모를 어려움이 따를 수밖에 없었습니다. 그런 만큼 1990년대 말부터 2000년대 초까지는 뇌 과학 개척자들이 자신들만의 목소리를 내면서 여러 가지 기회를 잡을 수 있었던 것도 사실입니다.

그로부터 20여 년이 지난 지금, 뇌 연구에 엄청난 자본을 투자하고 있는 세계 저편을 지켜봐야 하는 연구자 입장에서 이 책을 써 나갈수록 생각이 많아질 수밖에 없었습니다. 그러한 뇌 연구가 우리 아이들의 앞날을 좌지우지하게 될 거라는 전망에 귀 기울여야 하는 교육자 입장에서는 뇌 과학에 대한 책을 쓰는 것 자체가 만만치 않은 부담이었고요.

이 책을 쓰기로 마음먹고 나서 제가 처음부터 끝까지 염두에 둔 것은 우리의 하늘과 바다 들에게 '기본' 하나만큼은 제대로 알려 주어야 한다는 것이었습니다. 어떤 정보와 어떤 지식이든 간에 맥락 속에서 하나하나 이해할 수 있기를 바라면서 말이지요. 그래서 글을 쓰는 시간보다 다 써 놓은 글을 다시 풀어 쓰고 또다시 고쳐 쓰는 시간이 더 길어질 수밖에 없었습니다. 이를테면 우리가 하나하나 짚어 본 뇌 과학의 역사적인 발자취가 우리의 하늘과 바다 들이 자신의 앞날을 설정하는 데 도움이 되기를 바라는 마음이 그만큼 컸다는 뜻이기도 합니다.

그렇잖아도 복잡한 뇌 과학 연구 방법을 할 수 있는 한 다양한 각도에서 살펴보고자 한 것도 같은 이유에서입니다. 알다시피 무언가를 한 가지 방법으로만 이해하는 것은 그것을 전혀 이해하지 못하는 것과 다르지 않습니다. 그 하나의 방법이 잘못될 경우 고정 관념에 사로잡혀 앞으로의 방향을 잃어버릴 수 있기 때문이지요. 어떤 것의 의미를 안다는 것은 그것을 이미 알고 있는 모든 사실과 맥락속에 연결시킬 줄 안다는 것이고, 그것이야말로 생각하기의 진정한 의미라고 할 수 있습니다.

또한 어떤 문제에 직면했을 때 그 해답을 전혀 알지 못한다 해도 우리가 찾고 있는 것을 느끼고 통찰하다 보면 '신비'한 것도 어느새 '문제'가 되지 않겠느냐는 제안에 공감했기에 바다와 하늘 들이 직접 질문을 하고 대답을 찾게 했습니다. '나를 모방하는 인공지능'이나 '기억 해독의 역사와 그 모형'을 이해하기 위해서는 뇌 기능이 작동하는 원리를 하나하나 알아 갈 수밖에 없는 이유를 그렇게 느끼게 하고 싶었던 것입니다.

최고의 성과를 낸 기억 저장의 연구 결과를 두고서도 이제 겨우 거대한 산악 지대의 가장자리에 도달했을 뿐이라고 하고, 수많은 과학자들의 노력에도 불구하고 우리가 아는 뇌는 1퍼센트도 되지 않는다는 상황에서 '자유 의지와 의식을 이해하는 문제'는 말할 것도 없이 그러했습니다. 바다와 하늘 들이 뇌 공부를 해 온 맥락 속에 그 엄청난 문제를 연결시켜 보기를 바랐습니다.

　그 이유는 분명합니다. 뇌를 공부하는 시간이 나를 만나 보는 시간이 되기를 바랐기 때문입니다. 내 안의 소우주를 찾아가는 탐사가 그토록 복잡하고 어려울 수밖에 없는 이유를 하나하나 알아 가다 보면, 내 몸을 움직이고 내 마음을 작동시키고 내 앞날을 상상하게 만드는 '진짜 나'를 만나게 될 거라고 믿었기 때문이고요.

　★ 이제 뇌 과학의 궁극적 목표를 다시금 생각하면서 마지막 질문을 할 차례입니다. 나는 누구일까요? 그리고 진짜 나를 만나기 위해 필요한 그 무언가는 무엇일까요?

　뇌 과학의 지식 체계가 21세기의 모든 학문 및 응용과학의 기초로 자리매김 할 거라 확신하기에, 우리가 살펴본 수많은 과학자들의 연구 동기와 그 터전이 다름 아닌 생각하기와 책읽기에 그 뿌리를 깊게 내리고 있는 사실을 다시 한 번 강조하고자 합니다. 1990년대와는 비교할 수 없을 만큼 달라진 뇌 연구 방법을 따라잡기 위해 이번 기회에 새로 읽고 다시 읽으면서 이 글에 참고한 책이 여러분에게도 실질적인 도움이 되길 바랍니다.

## 1부 내 안의 소우주를 찾아서

에릭 캔들, 전대호 옮김, 『기억을 찾아서』(RHK, 2014).

미치오 카쿠, 박병철 옮김, 『마음의 미래』(김영사, 2015).

정용, 정재승, 김대수, 『1.4킬로그램의 우주, 뇌』(사이언스북스, 2014).

박진서 외, 『핵심 신경 해부학』(한미의학, 2012).

마이클 가자니가, 박인균 옮김, 『뇌, 인간의 지도』(추수밭, 2016).

존 레이티, 김소희 옮김, 『뇌 1.4킬로그램의 사용법』(21세기북스, 2010).

리타 카터, 양영철 이양희 옮김, 『뇌: 매핑 마인드』(말글빛냄, 2007).

이원택, 박경아, 『의학 신경 해부학』(고려의학, 2008).

빌라야누르 라마찬드란, 이충 옮김, 『뇌는 어떻게 세상을 보는가』(바다, 2016).

빌라야누르 라마찬드란, 샌드라 블레이크스리, 신상규 옮김, 『라마찬드란 박사의 두뇌 실험실: 우리의 두뇌 속에는 무엇이 들어 있는가?』(바다, 2015).

스티븐 핑커, 김한영 옮김, 『마음은 어떻게 작동하는가』(동녘사이언스, 2006).

스티븐 핑커 외, 이한음 옮김, 『마음의 과학』(와이즈베리, 2012).

제리 포더, 김한영 옮김, 『마음은 그렇게 작동하지 않는다』(알마, 2013).

윌리엄 어스프레이, 이재범 옮김, 『존 폰 노이만 그리고 현대 컴퓨팅의 기원』(지식함지, 2015).

감동근, 『바둑으로 읽는 인공지능』(동아시아, 2016).

김대식, 『인간 vs 기계』(동아시아, 2016).

편석준, 진현호, 정영호, 임정선, 『사물인터넷』(미래의창, 2014).

김수용, 『뇌 과학이 밝혀낸 놀라운 태교이야기』(종이거울, 2011).

일본 뉴턴프레스 엮음, 『Newton Highlight : 뇌와 마음의 구조』(뉴턴코리아, 2007).

Marvin Minsky, 『The Society of Mind』(Simon & Schuster, 1988).


## 2부 나를 찾아가는 방법

에릭 캔들, 이한음 옮김, 『통찰의 시대』(RHK, 2014).

에릭 캔들, 제임스 슈위츠 편저, 김종만 등 옮김, 『신경 과학의 원리』(범문에듀케이션, 2014).

김우재, 「군소(민달팽이)와 프로이트」, 『과학과 기술』(64호, 2012).

수전 그린필드, 정병선 옮김, 『브레인 스토리 : 뇌는 어떻게 감정과 의식을 만들어 낼까?』(지호, 2004).

데이비드 이글먼, 김소희 옮김, 『인코그니토 : 나라고 말하는 나는 누구인가』(쌤앤파커스, 2011).

알바 노에, 김미선 옮김, 『뇌 과학의 함정 : 인간에 관한 가장 위험한 착각에 대하여』(갤리온, 2009).

Irving Kirsch, 『The Emperor's New Drugs : Exploding the Antidepressant Myth』(The Bodley Head, 2009).

A. J. Watkins, D. A. Goldstein, L. C. Lee, C. J. Pepino, S. L. Tillet, E. M. Wilder, V. A. Zachary, W. G. Wright, "Lobster attack induces sensitization in the sea hare, Aplysia Californica", Journal of Neuroscience, 30(2010).

David Chamberlain, 『Window to the Womb : Revealing the Conscious Baby from Conception to Birth』(North Atlantic Books, 2013).


## 3부 뇌 과학에서 나를 찾다

미겔 니코렐리스, 김성훈 옮김, 『뇌의 미래』(김영사, 2012).

미켈 보쉬 야콥슨 외, 전혜영 옮김, 『의약에서 독약으로』(율리시즈, 2016).

존 설, 강신욱 옮김, 『신경생물학과 인간의 자유』(궁리, 2010).

대니얼 데닛, 노승영 옮김, 『직관펌프, 생각을 열다』(동아시아, 2015).

존 설 외, 이원봉 옮김, 『생명과학의 윤리』(아카넷, 2008).

제럴드 에델만, 황희숙 옮김, 『신경 과학과 마음의 세계』(범양사, 2006).

레이 커즈와일, 장시형, 김명남 옮김, 『특이점이 온다』(김영사, 2007).

진짜 나를 만나는 뇌 과학 시간

**초판 1쇄 펴낸날** 2017년 5월 10일
**초판 3쇄 펴낸날** 2018년 5월 25일

**지은이** 김수용
**그 림** 조재원
**디자인** 이지현
**편 집** 오윤성
**펴낸이** 이정옥

**펴낸곳** (주)우리같이 등록 제406-2008-140호
**주 소** 경기도 파주시 책향기로 319, 103-303호
**전 화** 031-942-6661 070-8815-9995
**팩 스** 070-4275-1475
**이메일** withours@gmail.com

ⓒ 김수용 2017

ISBN 979-11-954987-1-0

이 도서의 국립중앙도서관 출판예정도서목록(CIP)은 서지정보유통지원시스템 홈페이지(http://seoji.nl.go.kr)와 국
가자료공동목록시스템(http://www.nl.go.kr/kolisnet)에서 이용하실 수 있습니다.(CIP제어번호: CIP2017009219)